Das Buch

»Strategie ist der kürzeste Weg zum Erfolg. Sie ist Mittel zum Zweck, allgemein einsetzbar und nie begrenzt auf eine bestimmte Zielsetzung. Strategie ist unabhängig von Zeit und Ort, und weil sie so grundsätzlich wirkt, sind die Lehren der 6 Meister noch immer hochaktuell.«
In diesem einzigartigen Überblick stellt Ingmar P. Brunken die wichtigsten klassischen Standardwerke zur Strategie vor. Mit leichter Hand und überaus unterhaltsam erläutert er die Vorzüge, aber auch Nachteile der alten Meister aus Ost und West und illustriert ihre Weisheiten mit aktuellen Fallbeispielen. Besonders nützlich für die sofortige Anwendung: Die »Strategie-Spickzettel« am Schluss des Buches, die die Essenz der Lehren von Sun-Tsu, Musashi, Tsunetomo, Seneca, Machiavelli und Clausewitz zusammenführen und so auf jede Frage die passende Antwort parat halten.

Der Autor

Ingmar P. Brunken, geboren 1965, Dipl.-Kfm., studierte Betriebswirtschaftslehre. Nach leitenden Funktionen in verschiedenen deutschen Top-Unternehmen ist er heute führender Berater für Strategien und deren Umsetzung. Zusammen mit seiner Frau und seinen beiden Töchtern lebt er in Bonn.

Inhalt

Vorwort

Liebe Leserin, lieber Leser,

die 6 Meister der Strategie sind seit Jahrhunderten, teilweise seit Jahrtausenden Legende. Warum? Was macht diese Lehren über den Weg zum Erfolg so erfolgreich?

Wer eine der Lehren liest – mittlerweile stehen sie fast alle kostenfrei im Internet zum Download zur Verfügung –, erlebt eine herbe Enttäuschung: antiquierte Sprache, stark verklausulierte Lektionen und aus heutiger Sicht völlig veraltete Praxisbeispiele. Verwunderlich ist das kaum, schließlich unterscheidet sich das Leben heute doch sehr von dem eines japanischen Samurai, eines italienischen Fürsten oder eines römischen Philosophen – so genial sie auch waren. Es ist daher eine große Herausforderung, diese Werke wieder zum Leben zu erwecken und sie allgemein zugänglich zu machen.

Doch was ist Strategie und wozu dient sie? Lassen Sie es mich kurz sagen: Strategie ist der Weg zur bestmöglichen Zielerreichung, der kürzeste Weg zum Erfolg. Strategie dient dazu, aus der zufälligen oder unnötig mühsamen Zielerreichung einen planmäßigen und Ressourcen schonenden Erfolg zu machen. Sie ist Mittel zum Zweck, allgemein einsetzbar und nie begrenzt auf eine bestimmte Zielsetzung. Strategie ist außerdem unabhängig von Zeit und Ort, und weil sie so grundsätzlich wirkt, sind die Lehren der 6 Meister noch immer hochaktuell. Die 6 Meister haben ihre Empfehlungen aus einer für uns völlig fremden Gesellschaftsperspektive geschrieben – und genau deshalb sind ihre Ideen heute überraschender und einfallsreicher denn je. Mit Standardlösungen kann man eben auch nur Standarderfolge erzielen: Wer Außergewöhnliches erreichen will, muss auch außergewöhnliche Strategien finden, und zu genau dieser Fähigkeit können die sechs Meister verhelfen.

Zweifellos jedoch sind die konkreten Anwendungsfälle und die Formulierungen veraltet: Möchten Sie lernen, wie man die Augenbrauen beim Schwertkampf bewegen soll (Musashi)? Interessiert es Sie, wie der Mond stehen muss, damit ein Sieg wahrscheinlich ist (Sun-Tsu)? Wollen Sie sich durch viele hundert Seiten preußischer Schachtelsätze kämpfen (Clausewitz)? Doch in den Lehren der großen Meister finden Sie – bei genauem Hinsehen – sogar Hinweise, wie Sie erfolgreich mit Aktien spekulieren, wie Sie Ihre Karrierechancen erhöhen oder Mitbewerber um die Traumwohnung ausstechen können. Natürlich werden Sie die Begriffe »Aktien«, »Bewerbung« oder »Karriere« in keinem der Werke finden. Und dennoch können Sie diese und alle anderen Anwendungsfälle mit dem Wissen der sechs Meister strategisch beherrschen, also planmäßig Erfolge erreichen. Der Weg dorthin ist, die Prinzipien der jeweiligen Lehre zu verstehen und sie im Alltag umzusetzen. In diesem Sinn sind die sechs Meister sehr erfolgreiche Lebenspraktiker. Und genau darum geht es in diesem Buch.

Denn eines ist doch klar: Es gibt so etwas wie »prinzipiell erfolgreiche Strategien«. Das beweist bereits die Lebenserfahrung. Wäre Erfolg nur Glückssache, würden die meisten Top-Manager schnell wieder absteigen. Schauspieler hätten kaum mehr als einen erfolgreichen Film, Popstars nur einen Hit und Unternehmer nur eine erfolgreiche Geschäftsidee. Erfolg muss also mehr sein. Geht es vielleicht nur darum, lauter zu sein als die anderen und mehr Ressourcen (z. B. Geld) einzusetzen? Auch wenn ein wenig Auffallen sicherlich dazugehört, macht doch ein »Boss«-Anzug noch keinen Boss.

Was ist es aber dann? Überlegenheit in Wissen und Fähigkeiten? Auch, aber Wissen und Fähigkeiten allein führen nicht zum Ziel, sonst wäre jeder Gebildete und Talentierte erfolgreich, was ebenfalls nicht zutrifft. Was ist also das Wesen des Erfolgs? Ich meine: **Erfolg tritt ein mit der Anwendung des überlegenen Wissens, also dem Verhalten, mit dem dieses Wissen erfolgreich umgesetzt wird.**

Seit vielen Jahren bin ich Top-Management-Berater. Und egal, welche Firma ich bisher beriet und welche Erfolge mir begegneten – die Regeln des Erfolgs sind immer dieselben, und sie wurden bereits vor Jahrhunderten in den großen Strategieschulen der sechs Meister niedergeschrieben.

Dieses Buch komprimiert die Kernbotschaften der sechs führenden Schulen, überträgt sie in die heutige Zeit und stellt sie in praxisnahen Beispielen und Anwendungstipps für Ihren persönlichen Erfolg anschaulich dar. Lesen Sie dieses Buch und handeln Sie: Ihr persönlicher Weg zum Erfolg, Ihre »prinzipiell erfolgreiche Strategie« beginnt – genau **jetzt**!

Einleitung

»Carpe diem!« – »Nutze den Tag!«, hat der römische Philosoph Horaz gesagt. Übertragen in die Top-Management-Sprache bedeutet das: »Sei effizient in Bezug auf deine Ziele!« Man muss viel Geduld und Kenntnisse haben, um diese und andere Botschaften aus den Schriften von Horaz herauszulesen; und viel Zeit. Ob es heute im Sinne von Horaz wäre, Horaz zu lesen? Wahrscheinlich nicht. Und deshalb biete ich Ihnen in diesem Buch die Möglichkeit, jede der sechs Strategieschulen auf jeweils rund 40 Seiten komprimiert kennen zu lernen. Eilige finden im »Steckbrief« zentrale Informationen, der die Funktion eines »Executive Summary«, einer Zusammenfassung für das Top-Management, hat. Das ist effizient. Und es verweist bereits auf wichtige Kernbotschaften:

- Fasse dich kurz.
- Sei effizient.
- Das Wichtigste zuerst.
- Benutze die Sprache des Erfolgs.
- Eile ist gut, wenn sie hilft, Ziele schneller zu erreichen.
- Konzentriere dich auf das Wesentliche.

Auf diese Botschaften kommen wir später noch zurück. Aber es gibt noch eine weitere:

- Gewinne durch Überlegenheit.

Dieses Buch verhilft zu überlegenem Wissen und erläutert dessen Anwendung. Denn viele Menschen – besonders die Erfolgreichen – kennen die großen Strategieschulen vom Hörensagen und einige ihrer Botschaften. Aber nur wer wirklich die Hintergründe kennt, kann von den Lehren der Meister profitieren.

Dieses Buch hilft Ihnen, Ihre persönlichen Ziele durch geeignete Strategien planmäßig zu erreichen, also ständig erfolgreicher zu werden. Es zeigt Ihnen, was Sie persönlich dafür tun können und was Sie besser lassen sollten.

Warum wurden für dieses Buch die genannten sechs Meister ausgewählt und keine anderen? Antwort: Weil diese sechs nicht nur legendär und bis heute populär sind, sondern weil ihre Lehren in vielen Punkten außergewöhnliche Ideen und damit wertvolle, aus anderen Quellen so nicht zugängliche Lektionen präsentieren. Gern gebe ich Ihnen einen kleinen Vorgeschmack solcher Lektionen anhand von kurzen und prägnanten Zitaten, wie sie in keinem anderen historischen oder modernen Lehrbuch zu finden sind.

Sun-Tsu: *Der kluge Anführer unterwirft die Truppen des Feindes ohne Kampf.* (S. 12)

Wer sein Buch »Die Kunst des Krieges« nennt, dem unterstellt man leicht eine Gewalt verherrlichende Denkweise. Da erstaunt es doch sehr, dass Sun-Tsu großen Wert darauf legte zu lehren, wie man ohne Konflikt ein Ziel erreicht.

Musashi: *Das Ziel muss immer und unter allen Umständen sein, den Gegner so zu lenken, wie man selbst es will.* (S. 31)

Viele moderne Lehrbücher betonen, wie wichtig eine »regelbrechende Strategie« ist. Doch nur wenige erklären, wie das eigentlich gehen soll. Musashi zeigt es. Er lehrt, wie man die Regeln setzt. Er zwingt den Berg, zum Propheten zu kommen.

»Hagakure«: *Stell dir jeden Morgen aufs Neue vor, dass du bereits tot bist.* (S. 133)

Wir haben verlernt, bewusst Risiken einzugehen. Wir sind eine rundum versicherte Gesellschaft geworden und haben vergessen, dass Erfolg ohne Risiko nicht funktioniert. Das »Hagakure« dagegen lehrt, wie man in vermeintlich aussichtslosen Situationen erfolgreich ist, wie man Ängste überwindet und durch bewusst eingegangene Risiken Ziele erreicht.

Seneca: *Niemand findet sich, der sein Geld verteilen möchte: Sein Leben dagegen teilt ein jeder aus, und an wie viele!* (S. 92)

Wir besitzen. Wir kaufen. Und wir wollen haben. Aber irgendetwas fehlt uns: Zeit! Denn wir verschwenden unsere Zeit. Seneca lehrt, wie man seine Zeit optimal einteilt und so schneller als andere zum Ziel kommt oder durch Zeitmanagement Freiräume für andere Aktivitäten schafft.

Machiavelli: *Ich wende mich zur Alleinherrschaft und werde … erörtern, wie diese erworben und erhalten werden kann.*(S. 19)

Machiavellis Interesse gilt der Gewinnung und Erhaltung von Macht, denn wer mächtig ist, der kann die Regeln entweder ändern oder umgehen. Der Preis dafür sind oft moralische Abgründe. Dieses Buch selektiert und zeigt auf, wie Machiavelli auch in der Gesellschaft des 21. Jahrhunderts zielführend eingesetzt werden kann.

Clausewitz: *Ist nun eine Möglichkeit schon als Realität zu betrachten, als ein wirkliches Ding? Allerdings.* (S. 117)

Viele glauben, sie müssten etwas **tun,** um erfolgreich zu sein. Clausewitz lehrt, dass es oft genügt, es **tun zu können,** um das Ziel zu erreichen. Er zeigt, wie man nur mit Möglichkeiten zur Handlung schon Ziele erreicht, ohne diese Handlungen wirklich durchführen zu müssen.

Es ist natürlich unmöglich, die Lehren der sechs Meister an einem einzigen Zitat darzustellen. Diese Beispiele geben deshalb nur eine winzige Facette dessen wieder, was die sechs Meister an großartigen Lektionen insgesamt formuliert haben. Die Lektionen sind dabei so unterschiedlich und widerspruchsfrei, dass sie sich ideal ergänzen, wie in der Zusammenfassung am Ende des Buches deutlich werden wird.

In der Perspektive dieses Buches werden die strategischen Implikationen der sechs Lehren dargestellt, die ja auch als Strategieschulen bekannt geworden sind. Dies ist eine sehr übergreifende Sichtweise. Um daraus konkrete Empfehlungen abzuleiten, werden die Prinzipien umfassend anhand aktueller Beispiele aus der Wirtschaft und angrenzender Gebiete erläutert und in ganz konkrete Lektionen übersetzt. So **praxisnah** wie in diesem Buch haben Sie die sechs Meister und ihre Lehren noch nie erlebt!

Bleibt noch die Frage, was die sechs Meister eigentlich unter Strategie verstanden. Die Antwort ist pragmatisch. Für sie war die Zeit bis zur Zielerreichung einfach nur eine von vielen Ressourcen, wie zum Beispiel das Geld. Und da die Zielerreichung mit weniger Ressourcen besser ist als eine mit mehr, ist die differenzierte Betrachtung von Operation, Taktik und Strategie – wie sie uns in »modernen« Lehrbüchern begegnet – nicht notwendig. Mehr Definitionen und mehr Begriffe bringen nämlich keinen Mehrwert, sondern verwischen nur den Kern dessen, was Strategie bedeutet: **Strategie ist der Plan, wie man realistisch gesetzte Ziele effizient erreicht.**

Definieren wir Zielerreichung als Erfolg und verstehen wir realistisch als Voraussetzung für Effizienz, dann bedeutet dies kurz gefasst: **Strategie ist ein effizienter Erfolgsplan.**

An dieser Definition, so kurz und präzise sie ist, hätte sicher auch Horaz seine Freude gefunden. Doch worin besteht nun der Wert der Strategielehren der sechs Meister? Machen Sie sich zunächst Folgendes klar: Strategien werden immer von drei Einflussfaktoren bestimmt: 1. vom Ziel, das mit der Strategie erreicht werden soll, 2. von den Rahmenbedingungen und 3. vom Wissen über die Grundregeln und Prinzipien des Erfolgs und der Strategieentwicklung sowie über deren Anwendung.

Das Ziel ist individuell verschieden und deshalb nicht mit Regeln zu erfassen. Die Rahmenbedingungen der Ausgangssituation sind zumeist nicht beeinflussbar. Aber Erfolgsregeln und -prinzipien sind erlernbar! Genau dort setzen die sechs Meister an, und genau dort setze ich mit diesem Buch an: Es soll Ihnen umfassendes Wissen über die Prinzipien der Erfolgsregeln und Strategieentwicklung vermitteln. Die zahlreichen *Lektionen* fassen die abgeleiteten Erkenntnisse zusammen, und mit den praxisbezogenen *Anwendungen* erhalten Sie die Möglichkeit, Ihr Wissen im Alltag umzusetzen. Mithilfe der vielen *Praxisbeispiele* aus Wirtschaft, Gesellschaft und Privatleben werden die Empfehlungen der Strategieschulen illustriert.

An dieser Stelle ist allerdings auch eine **Warnung** angebracht: Alle sechs Meister und ihre Strategielehren stammen aus einer Zeit, in der andere Gesetze galten und das Recht einen anderen Stellenwert besaß. Auf die heutige Zeit übertragen, stellen manche der Beispiele mitunter rechtlich anfechtbares Verhalten dar. Dieses Buch soll aber ausdrücklich *nicht* zu rechtlich unzulässigem Verhalten anleiten! Bitte stellen Sie die Rechtmäßigkeit Ihres Tuns sicher, wenn Sie das Wissen aus diesem Buch in der Praxis anwenden.

I
Die östlichen Schulen

Die Unterschiede zwischen den östlichen und westlichen Schulen sind nicht so dramatisch, wie man meinen könnte. Der östliche Musashi und der westliche Clausewitz ähneln sich beispielsweise inhaltlich mehr als Musashi und das ebenfalls östliche »Hagakure«. Eigentlich ist das auch nicht weiter verwunderlich: Naturgesetze sind überall gleich, egal aus welcher Gegend der Wissenschaftler stammt, und das gilt genauso für die »Strategie-Naturgesetze«.

Dennoch gibt es, bedingt durch die verschiedenen Lebenszeiten und Lebensumstände der Strategiemeister, zum Teil erhebliche Unterschiede. Das gilt ebenso für die östlichen wie die westlichen Schulen. Das Gute daran ist, dass wir durch die teilweise geradezu gegensätzlichen Perspektiven erkennen können, welche Erfolgsregeln allgemeine Gültigkeit besitzen. Es ist erstaunlich und erfreulich, dass alle Schulen gemeinsame Grundprinzipien haben. Und noch etwas ist erfreulich: Durch die verschiedenen Perspektiven werden teilweise auch Erfolgsregeln für unterschiedliche Anwendungsgebiete formuliert, sodass Sie am Schluss dieses Buches ein sehr umfassendes, vollständiges Bild der Erfolgsstrategien erhalten.

Einige tendenzielle Unterschiede zwischen den östlichen und westlichen Schulen bestehen aber doch. So spielt in den östlichen Schulen der Begriff der Ehre eine auffallend große Rolle, was wir in den westlichen Schulen so nicht finden. Das »Hagakure« erhebt sie sogar zum obersten Ziel. Aber auch Musashi, der die Sehnsucht nach Ehre in gewisser Weise als Schwäche ansieht und sie sogar für seinen persönlichen Erfolg zu nutzen weiß, widmet sich diesem Thema. Und letztlich versteht auch Sun-Tsu die Loyalität gegenüber dem Herrscher als Grundgesetz, auch wenn er sich selbst nicht immer daran hält. (Bisweilen stellt auch das Brechen von Regeln eine Erfolgsstrategie dar.)

Aber sehen Sie selbst, welche Weisheiten die östlichen Meister entwickelt haben. Beginnen wir chronologisch: mit der 2500 Jahre alten Lehre des Sun-Tsu.

1 Sun-Tsu: Die Kunst des Krieges

Steckbrief

KURZBESCHREIBUNG: Wu Sun-Tsu formulierte vor rund 2500 Jahren ein Grundlagenwerk über die Prinzipien des Erfolgs: »Die Kunst des Krieges«. Diese entwickelte er aus einer zunächst militärischen Perspektive und führte sie auf drei Schlüsselfaktoren zurück: (Vor-)Wissen, Planung und Führung.

Für jeden dieser Schlüsselfaktoren bringt Sun-Tsu Beispiele und modern anmutende, sehr praxisnahe Empfehlungen. Vereinzelte Widersprüche, militärische Detailversessenheit und eine überholte Weltanschauung in Bezug auf die Rolle des Herrschers erfordern viel kritische Analyse und Ausdauer beim Lesen.

ZIELSYSTEM: Oberstes Ziel ist der *persönliche* Sieg durch Überwindung aller, die diesem im Weg stehen, und zwar idealerweise *ohne Kampf*!

ZAHLEN, DATEN, FAKTEN: Wu Sun-Tsu lebte etwa um 500 v. Chr. Er wurde im Staat Qi geboren. Der König des Nachbarstaates Wu, Helu, wurde durch »Die Kunst des Krieges« auf Sun-Tsu aufmerksam und machte ihn zum General seiner Armee. Sun-Tsu unterwarf für ihn die Königreiche Chu im Westen und Qi und Qin im Norden und baute dadurch seine Machtposition stark aus. Sein Buch verbreitete sich schnell, diente als Kriegsbibel, wurde nachgeahmt, ergänzt und verändert. In den europäischen Übersetzungen sind daher auch Kommentare und Hinweise von Bewunderern aus vielen Jahrhunderten enthalten.

Die drei größten Stärken:

- Sehr strukturiert: drei Erfolgsprinzipien – (Vor-)Wissen, Planung, Führung.
- Modern: Betonung des Erfolgs auch und sogar besonders ohne Kampf.

- Flexibel: Allgemeingültige 9S-Matrix zur zielführenden Strategieauswahl.

Die drei größten Schwächen:

- Tendenzen zur Selbstüberschätzung und zu opportunistischem Moralverständnis.
- Ein bisweilen astrologisch geprägtes Ursache-Wirkungs-Verständnis.
- Stellenweise unpassende Detailtiefe in zwei Kapiteln, die das ansonsten allgemeingültige Niveau der Lehre daher nicht halten.

Parallelen mit anderen Schulen und Lehren:

- Mao-Tse Tung schrieb für sein Buch über die militärischen Prinzipien der chinesischen Roten Armee fast wörtlich von Sun-Tsu ab.
- Musashis Zielsystem ist vergleichbar, betont aber den Sieg durch Kampf.

Wissen

Der renommierte Autor James Clavell schreibt über Sun-Tsu: »Ich finde es erstaunlich, dass Sun-Tsu vor fünfundzwanzig Jahrhunderten so viele Wahrheiten schrieb, die heute noch gültig sind.« Und tatsächlich ist dem Autor Wu Sun-Tsu zu einer Zeit ein moderner Geniestreich gelungen, als in Ägypten die Pharaonen herrschten und Rom noch ein Dorf aus Lehmhütten war. Vielleicht ist »Die Kunst des Krieges« sogar einer der ersten Weltbestseller.

Leider ist weder über den Autor noch über sein Leben viel bekannt. Als sicher gilt, dass er um 500 v. Chr. lebte. Für weitere Informationen über Sun-Tsu sind wir auf Geschichten und Anekdoten angewiesen, die ein wenig von seinem Charakter offenbaren, sofern sie denn authentisch sind. Demnach war er ein begnadeter Stratege und Führer, allerdings mit menschenverachtenden, extremistischen Zügen: Zum Beweis seines militärischen Könnens verlangte König Helu von Wu von ihm, einige Frauen seines Gefolges zu Soldatinnen zu machen. Als diese beim Exerzieren kicherten, ließ er ihnen kurzerhand die Köpfe abschlagen. Ohnehin scheint zu jener Zeit der Tod die einzig mögliche Strafe gewesen zu sein – diesen Eindruck erhält zumindest der Leser seines Buches.

Allerdings gibt es auch begründeten Zweifel an der Authentizität dieser Anekdoten, denn »Die Kunst des Krieges« in seiner heutigen Form ist durch die Jahrhunderte immer wieder von Hand abgeschrieben worden. Dabei wurden sicher Fehler gemacht, Passagen wurden weggelassen und andere Teile ergänzt, wahrscheinlich ohne dass dies besonders gekennzeichnet wurde.

Dennoch passt die Charakterisierung Sun-Tsus zu seiner Lehre, deren militärischer Teil von einem Kriegsbild geprägt ist, das an ein Schachspiel erinnert, mit Soldaten als Spielfiguren. Im Zeitalter der transnationalen Beziehungen ist Landgewinn keine sinnvolle Strategie mehr, und im Zeitalter der Technik ist die Bedeutung von Soldaten und Armeen jener von überlegenen Waffensystemen untergeordnet. In Sachen Kriegführung ist das Buch also veraltet.

Der heutige Reiz des Buches liegt darin, dass Sun-Tsu aus der Sicht eines Vorgesetzten über die Führung seiner Soldaten, über die Planung ihres Einsatzes und über die Strategien, wie man zum notwendigen (Vor-)Wissen kommt, geschrieben hat. Diese Empfehlungen lassen sich auf viele Situationen des täglichen Lebens übertragen.

Von den 13 Kapiteln sind lediglich zwei operativ-militärischer Art und für unsere Suche nach den Grundregeln des Erfolgs daher nahezu wertlos. Die übrigen sind in sich sehr strukturiert und wertvoll in Bezug auf zeitlose und wirkungsvolle Erfolgsregeln.

Die Schwächen von Sun-Tsus Lehre zeigen sich im Wesentlichen in drei Punkten:

1. Ein streitbares Verständnis von Moral, geprägt von übermäßigem Opportunismus, bei dem Moral und Herrschermeinung gleichbedeutend sind: »Das *Gesetz der Moral* veranlasst die Menschen, mit ihrem Herrscher völlig übereinzustimmen, sodass sie ihm ohne Rücksicht auf ihr Leben folgen und sich durch keine Gefahr erschrecken lassen.« (S. 8) Tatsächlich richtet sich Sun-Tsu selbst nicht danach, sodass diese Aussage als Feigenblatt gegenüber seiner wahren Intention gelten muss, nämlich die Herrschermeinung in den Wind zu schlagen. Anders formuliert: Sun-Tsu predigt Wasser und trinkt Wein.

2. Ein für die Zeit typischer Bezug auf astrologische Ursache-Wirkungs-Prinzipien: »Es gibt … bestimmte Tage, um einen Brand anzufachen. … Die bestimmten Tage sind jene, wenn der Mond in den Zeichen des Siebes, der Mauer, des Flügels oder der Sprosse steht, denn diese vier sind Tage des aufkommenden Windes.« (S. 57) Solche Empfehlungen sind nach heutigem Wissensstand überholt. Zwar gibt es zunehmend – auch und gerade bei Wissenschaftlern – die Einsicht einer spirituellen Welt, die jedoch weit entfernt ist von archaisch-astrologischen Einfachregeln, wie sie Sun-Tsu vereinzelt formuliert. Diese Regeln führen aber nachweislich nicht zu Erfolgen und werden hier deshalb vernachlässigt.

3. Eine in den Kapiteln IX und XII überwiegende und im Vergleich zu den anderen Kapiteln unpassende Detailtiefe, die im

Niveau auch stark abfällt: »Bewegen sich die Bäume eines Waldes, so ist das ein Zeichen für das Näherrücken eines Feindes. Wenn ein Kundschafter sieht, dass die Bäume eines Waldes sich bewegen und schwanken, sollte er erkennen, dass der Feind im Begriff ist, sie zu fällen, um einen Weg für seine Truppen zu bahnen. Das Auftauchen einiger Schutzschilde in dichtem Gras bedeutet, dass der Feind uns misstrauisch machen will.« (S. 33) Seltsamerweise findet sich ausgerechnet in einem der operativen Kapitel auch eine fast komische Passage: »Wenn unsere Truppen dem Feind zahlenmäßig auch nicht überlegen sind, so reicht das doch aus; es bedeutet nur, dass ein direkter Angriff nicht möglich ist. Was wir tun können, ist einfach, unsere ganze verfügbare Kraft zu konzentrieren, den Feind genau zu beobachten und auf Verstärkung zu warten.« (S. 36) Es ist also nicht schlimm, wenn man in der Unterzahl ist, weil man ja auf Verstärkung warten kann, um dann wieder in der Überzahl zu sein!

Solche Schwächen zeigen, dass Sun-Tsu nicht unfehlbar war und manches von seinem Werk in die Irre führt. Vielleicht haben auch andere Autoren in den Jahrtausenden der Überlieferung hier ihre störenden Finger im Spiel gehabt. Wie auch immer – ich halte es für sinnvoll, zunächst die Nachteile und Schwächen zu erkennen, um nachher nicht enttäuscht zu sein. Und nachdem wir diese Schwächen Sun-Tsus nun besprochen haben, stelle ich Ihnen jetzt seine überraschenden und genialen Empfehlungen vor, die sich erst aus der sorgfältigen Interpretation seines Werkes umfassend erschließen.

Verstehen

Sun-Tsus Werk ist in der Kapitelstruktur etwas verworren, was vermutlich mit den späteren Abschriften zusammenhängt, vom Grundsatz her allerdings fast wie eine akademische Arbeit strukturiert, die zunächst mit dem theoretischen Rahmen und mit Definitionen beginnt (Kapitel III und IV). Logisch folgt diesen Kapiteln die Beschaffung von Informationen (Kapitel VI und XIII), die sich in einem Planungsprozess (Kapitel I und II) verwenden lassen. Anschließend kann der Plan durch geeignete Führungsstrategien in die Tat umgesetzt werden (Kapitel V und X).

Einige Sonderaspekte werden in drei weiteren Kapiteln behandelt. Hierbei geht es um die Vermeidung von Fehlern (Kapitel VIII), die Entwicklung eines Instruments zur Analyse der gegenwärtigen strategischen Situation sowie zu Täuschungsmanövern (Kapitel XI und VII). Demnach ergäbe sich folgende »ideale« Kapitelreihenfolge:

1.	III. Das Schwert in der Scheide	Theoretischer Rahmen von Erfolg und Zielsystem (1)
2.	IV. Taktik	Theoretischer Rahmen von Erfolg und Zielsystem (2)
3.	VI. Schwache und starke Punkte	Wissen (1) – Wissen und Erwartungshaltung
4.	XIII. Der Einsatz von Spionen	Wissen (2) – Vorwissen
5.	XI. Die neun Situationen	9S-Matrix
6.	I. Planung	Planung (1) – Definitionen und Zielfindungsprozess
7.	II. Über die Kriegführung	Planung (2) – Zielfindungsprozess
8.	V. Energie	Führung (1) – Allokation, Täuschung und Schnelligkeit

9. VII. Manöver	Details zur Täuschung
10. X. Terrain	Führung (2)
11. VIII. Taktische Varianten	Fehler vermeiden
12. IX. Die Armee auf dem Marsch	Weglassen
13. XII. Angriff durch Feuer	Weglassen

Wir folgen also dieser Gliederung und arbeiten die werthaltigen Prinzipien des Buches in vier Schritten heraus: Zielsystem und Definitionen, Gewinnung von Wissen, Planung sowie Führung.

Zielsystem und Definitionen

»Dein großes Ziel im Krieg soll der Sieg sein und kein langwieriger Feldzug.« (S. 11) Versuchen wir also, den Aspekt des Siegens besser zu verstehen. Obwohl schon der Titel des Buches nahe legt, dass Sun-Tsu vom Sieg im Krieg spricht, handelt es nicht automatisch und immer vom bewaffnet ausgetragenen Konflikt. Im Gegenteil: Er betont mehrfach, dass er den Sieg *ohne Kampf* als die edelste Form ansieht, sozusagen die »höchste Kunst des Erfolgs«. Seiner Auffassung nach lassen es die Erfolgreichsten gar nicht erst zum Kampf kommen: »In all deinen Schlachten zu kämpfen und zu siegen ist nicht die größte Leistung. Die größte Leistung besteht darin, den Widerstand des Feindes ohne einen Kampf zu brechen. In der praktischen Kriegskunst ist es das Beste überhaupt, das Land des Feindes heil und intakt einzunehmen; es zu zerschmettern und zu zerstören ist nicht so gut. So ist es auch besser, eine Armee vollständig gefangen zu nehmen, als sie zu vernichten ...« (S. 12) und: »Der kluge Anführer unterwirft die Truppen des Feindes ohne Kampf; er nimmt seine Städte, ohne sie zu belagern; er besiegt sein Königreich ohne langwierige Operationen im Felde.« (S. 12)

»Bewege dich nicht, wenn du keinen Vorteil siehst; setze deine Truppen nicht ein, wenn es nichts zu gewinnen gibt;

kämpfe nicht, wenn die Lage nicht kritisch ist.« (S. 58) Diese Zitate verdeutlichen, dass Sun-Tsu den Kampf lediglich als Notlösung sieht. Der Krieg ohne Kampf – für unser Sprachverständnis ein Widerspruch – bleibt bei Sun-Tsu eine Tatsache und zeichnet seine Weitsicht aus.

Besondere Beachtung verdient auch die Rolle des Herrschers. Zwar scheint es so, als stelle sich der General Sun-Tsu in den Dienst des Herrschers, denn: »Das Gesetz der Moral veranlasst die Menschen, mit ihrem Herrscher völlig übereinzustimmen, sodass sie ihm ohne Rücksicht auf ihr Leben folgen und sich durch keine Gefahr erschrecken lassen.« (S. 8) Ehrenvolle Loyalität als oberstes Gebot also? Wer aufmerksam andere Textstellen hinzuzieht und vergleicht, der findet dazu bald eine widersprüchliche Empfehlung: »Wenn sicher ist, dass der Kampf mit einem Sieg endet, dann musst du kämpfen, auch wenn der Herrscher es verbietet; wenn der Kampf nicht mit einem Sieg enden wird, dann darfst du nicht kämpfen, auch wenn der Herrscher es befiehlt.[1] Der General, der angreift, ohne nach Ruhm zu schielen, und sich zurückzieht, ohne Ungnade zu fürchten, dessen einziger Gedanke der Schutz des Landes und der Dienst für seinen Herrscher ist, dieser General ist das Juwel des Königreichs.« (S. 40)

Interessant ist hier die Rolle, die Sun-Tsu dem Herrscher einräumt: Der Herrscher wird es wohl kaum als Dienst empfinden, wenn der General seinen Befehlen zuwiderhandelt. Oder um es noch deutlicher zu formulieren: Bei Sun-Tsu hat der Herrscher nichts zu melden! Nach Sun-Tsu handelt der General nur dann konform mit dem Willen des Herrschers, wenn dieser zufällig eine Meinung vertritt, die den Zielen des Generals entspricht. Und den so handelnden General bezeichnet Sun-Tsu auch noch als »Juwel des Königreichs« – eine ziemlich dreiste Aussage, die noch dazu geschickt zwischen den diversen Textstellen verborgen ist.

Festzuhalten bleibt also der klare Widerspruch bei Sun-Tsu: Einerseits betont er den selbstlosen Einsatz für den Herrscher als oberste moralische Instanz, andererseits ist es für ihn legitim, den Befehlen des Herrschers zu widersprechen. Demnach beurteilt also der General und nicht der Herrscher, was ein

»Sieg« ist. Der General kann somit nach eigenem Ermessen handeln – so Sun-Tsu. An einer Stelle wird diese Position sogar deutlich formuliert: »Opportunismus und Flexibilität … sind militärische, keine zivilen Tugenden.« (S. 13)

Diese Überlegungen sollten zeigen, dass das eigentliche Ziel Sun-Tsus tiefer in dem rhetorisch geschickt formulierten Text zu finden ist. Der Sieg für den Herrscher ist für den General nur das vordergründige Ziel. Tatsächlich geht es ihm um den *persönlichen Sieg*, und der Herrscher dient als Legitimation, quasi als moralischer »Lendenschurz« und gleichzeitig als Ressourcenquelle für Soldaten und Geld – solange er dem persönlichen Sieg nicht im Weg steht.

Liest man zwischen den Zeilen, muss es also richtig heißen: Sun-Tsu ist ein gerissener Egoist, der Untergebene und sogar den Vorgesetzten geschickt für die eigenen Ziele benutzt!

Lektion 1.1: Handeln und darüber reden

Handeln Sie nach Ihrem eigenen Vorteil, aber erzählen Sie anderen, dass Sie nur für die Sache kämpfen.

Aber warum macht es Sun-Tsu so kompliziert? Warum sagt er nicht einfach, was er meint? Die Antwort: Hätte Sun-Tsu offen empfohlen, stets egoistisch zu handeln, hätte er seine eigenen Soldaten zum Ungehorsam aufgefordert. Damit dies nicht passierte, äußerte er zunächst Gehorsam und Unterordnung unter den Willen des Höherstehenden. Erst in der genauen Durchleuchtung seiner Argumente wird seine wahre Sichtweise erkennbar, sonst hätte ein Leser genau die falsche Schlussfolgerung gezogen – ein schönes Beispiel, wie ein oberflächliches Lesen von Sun-Tsu in die Irre führen kann!

Für uns stellt sich hier und übrigens auch bei vielen weiteren Lektionen die Frage, ob wir eine derartige, vordergründig moralisch bedenkliche Position teilen können und wollen. Doch: Erstens geht es hier zunächst um das Verständnis Sun-Tsus, ohne dies sogleich nachahmen zu müssen. Zweitens stehen wir immer vor dem Problem, dass unsere Handlungen sowohl positive als auch negative Wirkungen auf andere haben und wir die negativen Handlungen in Kauf nehmen müssen, um die positiven zu erreichen. Und eine Abwägung ist immer notwendig – die jeder für sich selbst durchführen muss. Drittens schließlich ist diese Lektion eine Konsequenz aus dem Verhalten der Gesellschaft, konformes und der Allgemeinheit »nützliches« Verhalten anzuerkennen, während egoistisches Verhalten meistens abwertend beurteilt wird. Andererseits aber werden reiche, mächtige oder sonst wie erfolgreiche Menschen bewundert, was diese jedoch entweder durch Egoismus (= »Ich-Bezogenheit«, den eigenen Vorteil wichtiger finden als den Vorteil anderer) oder durch Zufall (z. B. Lottogewinn) erreicht. Die Gesellschaft setzt hier also widersprüchliche Normen: Erfolg haben ist gut, aber das regelmäßig zu diesem Erfolg führende Verhalten ist schlecht.

Vielleicht sind wir mit diesem kurzen Exkurs in die Moralbetrachtung dem Phänomen auf die Spur gekommen, warum Unternehmer einerseits bewundert werden (»die sind reich, mächtig, erfolgreich, schaffen Arbeitsplätze« etc.) und trotzdem gleichzeitig Feindbild sind (»die beuten aus, bereichern sich an anderen, denken nur an sich« etc.). Es ist eben so, dass wir die zwei Seiten einer Medaille nicht trennen können. Diese fundamentale Erkenntnis war bereits bei Sun-Tsu vor 2500 Jahren bedeutsam.

Gewinnung von Wissen

Zäumen wir dieses Pferd einmal von hinten auf: Allein zu siegen ist schwieriger als zu mehreren. Also braucht der erfolgreiche Stratege Helfer, die er *führen* muss. Um führen zu können, braucht er einen *Plan*, wie die Helfer vorgehen sollen. (Nebenbei bemerkt: Man kann sogar Helfer anheuern, die die Planung übernehmen. Diese Aufgabe lösen heute in der Wirtschaft erfahrende Top-Management-Berater.) Um wiederum planen zu können, sind *Wissen* und *Daten* erforderlich. Die Gewinnung von Wissen ist essenziell für den späteren Erfolg. Zu wenig oder fehlerhaftes Wissen bewirkt, dass die Planung und damit die Führung und Durch*führung* gefährdet sind. Die Bedeutung, die Sun-Tsu dem Wissen beimisst, wird in folgenden Textstellen deutlich: »Wenn du den Feind und dich selbst kennst, brauchst du den Ausgang von hundert Schlachten nicht zu fürchten. Wenn du dich selbst kennst, doch nicht den Feind, wirst du für jeden Sieg, den du erringst, eine Niederlage erleiden. Wenn du weder den Feind noch dich selbst kennst, wirst du in jeder Schlacht unterliegen.« (S. 14) Und: »Was den weisen Herrscher und den guten General befähigt zuzuschlagen und zu siegen und Dinge zu erreichen, die außerhalb der Fähigkeiten gewöhnlicher Männer liegen, ist ›Vorherwissen‹. Mit Vorherwissen ist gemeint, zu einem wichtigen Sachverhalt frühzeitig und vor allen anderen Betroffenen über Informationen zu verfügen. »Doch dieses Vorherwissen kann nicht Geistern entlockt werden; es kann nicht aus der Erfahrung und auch durch keine Schlussfolgerung gewonnen werden.« (S. 59)

Aber was muss man wissen? Welche Daten muss man beschaffen, um erfolgreich zu sein? Nach Sun-Tsu gibt es vier Methoden:

- **Selbsterkenntnis:** Sie müssen alles über Ihre eigenen Stärken und Schwächen wissen und die Schwächen durch Experten ausgleichen.
- **Spionage:** Sie müssen alles über die Stärken und Schwächen Ihres Gegners wissen.
- **Geheimhaltung:** Sie müssen verhindern, dass der Gegner Wissen über Ihre Stärken und Schwächen erlangen kann.
- **Täuschung:** Sie müssen den Gegner in Sicherheit wiegen und ihn im Glauben lassen, er kenne Ihre Schwächen.

SELBSTERKENNTNIS ist das Fundament für den Sieg, weil nur sie es ermöglicht, die Erfolgschancen einzuschätzen: »Man kann *wissen*, wie man siegt, ohne fähig zu sein, es zu *tun*.« (S. 15) Die Erkenntnis, dass die eigenen Fähigkeiten nicht ausreichen, bedeutet aber im Umkehrschluss nicht, dass keine Aussicht auf Erfolg besteht. Vielmehr muss dann die Strategie geändert werden: Dann nämlich können Helfer oder Experten eingesetzt werden, die diese Schwächen ausgleichen.

Ein sehr schönes Fallbeispiel hierfür sind Spekulanten, die

mit fremdem Geld unterbewertete Unternehmen aufkaufen und dann mit viel Gewinn in Einzelteilen wieder verkaufen. Genauso macht es der Protagonist Edward Louis (gespielt von Richard Gere) im Film »Pretty Woman«. Sein Erfolg und der seiner realen Vorbilder beruhen ausschließlich auf überlegenem Wissen: Er allein weiß, welche Stärken und Schwächen sein Gegner hat. Er allein weiß, warum das Unternehmen mehr wert ist, als die Anteile zurzeit kosten, und wie hoch dieser Mehrwert ist (eigene Stärke). Leider hat er aber selbst nicht genügend Finanzkraft, um die Übernahmesumme zu investieren (eigene Schwäche). Also geht er mit diesem Wissen zu einer Bank, macht die Gewinnaussichten plausibel, diese gibt ihm das Geld gegen Gewinnbeteiligung, und der Erfolg wird plötzlich realistisch (Ausgleich der eigenen Schwächen durch externe Ressourcen – also Experten, Finanzen oder Partner).

Natürlich ist dies nur eines von vielen möglichen Beispielen. Vergleichsweise häufig ist der umgekehrte Fall: Ein Unternehmen in einer soliden, aber stagnierenden Branche (z. B. Energiewirtschaft) hat viel Geld (Stärke), aber zu wenig Wissen oder Ideen (Schwäche), wie dieses Geld Gewinn bringend in Wachstumsbranchen investiert werden kann. Also werden Unternehmensberater beauftragt, gegen Honorar solche Ideen zu entwickeln und bei der Umsetzung zu helfen (Ausgleich der eigenen Schwächen durch externe Experten).

Die Top-Strategieberater verwenden diese Logik bis heute, rund 2500 Jahre nach Sun-Tsu, allerdings in einer weiterentwickelten Form:

Die **SWOT-Analyse**. SWOT steht für **S**trengths, **W**eaknesses, **O**pportunities und **T**hreats, was zu Deutsch so viel wie Stärken, Schwächen, Chancen und Risiken bedeutet. Dabei geht es im Prinzip darum, die aktionsspezifischen Argumente in einer 4-Felder-Matrix gegenüberzustellen (siehe Abb. 1).

Stärken	Schwächen
• Nutzung der bereits eingeführten Marke »City Power« • EB-Konzept setzt auf lokale Leistungsträger und verfestigt infolgedessen die lokale Verankerung des EDU • Attraktive lokale Partner (bspw. Stella in HH, Movie World, Loreley Festspiele) • Rabattgewährung schafft Kundenakzeptanz und Aufmerksamkeit beim Endkonsumenten	• Fehlende nationale attraktive Leistungsträger • Gegenwärtiges Preis-Leistungs-Verhältnis fraglich • Momentan eng gefasstes Leistungsangebot (Fun & Freizeit) • Keine regelmäßige Kartennutzung • Geringes Serviceangebot für EDUs
• Nutzung von Personalkapazität bei EB • Möglichkeit zur Nutzung von »City Power« als Dachmarke • Nutzung von Kundeninformationen zur Ergänzung des Database Marketing • Rückgewinnung von transworld-Kunden • Senkung der Abwanderungsrate	• Negative Abstrahleffekte bei falscher/schlechter Positionierung • Höhere Komplexität für Endverbraucher: muss zwei Karten benutzen (City Power lokal, City Power Plus National) • Hoher Abhängigkeitsgrad von City Power Marke
Chancen	**Risiken**

Euro Bonus Karte (EB)

Abb. 1: Beispielhafte SWOT-Analyse aus der Unternehmensberatung zu der Frage, ob sich das betreffende Unternehmen am Kundenbindungsprogramm »EB« beteiligen soll oder nicht. Dazu werden in der SWOT-Analyse Stärken und Schwächen, Chancen und Risiken gegenübergestellt, um so jeden relevanten Aspekt zu beleuchten und anschließend eine rationale Entscheidung zu treffen.

Lektion 1.2: Selbsterkenntnis

1. Um eine rationale Einschätzung der eigenen Möglichkeiten zu erhalten, stellen Sie Ihr Ziel in einem Stärken-Schwächen-Profil dar (Vgl. S. 57), das Sie nötigenfalls durch eine SWOT-Analyse ergänzen.

2. Überlegen Sie, wie Sie etwaige Schwächen durch externe Helfer oder Experten ausgleichen können.

Bei der SWOT-Analyse ist nicht nur wichtig, was in den Feldern steht, sondern auch, was dort *nicht* steht. Letzteres ist nämlich ein Hinweis auf Informationslücken, die entweder durch *Recherchen* oder durch SPIONAGE gefüllt werden können: »Die Kenntnis der Geisterwelt wird durch das Orakel erlangt; Informationen in Naturwissenschaften können durch Erfahrungswerte gewonnen werden; die Gesetze des Universums können durch mathematische Schlüsse bewiesen werden. Doch die Pläne des Feindes sind durch Spione und nur durch sie zu ermitteln.« (S. 59)

Sun-Tsu typisiert die Spione sogar. Allerdings ist diese Klassifikation nicht auf die heutige Zeit übertragbar, ja sie entbehrt nicht einer gewissen Komik: »Innere Spione zu haben bedeutet, die Beamten des Feindes zu benutzen. Wertvolle Männer, die degradiert wurden; Kriminelle, die eine Bestrafung hinter sich haben; auch Lieblingskonkubinen, die gierig auf Gold sind ...« (S. 60)

Zwar empfiehlt Sun-Tsu ausschließlich die Spionage, um fehlende Informationen zu gewinnen, doch ist dies im Zeitalter des Internet *so* nicht mehr richtig. Es gibt kaum eine Information, die sich im Internet nicht beschaffen ließe. Was allerdings oft bedeutet, dass auch hier Experten hinzugezogen werden müssen, denn Internet-Recherchen von hoher Qualität erfordern häufig Expertenwissen.

Auch Sun-Tsu verweist auf die herausragende Bedeutung dieser Experten: »Wir können mit benachbarten Fürsten kein Bündnis eingehen, wenn wir nicht ihre Absichten kennen. Wir sind nicht fähig, eine Armee auf den Marsch zu führen, solange wir nicht mit der Gestalt des Landes vertraut sind – mit seinen Bergen und Wäldern, seinen Senken und Steilklippen, seinen Marschen und Sümpfen. Wir sind unfähig, natürliche Vorteile für uns zu nutzen, solange wir keine eingeborenen Führer einsetzen.« (S. 52)

Es ist schon ein erheiternder Gedanke, Experten wie Internet-Spürhunde als »eingeborene Führer« zu bezeichnen. Fakt ist aber, dass diese Informationsquelle heute wichtiger denn je ist. Aber auch andere Experten sind potenzielle Helfer, insbesondere bei wirtschaftlichen Zielen. Unternehmensberatungen haben oft hervorragende Kontakte in die Wirtschaft und können aus erworbenem Wissen und Erfahrungen in vielen Branchen und Unternehmen wertvolle Erkenntnisse gewinnen, die Einzelunternehmen oder Nicht-Experten so nicht zugänglich sind.

Ein Fallbeispiel: Bei Fusionen von Großunternehmen müssen die jeweiligen Organisationen und Geschäftsmodelle integriert werden. Diese Aufgabenstellung nennt sich »PMI« für »Post Merger Integration«. Das Problem ist, dass rechtlich keine Daten zwischen den Fusionsunternehmen ausgetauscht werden dürfen, weil zuerst die Kartellbehörde (oft sogar international) zustimmen muss. Aus diesem Grund werden Unternehmensberater beauftragt, als neutrale Instanz die Daten beider Unternehmen zu erheben und daraus die notwendigen Integrationsschritte abzuleiten, ohne dass die Daten dem jeweils anderen Unternehmen offenbart werden. Sie können sich sicher vorstellen, welcher enorme Informationsvorsprung daraus für die Unternehmensberatung erwächst.

Ein anderes Fallbeispiel: Große, erfolgreiche Wirtschaftsunternehmen wie Banken oder Versicherungen betreiben oft eigene Abteilungen, die nichts anderes tun, als Antworten auf vorgegebene Fragestellungen zu finden – ein solches »Infocenter« kann auf Anfrage binnen Minuten die Solvenz von Unternehmen, Geschäftsleuten und sogar Privatpersonen feststellen oder zum Beispiel Beteiligungsverhältnisse zwischen Firmen herausfinden.

Häufig sind es sogar die Unternehmen selbst, die solcher Informationsgewinnung Vorschub leisten: Manche Firmen stellen geradezu manisch jedes kleinste Detail über sich ins Internet. Geschäftsberichte, Quartalspläne, Organigramme (also Mitarbeiterübersichten) oder die (eigentlich interne) Mitarbeiterzeitschrift sind dann für jedermann abrufbar. Gleiches gilt für private Homepages, auf denen Urlaubsfotos, persönliche Daten und die berufliche Karriere präsentiert werden.

Fast alle größeren Unternehmen betreiben außerdem so genannte Intranets, in denen praktisch alle internen Informationen fließen – vom Gesprächsprotokoll bis zum hochgeheimen Strategiepapier. Wer hier Zugang hat, kann auf eine unschätzbar wertvolle Informationsquelle zugreifen. Das kann von Plänen des Unternehmens bis zu Gesprächsprotokollen mit externen Partnern oder sonst unzugänglichen Informationen über andere Unternehmen reichen.

Ich denke, die Bedeutung von Recherchen und Spionage ist Ihnen deutlich geworden. Ein wichtiges Problem bleibt aber noch zu klären: Das Auffinden einer wertvollen Antwort erfordert eine gut formulierte Frage – *wonach* also suchen wir überhaupt? Wir wollen die Stärken und Schwächen des Gegners kennen sowie die Chancen und Risiken unseres Zieles. Auch hier hilft wieder die SWOT-Analyse. Sun-Tsu führt dazu folgende Erfolgsfaktoren an. »Denn es gibt fünf wesentliche Voraussetzungen für den Sieg: Siegen wird der, der weiß, wann er kämpfen muss und wann nicht. Siegen wird der, der weiß, wie er mit überlegenen und unterlegenen Streitkräften verfährt. Siegen wird der, dessen Armee in allen Rängen vom gleichen Geist beseelt ist. Siegen wird der, der gut vorbereitet darauf wartet, den unvorbereiteten Feind anzugehen. Siegen wird der, der militärisch fähig ist und nicht mit der Einmischung seines Herrschers rechnen muss.« (S. 13)

Die fünf Kernerfolgsfaktoren sind also:

1. der richtige Zeitpunkt,
2. das richtige Vorgehen,
3. hohe Motivation,
4. Schnelligkeit und
5. Interdependenzen.

Um die fehlenden Informationen zu identifizieren, können die Kernerfolgsfaktoren mit der SWOT-Analyse verglichen werden.

Lektion 1.3: Kernerfolgsfaktoren ermitteln

Suchen Sie gezielt die Antworten auf folgende Fragen:

- Wann ist Ihr Gegner stark? Wann ist er schwach?
- In welchen Bereichen ist Ihr Gegner stark? In welchen ist er schwach?
- Was motiviert Ihren Gegner besonders? Was demotiviert ihn?
- Worauf ist Ihr Gegner bereits vorbereitet? Worauf noch nicht?
- Wer sind die wichtigen Entscheider? Wen müssen Sie kennen, und wie stehen diese Personen zu Ihrem Ziel?

Überprüfen Sie zunächst, ob bereits in Ihrer SWOT-Analyse Antworten enthalten sind. Die fehlenden Informationen recherchieren Sie gezielt im Internet, über persönliche Kontakte etc.

Doch Spionage hat auch eine Kehrseite: Die Spionageabwehr. Denn der Gegner wird selbst versuchen, wichtige Informationen zu gewinnen. Um das zu verhindern, bedarf es der GEHEIMHALTUNG: »Das höchste Ziel bei allen taktischen Entscheidungen muss sein, sie geheim zu halten; halte deine Entscheidungen geheim, und du bist sicher vor den Augen der geschicktesten Spione und vor den Ränken der klügsten Köpfe.« (S. 22) – »Der General, dessen Gegner nicht weiß, was er verteidigen soll, greift weise an; und er ist ein weiser Verteidiger, wenn sein Gegner nicht weiß, was er angreifen soll.« (S. 20)

Wie lässt sich eine funktionierende Geheimhaltung bewerkstelligen? Sun-Tsu gibt dazu ganz pragmatische Empfehlungen: »Indem er seine Vorkehrungen ändert und seine Pläne anpasst, hält der kluge General den Feind unwissend. Indem er sein Lager verlegt und Umwege nimmt, verhindert er, dass der Feind seine Absicht erkennt.« (S. 50)

Lektion 1.4: Geheimhaltung

Nutzen Sie folgende Taktiken, um Ihren Gegner über Ihre Ziele im Unklaren zu lassen:

- Ändern Sie häufig den nach außen sichtbaren, von Ihnen verfolgten Weg zum Ziel.
- Vermeiden Sie den direkten, geraden und offensichtlichen Weg zum Ziel.
- Geben Sie keine Informationen öffentlich preis, wenn es sich vermeiden lässt. Bewahren Sie größtmögliche Verschwiegenheit.

Die Wirkung der Geheimhaltung wird noch übertroffen von der TÄUSCHUNG. Dabei wird dem Gegner nicht nur eine wichtige Information vorenthalten, sondern er bekommt stattdessen eine *falsche*, ohne dies zu wissen: »Überlege jede Bewegung ganz genau. Siegen wird, wer den Kunstgriff der Täuschung beherrscht. Dies ist die Kunst des Manövrierens.« (S. 24) Weiter heißt es: »Lasse ein Schlupfloch frei, wenn du eine Armee umzingelst. Das bedeutet nicht, dass es dem Feind erlaubt wird zu fliehen. Der Grund ist, ihn glauben zu machen, dass es einen Weg in die Sicherheit gibt, um ihn daran zu hindern, mit dem Mut der Verzweiflung zu kämpfen.« (S. 26) Denn: »Jede Kriegführung gründet auf Täuschung. Wenn wir also fähig sind anzugreifen, müssen wir unfähig erscheinen; wenn wir unsere Streitkräfte einsetzen, müssen wir inaktiv scheinen; wenn wir nahe sind, müssen wir den Feind glauben machen, dass wir weit entfernt sind; wenn wir weit entfernt sind, müssen wir ihn glauben machen, dass wir nahe sind.« (S. 9)

Aber selbst die Täuschung hat ihre Kehrseite: nämlich getäuscht zu werden. Sun-Tsu warnt auch davor: »Es ist ein militärischer Leitsatz, nicht bergauf gegen den Feind anzutreten und sich ihm nicht zu stellen, wenn er bergab kommt. Verfolge keinen Feind, der die Flucht vortäuscht. Greife keine Soldaten an, die auf den Kampf warten. Schlucke keinen Köder, den der Feind anbietet.« (S. 26)

Beide Aspekte der Täuschung sind einleuchtend, doch wie soll dies bewerkstelligt werden? Der Schlüssel ist die Qualität der Daten, denn es gibt sichere Informationen und unsichere. Bei Letzteren könnte eine Täuschung vorliegen.

Lektion 1.5: Täuschen und getäuscht werden

- Bewerten Sie Ihre Informationen immer nach ihrer Qualität (niedrig, mittel, hoch).
- Treffen Sie nur Entscheidungen, wenn eine ausreichend hohe Datenqualität sichergestellt ist oder wenn bei unsicheren Daten mehrere unabhängige Quellen dieselbe Aussage treffen.
- Vergleichen Sie immer auch die Konsistenz der Aussagen miteinander.

Planung

In Abwandlung eines bekannten Spruches könnte man sagen: Wissen ist nicht alles, aber ohne Wissen ist alles nichts. Das Wissen nämlich bildet die Grundlage für die Planung, mit der das Vorgehen zur Zielerreichung festgelegt wird: »Der General, der eine Schlacht gewinnt, stellt vor dem Kampf im Geiste viele Berechnungen an. Der General, der verliert, stellt vorher kaum Berechnungen an. So führen viele Berechnungen zum Sieg und wenig Berechnungen zur Niederlage – überhaupt keine erst recht! Indem ich diesem Punkt Aufmerksamkeit widme, kann ich voraussagen, wer siegen oder unterliegen wird.« (S. 9)

In der Konsequenz bedeutet das: Wenn der Sieg gut geplant ist, ist er im Prinzip bereits errungen. Dazu Sun-Tsu: »Er gewinnt seine Schlachten, indem er keine Fehler macht. Keine Fehler zu machen ist die Grundlage für die Gewissheit des Sieges, denn es bedeutet, einen Feind zu besiegen, der bereits geschlagen ist.« (S. 15) Und: »So sucht im Krieg der siegreiche Stratege nur dann den Kampf, wenn der Sieg bereits errungen ist, wogegen einer, der zum Untergang verurteilt ist, zuerst kämpft und danach den Sieg sucht.« (S. 16)

Allerdings müssen wir aus heutiger Sicht einige Einschränkungen machen. Was Sun-Tsu hier vertritt, wurde später nach dem französischen Astronomen und Mathematiker Pierre Simon de Laplace als »Laplace'scher Dämon« bezeichnet. Darin formulierte er den zwingenden Schluss, dass die Zukunft des Universums vorhersehbar ist, wenn tatsächlich alle Beziehungen nach mathematischen Gesetzmäßigkeiten verlaufen. Ein genügend fortgeschrittenes Wesen, in einem Gedankenspiel der »Laplace'sche Dämon« genannt, könnte allwissend und damit gottähnlich werden, wenn dieses Wesen – modern ausgedrückt – nur genügend Speicherkapazität und Rechengeschwindigkeit hätte, um die Zukunft des Universums zu berechnen.

Nicht zuletzt die Chaos-Theorie versetzte diesem streng mechanistischen Weltbild allerdings den Todesstoß: Es zeigte sich nämlich, dass auch absolut determinierte, mathematische Systeme den *Zufall* enthalten, sofern sie nur *nicht linear* sind! Das bedeutet, dass sich die Beziehungen zwischen den Berechnungsgrößen nicht gleichmäßig proportional ändern. Solche Systeme – und das sind fast alle Systeme, die in der Natur vorkommen – sind grundsätzlich nicht vorhersehbar.

Deshalb wird es zum Beispiel auch keine Wettervorhersage über mehr als ein oder zwei Wochen geben, weil dies physikalisch und mathematisch ausgeschlossen ist.

Mit dem Zufall, also der Nicht-Berechenbarkeit, geht die Unsicherheit einher. Das war Sun-Tsu noch nicht bekannt, und so ging er davon aus, dass der Sieg rational und mathematisch genau vorherzusagen sei. Folgerichtig lehnte er deshalb Aberglaube und Orakel strikt ab: »Verbiete die Befragung des Orakels und bekämpfe abergläubische Zweifel. Dann musst du, bis der Tod selbst kommt, keinerlei Unheil fürchten.« (S. 47)

Wenn wir Sun-Tsu also kritisch lesen, bleibt Folgendes festzuhalten: Gute Planung kann den Sieg zwar nicht vorwegnehmen – wie Sun-Tsu irrtümlich annahm –, sie kann jedoch die Wahrscheinlichkeit des Sieges wesentlich erhöhen.

Lektion 1.6: Planung

Nutzen Sie die gewonnenen Informationen, um den Ablauf und die Auswirkungen Ihrer Aktionen genau zu planen. Gehen Sie dabei rational vor und berücksichtigen Sie Unsicherheiten durch Szenariomodelle, das heißt die Planung von Alternativen.

Nach Sun-Tsu müssen vor allem drei Größen geplant werden:

- **Zeitplanung:** Wann wird welche Aktion durchgeführt?
- **Ressourcenplanung:** Wer führt die Aktionen durch und woher kommen die nötigen Mittel?
- **Interdependenzenplanung:** Welchen Einfluss haben die einzelnen Planungsgrößen auf die jeweils anderen?

Die **Ressourcenplanung** ist die notwendige Bedingung für den Sieg, während die **Zeitplanung** die hinreichende Bedingung darstellt. Sind nämlich die Ressourcen aufgebraucht, verhilft keine noch so gute Zeitplanung mehr zum Sieg: »Vergiss nie: Wenn deine Waffen stumpf werden, wenn dein Kampfesmut gedämpft wird, deine Kraft erschöpft und dein Schatz ausgegeben ist, dann werden andere Anführer aus deiner Not einen Vorteil schlagen. Kein Mann, wie weise er auch sein mag, kann abwenden, was darauf folgen muss.« (S. 10)

Sorgt aber Schnelligkeit dafür, dass die Ressourcen ausreichen, denn die Zeit hat einen Einfluss auf den Ressourcenverbrauch, dann ist der Zeitfaktor entscheidend und damit hinreichend für den Sieg: »Der Zeitvorteil – das heißt, dem Gegner ein wenig voraus zu sein – war häufig wichtiger als zahlenmäßige Überlegenheit oder die schönsten Rechenspiele mit dem Nachschub.« (S. 10)

Für die Ressourcen empfiehlt Sun-Tsu, sie nicht ausschließlich vorher zu beschaffen, sondern auch auf dem Weg zum Ziel: »Nimm Kriegsmaterial von zu Hause mit, doch plündere beim Feind. So wird die Armee Nahrung haben. Wenn die Staatskasse leer ist, muss die Armee durch Opfer des Volkes unterhalten werden. Wenn das Volk eine entfernte Armee unterhalten muss, verarmt es.« (S. 10) Und weiter: »Ein weiser General achtet darauf, beim Feind zu plündern. Eine Wagenladung Vorräte vom Feind entspricht zwanzig eigenen ...« (S. 11)

Das bedeutet: Wer unterwegs Ressourcen nutzt, spart Kraft und Aufwand bei der Vorbereitung. Man sieht die Wahrheit in diesen Empfehlungen am Gegenbeispiel Raumfahrt: Raketen können nämlich wegen der sprichwörtlichen Leere des Weltraumes unterwegs *keine* Ressourcen nutzen. Der gesamte Treibstoff, die Atemluft, ja einfach alles muss zuvor beschafft und mitgenommen werden. Und das ist es, was die Raumfahrt so ungeheuer teuer macht. Wenn es gelänge, eine Ressource (besonders Treibstoff) unterwegs zu erschließen, die ein Raumschiff nutzen könnte, dann wäre dies eine Revolution für die Kosten und damit auch für die Verbreitung der Raumfahrt.

Die Ressourcenplanung bezieht sich bei Sun-Tsu auch auf Menschen: »Die gefangenen Soldaten sollen freundlich behandelt und behalten werden. Dies bedeutet, die unterworfenen Feinde zur Stärkung der eigenen Kraft zu benutzen.« (S. 11)

Übertragen auf unseren Kontext bedeutet dies: Ressourcen sind nicht nur Geld, sondern zum Beispiel auch Sozialkompetenz oder Ausbildung, wenn es um das Thema Karriere geht. Kennen Sie das Karriere-Paradox? Wenn Sie sich um einen anderen Job bewerben, wird von Ihnen Berufserfahrung erwartet. Diese Berufserfahrung können Sie aber erst sammeln, wenn Sie den Job bekommen. Den Job bekommen Sie aber nur mit Berufserfahrung etc.

Sun-Tsu bietet hierfür die Lösung, indem er bei fehlenden Ressourcen (»Staatskasse leer«) feststellt, dass Opfer gebracht werden müssen. In unsere Zeit übertragen heißt das: Gewinnen Sie die Ressource »Berufserfahrung« auf dem Ausbildungsweg, indem Sie Praktika machen. Diese relativ kurzen Jobs sind zwar oft un- oder unterbezahlt (»Opfer«), vermitteln aber Erfahrung und stellen bereits einen ersten Karrieresprung dar.

Besonders wichtig ist die **Einteilung der Ressourcen:** Man sollte so viel wie nötig, aber so wenig wie möglich verbrauchen.

Sun-Tsu nennt als wichtige Kriterien für den Ressourceneinsatz die **Verhältnismäßigkeit** und die **Zielführung:** »Nahe am Ziel zu sein, während der Feind noch weit entfernt ist; gelassen zu warten, während der Feind sich müht und schindet; gut genährt zu sein, während der Feind ausgehungert ist – dies ist die Kunst, die eigenen Kräfte einzuteilen.« (S. 26)

Es ist auch wichtig, vor einer Aktion die Ressourcenfrage zu klären: So sind Aktionen mit unerfüllbaren Ressourcenkonsequenzen genauso zu vermeiden wie Aktionen, die nicht zur Zielerreichung beitragen. Kaufen Sie kein Auto (selbst wenn es billig ist), wenn Sie die Benzinkosten nicht dauerhaft bezahlen können. Kaufen Sie kein Auto (selbst wenn es billig ist), wenn Sie sowieso lieber mit der Bahn fahren.

»Eine Stadt, die nicht gehalten werden kann, nachdem sie eingenommen wurde, oder die, wenn man sie sich selbst überlässt, keine Schwierigkeiten macht, sollte nicht angegriffen werden.« (S. 28, aus einem ergänzten Fallbeispiel) Das klingt vielleicht selbstverständlich. Aber es ist sehr verwunderlich, wie viele Menschen gegen diese Grundsätze andauernd verstoßen! Fällt Ihnen etwas aus dem täglichen Leben ein, was diese Regeln verletzt? Eine Antwort: Sonderangebote! Kennen Sie das auch? Sie gehen in ein Geschäft und wollen eigentlich eine Hose kaufen. Als Sie herauskommen, haben Sie außerdem noch ein Paar Schuhe und eine CD gekauft, weil die »gerade im Sonderangebot« waren. Sie haben etwas gekauft, was Sie gar nicht brauchen (sonst hätte es ja auf Ihrem Einkaufszettel gestanden), und das ist Geldverschwendung!

Lektion 1.7: Drei Fragen zum Ressourceneinsatz

- **Relevanz:** Ist es sinnvoll, eine Ressourcen verzehrende Aktion durchführen?
- **Effektivität/Zielführung:** Erreiche ich das Ziel damit dauerhaft?
- **Effizienz/Verhältnismäßigkeit:** Sind alle anderen Wege, das (Zwischen-)Ziel zu erreichen, tatsächlich mit mehr Mühe und mehr Ressourceneinsatz verbunden?

Falls Sie alle drei Fragen mit Ja beantworten können, spricht nichts gegen den Einsatz. Falls Sie auf mindestens eine dieser Fragen Nein antworten müssen, sollten Sie die geplante Aktion noch einmal überdenken.

Effizienz und Effektivität sind beliebte Begriffe aus dem Top-Management. Effizienz bedeutet, dass eine Wirkung mit minimalem Aufwand erreicht werden kann, dass also der Aufwand zum Ertrag verhältnismäßig gering ist. Effektivität hingegen meint, dass die Wirkung in Art und Stärke genau so eintritt, wie es erwartet und angestrebt ist, dass sie also zielführend ist. Bei der Ressourcenplanung ist beides wichtig.

Lektion 1.8: Planung von Ressourcen

1. Überlegen Sie nicht nur, welche Ressourcen Sie für Ihre Zielerreichung brauchen, sondern auch, welche dieser Ressourcen Sie auf dem Weg beschaffen können.
2. Planen Sie neben Ihren eigenen Ressourcen auch die des Gegners, um seine Kraft und Ausdauer besser einschätzen zu können.

Kommen wir nun zu den **Interdependenzen**. Sun-Tsu hat nämlich in einer weiteren, wirklich genialen Überlegung erkannt, dass gegenseitige Abhängigkeiten wichtige Auswirkungen auf das eigene Ziel haben: »Andererseits lässt die Nähe einer Armee die Preise steigen; und hohe Preise nehmen den Menschen ihre Ersparnisse. Wenn ihre Ersparnisse erschöpft sind, stehen ihnen schlimme Auspressungen bevor. Wegen des Verlustes der Ersparnisse und der Erschöpfung ihrer Kraft wird man die Häuser der Menschen vollkommen leeren, und ihr Einkommen schwindet. Zugleich werden die Ausgaben der Regierung … steigen.« (S. 11)

Hier wird erneut deutlich, dass dieser eigentlich für den Krieg verfasste Text auch auf das Wirtschaftsleben anwendbar ist. Sun-Tsu weist darauf hin, dass die meisten Aktionen nicht nur eine (gewünschte) Wirkung haben, sondern meist mehrere **Nebenwirkungen,** die ihrerseits wieder Ursachen für weitere Wirkungen und Nebenwirkungen sind. Im Extremfall können diese Nebenwirkungen die Wirkung übertreffen und sie sogar ins Gegenteil verkehren.

Wenn Sie diese Effekte einmal selbst probieren möchten, empfehle ich Ihnen das Gesellschaftsspiel »Ökolopoly«. Aufgabe dieses Spieles ist es, einen Staat zu regieren und in eine gute Zukunft zu führen. Dabei können Sie über ein Budget verfügen und es in verschiedene Regierungsmaßnahmen investieren: Ausbildung, Umweltschutz, Sanierung der Betriebe, Bekämpfung der Arbeitslosigkeit etc. In jeder Spielrunde wirken dann diese Faktoren untereinander, und es erstaunt immer wieder, wie schwer es sein kann, erfolgreich zu regieren. Die Nebenwirkung einer größeren Investition in den Umweltschutz ist beispielsweise – vereinfacht gesagt –, dass dieses Geld für andere Investitionen fehlt. Und so kann mit der erwünschten Wirkung »saubere Umwelt« etwa die unerwünschte Nebenwirkung »schlechte Gesundheitsversorgung« einhergehen.

Lektion 1.9: Interdependenzen

Überlegen Sie bei jeder Aktion, welche Nebenwirkungen sie haben könnte und welche Bedeutung diese Nebenwirkungen für Ihre Zielerreichung haben können.

Doch es gibt Abhilfe: Wenn sich aus dem Wissen und der Planung ergibt, dass ein Sieg zunächst nicht zu erringen ist, besteht immer noch die Möglichkeit, passiv zu bleiben und die Zielerreichung zu verschieben, bis bessere Rahmenbedingungen bestehen. Das bedeutet, keinen Angriff zu führen und gegebenenfalls in die Verteidigung zu gehen, dabei aber möglichst wenig Angriffsfläche zu bieten. Sun-Tsu hat dazu eine schöne Metapher gewählt: »Der General, der in der Verteidigung erfahren ist, versteckt sich in den tiefsten Höhlen der Erde; wer im Angriff geschickt ist, fährt aus den höchsten Höhen des

Himmels nieder. So haben wir auf der einen Seite die Fähigkeit, uns zu schützen, und auf der anderen die Möglichkeit, einen vollständigen Sieg zu erringen.« (S. 15)

Lektion 1.10: Erfolg und Teilerfolg

1. Der größte Erfolg ist es, das Ziel zu erreichen.
2. Falls das Ziel nicht erreicht werden kann, ist es ein (Teil-) Erfolg, den Erfolg des Gegners zu verhindern, sich dem Ziel zu nähern und dazu beizutragen, dass der Erfolg später erreicht werden kann.

Führung

Sun-Tsus Überlegungen zum Thema Führung sind besonders gut auf erfolgreiches Verhalten in hierarchischen Organisationen wie Wirtschaftsunternehmen übertragbar. Zwar spricht der Autor aus seiner militärischen Perspektive von Soldaten, die Ratschläge lassen sich aber ohne weiteres auf Organisationen und Mitarbeiter übertragen: »Betrachte deine Soldaten wie deine Kinder, und sie werden dir in die tiefsten Täler folgen; betrachte sie wie deine geliebten Söhne, und sie werden bis zum Tod an deiner Seite stehen.« (S. 40)

Sun-Tsu empfiehlt uns also, Mitarbeiter wie eigene Kinder zu behandeln, und dies hat auch nach 2500 Jahren noch seine Gültigkeit. Dass richtige Führung immer situationsabhängig ist, geht am deutlichsten aus folgendem Zitat hervor: »Wenn er der Armee den Sturm oder Rückzug befiehlt und die Tatsache nicht bemerkt, dass sie nicht gehorchen kann. Dies nennt man die Armee in Kalamitäten bringen. Wenn er versucht, eine Armee auf die gleiche Weise zu führen, wie er ein Königreich regiert, und die Bedingungen nicht erkennt, die in einer Armee vorherrschen. Dies macht die Soldaten unruhig. … Wenn er die Offiziere seiner Armee ohne Unterschied einsetzt und das militärische Prinzip der Anpassung an die Umstände vernachlässigt. Dies erschüttert das Selbstvertrauen der Soldaten.« (S. 13)

Die absolut richtige oder falsche Führung gibt es also nicht, sondern Führung ist immer situationsbedingt richtig oder falsch. Folgerichtig zeigt Sun-Tsu auf, was bei falscher Führung passieren kann: »Wenn die Offiziere zu stark und die gemeinen Soldaten zu schwach sind, ist das Ergebnis der Zusammenbruch.« (S. 40) Doch auch mangelnde Führungskraft kann schaden: »Wenn die gemeinen Soldaten zu stark und die Offiziere zu schwach sind, dann ist das Ergebnis Insubordination [Ungehorsam gegenüber dem Vorgesetzten].« (S. 39) Weiter führt er aus: »Wenn der General schwach ist und ohne Autorität; wenn seine Befehle nicht klar und deutlich sind; wenn den Offizieren und Mannschaften keine festgelegten Pflichten übertragen sind und die Reihen unordentlich und willkürlich aufgestellt werden, ist das Ergebnis schlimmste Desorganisation.« (S. 40)

Dabei erschöpft sich Sun-Tsus Führungsbegriff keineswegs mit dem Erteilen (und Befolgen) von Befehlen. Sein Verständnis von Führung wird am besten in seinen Empfehlungen deutlich: »Wenn ein General, der nicht fähig ist, die Stärke des Feindes einzuschätzen, zulässt, dass eine unterlegene Streitmacht eine überlegene angreift, oder wenn er eine schwache Abteilung gegen eine starke in den Kampf wirft und es versäumt, ausgewählte Soldaten in die erste Reihe zu stellen, muss das Ergebnis die Niederlage sein.« (S. 40) Hierzu heißt es an einer anderen Stelle: »Der kluge Kämpfer achtet auf die Wirkung der kombinierten Energie und verlangt nicht zu viel vom Einzelnen. Er zieht individuelle Talente in Rechnung und benutzt jeden Mann, seinen Fähigkeiten entsprechend. Er verlangt von Unfähigen keine Perfektion.« (S. 19)

Übertragen auf heutige Unternehmen bedeutet dies: **Führung ist die realistische Zielvorgabe an die Mitarbeiter und die situationsbedingte Steuerung dieser Mitarbeiter zur Erfüllung der vorgegebenen Ziele.**

Lektion 1.11: Verhaltensempfehlungen für Führungskräfte

1. Jedem Mitarbeiter sollten nur solche Ziele vorgegeben werden, die er auch erreichen kann.
2. Kein Mitarbeiter sollte einseitig geführt werden, sondern so, wie es der Situation und seinen Fähigkeiten entspricht.
3. Ob ein Führungsstil der Situation entspricht oder nicht, wird durch die Eignung der Führung zur Zielerreichung bestimmt. Wird das Ziel aus vom Führenden zu vertretenden Gründen verfehlt (zum Beispiel Demotivation der Mitarbeiter), dann war der Führungsstil ungeeignet.

Sun-Tsu beschreibt auch klar den Skaleneffekt der Führung. Damit ist gemeint, welche prinzipiellen Unterschiede zwischen der Führung von wenigen und der von vielen Mitarbeitern bestehen. Nach Sun-Tsu muss man die Gruppe der zu Führenden ab einer bestimmten Anzahl aufteilen: »Die Führung einer großen Streitmacht ist im Prinzip das Gleiche wie die Führung einiger weniger Männer: Es kommt nur darauf an, ihre Zahl aufzuteilen. Mit einer großen Armee unter deinem Kommando zu kämpfen ist in keiner Weise anders als der Kampf mit einer kleinen; es kommt nur darauf an, Zeichen und Signale festzulegen.« (S. 17)

In dieser Passage geht es um zweierlei: Neben der **Aufteilung in hierarchische Strukturen** empfiehlt Sun-Tsu eine **standardisierte Kommunikation**. Die hierarchische Führungsstruktur findet heute in praktisch allen Organisationsformen Anwendung: In einer großen Gruppe werden Einzelne zu »Zwischenführern« ernannt, um Führungsverantwortung aufzuteilen. Allerdings geht Sun-Tsu nicht auf die Bedeutung der Führungsspanne, also die Anzahl der direkt geführten Mitarbeiter ein. Zahlreiche Beispielfälle aus modernen Industrieunternehmen zeigen, dass diese nicht größer als zehn sein sollte, um Fehlkommunikation, Abspaltungen von Teilbereichen (Fehlsteuerungen), Selbstbeschäftigung ohne Zielbezug (Fehlverhalten) und in der Konsequenz Zielverfehlung zu vermeiden. Ein Vorgesetzter kann nach unseren Erkenntnissen also nicht mehr als zehn Mitarbeiter direkt und dabei gleichzeitig effizient *und* effektiv führen. Bei größeren Gruppen hat es sich bewährt, eine neue Hierarchieebene einzufügen, um so die Führungsspanne zu verkleinern. Die Anzahl der Hierarchiestufen richtet sich dabei nach der Unternehmensgröße:

1 bis 10 Mitarbeiter:	mindestens eine Hierarchiestufe
11 bis 100 Mitarbeiter:	mindestens zwei Hierarchiestufen
101 bis 1000 Mitarbeiter:	mindestens drei Hierarchiestufen
1001 bis 10 000 Mitarbeiter:	mindestens vier Hierarchiestufen
10 001 bis 100 000 Mitarbeiter:	mindestens fünf Hierarchiestufen
ab 100 001 Mitarbeiter:	mindestens sechs Hierarchiestufen

Als zweiten Pfeiler bei der Führung einer größeren Anzahl von Mitarbeitern setzt Sun-Tsu auf Standards in der Kommunikation: »Dies ist die Kunst, große Massen von Männern anzuführen. Also benutze, wenn du nachts kämpfst, Signalfeuer und Trommeln und, wenn du tagsüber kämpfst, Flaggen und Banner, um die Augen und Ohren deiner Armee zu führen.« (S. 25)

Standards zu setzen bedeutet, erfolgreiche Abläufe durch kurze und verständliche Codes (Anweisungen, Signale, Bestimmungen etc.) wiederholbar zu machen. So kann eine einzige Anweisung auf viele Fälle gleichermaßen angewendet werden, und viele Mitarbeiter können effizient geführt werden.

Lektion 1.12: Führung vieler Mitarbeiter

1. **Führung durch Teilen:** Zur Führung vieler Mitarbeiter ist es sinnvoll, hierarchische Strukturen einzuführen, um die Mitarbeiter (idealerweise maximal zehn Personen) indirekt von einer Auswahl direkt geführter Mitarbeiter führen zu lassen.

2. **Führung durch Standards:** Als Ergänzung zur Führung durch Teilen können einheitliche Standards kommuniziert werden, aus denen die Mitarbeiter dann individuelle, zielführende Verhaltensweisen ableiten.

Die Jahresplanung ist so ein Fallbeispiel. Hier werden bestimmte, einheitliche Zielvorgaben für das Unternehmen definiert (beispielsweise »Profitabilität von mindestens 10 % p. a.«), sodass alle Mitarbeiter die Zielmarke der nächsten Periode kennen. Überspitzt formuliert: Der Chef sagt einen Satz und 1000 Mitarbeiter richten sich danach. Solche Standards sind allerdings ein zweischneidiges Schwert, denn allzu häufig müssen Sonderfälle egalisiert werden. Weil die Standardvorgabe für die Sonderfälle entweder zu ambitioniert oder zu schwach ist, kommt es zu Demotivation und damit zur Zielverfehlung.

Auch Sun-Tsu kennt diese Sonderfälle: Die Truppe kann das Signal nicht sehen, weil sie sich gerade im Wald befindet, oder nicht hören, weil sie gerade in der Nähe eines Wasserfalls ist etc. Es ist deshalb immer vorzuziehen, Führung durch Teilen zu hierarchisieren und nur dann mithilfe von Standards zu führen, wenn dies unbedingt notwendig ist.

Situationsbedingte Führung hat viel mit der Akzeptanz des Führenden zu tun. Wer die Anerkennung der Mitarbeiter nicht hat, wird sein Ziel auch mit situationsbedingter Führung nicht erreichen. Sun-Tsu sieht als wesentlichen Faktor das Vertrauen des Vorgesetzten in seine Mitarbeiter, weil dies bei ihnen Selbstvertrauen erzeugt: »Wenn ein General sein Vertrauen zu seinen Männern zeigt, doch immer darauf besteht, dass seine Befehle befolgt werden, dann werden beide einen Gewinn daraus ziehen. Die Kunst, Befehle zu geben, besteht darin, bei kleinen Verstößen nicht zu hart zu strafen und bei kleinen Zweifeln nicht zu schwanken. Unsicherheit und übergroße Strenge sind die sichersten Methoden, das Selbstvertrauen einer Armee zu untergraben.« (S. 37)

Gerade Unsicherheit und Verzögerung von Entscheidungen

hält Sun-Tsu für extrem gefährlich, und er empfiehlt in jedem Fall schnelles, klares Handeln – also genau das entscheidungsfreudige Unternehmertum, das uns in vielen Erfolgsgeschichten unserer Zeit begegnet: »Der Ansturm von Truppen ist wie das Brausen eines Stroms, der auf seinem Weg sogar Steine mitreißt. Die richtige Entscheidung gleicht dem wohlberechneten Herabstoßen eines Falken, der zuschlägt und sein Opfer tötet. Deshalb ist ein guter Kämpfer schrecklich im Sturm und rasch in seiner Entscheidung.« (S. 17) Und: »Schnelligkeit ist eine wichtige Eigenschaft im Krieg. Nutze sie zu deinem Vorteil, wenn der Feind nicht bereit ist, gehe über unerwartete Straßen und greife unbewachte Orte an.« (S. 44)

Lektion 1.13: Vertrauen und Selbstvertrauen

Die Basis für eine effektive Führung sind Vertrauen des Vorgesetzten gegenüber seinen Mitarbeitern und Selbstvertrauen der Mitarbeiter. Beides erzeugt der Vorgesetzte durch

- sicheres Auftreten,
- klare und eindeutige Positionen,
- Akzeptanz kleinerer Verstöße,
- schnelles, entschiedenes Vorgehen, auch bei kleinen Zweifeln, und
- Vermeiden von übergroßer Strenge.

Gute Führung erhält und fördert die **Motivation** der Mitarbeiter. Hierzu gibt Sun-Tsu einige spezielle Empfehlungen: »Verteile Belohnungen, ohne Regeln zu befolgen, gebe Befehle, ohne vorherige Planungen zu berücksichtigen, und du wirst fähig sein, eine ganze Armee zu handhaben, als hättest du es nur mit einem einzigen Mann zu tun. Um Verrat zu verhindern, solltest du deine Pläne nicht vorher ausbreiten. In deinen Regeln und Plänen sollte es keine Starrheit geben.« (S. 53)

Heute nennen wir diesen Führungsstil »Intrinsische Motivation«, wörtlich übersetzt etwa eine von innen her bedingte Motivation. Eine intrinsische Handlung muss nicht von »außen« belohnt werden, weil sie dem Handelnden Freude bringt.

Es gibt nun sehr interessante Forschungen, die besagen, dass intrinsisches Verhalten viel wirkungsvoller ist als regelmäßig von außen belohntes, so genanntes extrinsisches Verhalten. Eigentlich logisch: Wenn ich etwas gern tue, bin ich darin gut, und umgekehrt: Gelingt mir etwas gut, tue ich es gern wieder. Intrinsisches Verhalten hat eine selbstverstärkende Wirkung: »Um ein Verhalten dauerhaft zu etablieren, ist es … auf lange Sicht effizienter, dieses Verhalten nur gelegentlich zu belohnen. Im Humanbereich kommt hinzu, dass insbesondere unerwartete Belohnungen vom Individuum in besonderer Weise gewertet werden (z. B. eine außerplanmäßige Gehaltserhöhung). Durch die Wirksamkeit der diskontinuierlichen Verstärkung wird außerdem die Möglichkeit der Selbstverstärkung sowie der Verinnerlichung gefördert: Das Individuum erweist sich als weitgehend unabhängig von externen Verstärkungsquellen.« (Fischer/Wiswede, Grundlagen der Sozialpsychologie: München 1997, S. 56 f.)

Genau um dieses Führungsverhalten geht es Sun-Tsu: Er empfiehlt, ohne Regeln zu belohnen. »Wenn du dies und das tust, bekommst du zur Belohnung soundso viel Geld« ist dagegen heute die übliche Praxis in Wirtschaftsunternehmen. Wir nennen das »Management by Objectives« (zu Deutsch: »Führung durch Zielvorgaben«). Bei dieser verbreiteten Führungsmethode werden mit den Mitarbeitern für jedes Jahr Zielvereinbarungen getroffen, deren Erreichung an bestimmte Belohungen geknüpft sind. Die Konsequenz: Der Mitarbeiter agiert im Unternehmen, *damit* er das vereinbarte Geld bekommt. Gibt es diese Belohnungspraxis aber nicht, muss der Mitarbeiter sein Verhalten aus sich selbst heraus begründen. Wenn er dann »überraschend« Geld bekommt, wird er sich umso mehr freuen.

Um auch in diesem Fall die Zielerreichung nicht zu gefährden (weil alle nur noch tun, was ihnen Spaß macht), ist es Aufgabe der Führungskraft, die Motivation der Mitarbeiter auf die Unternehmensziele hin auszurichten. Wie das funktioniert, sagt uns wieder Sun-Tsu: »Im kritischen Augenblick handelt der Anführer einer Armee wie ein Mann, der hochgestiegen ist und dann die Leiter unter sich wegstößt. Er führt seine Männer tief ins Feindesland, bevor er seine Absicht zeigt. Er verbrennt seine Boote und zerbricht sein Kochgeschirr; wie ein Schäfer, der seine Schafherde treibt, treibt er seine Männer hierhin und dahin, und niemand weiß, wohin es geht.« (S. 50) »Es ist die Aufgabe des Generals, zu schweigen und damit für Geheimhaltung zu sorgen; standhaft und gerecht, um damit die Ordnung aufrechtzuerhalten. Er muss fähig sein, seine Offiziere und Männer mit falschen Berichten und Täuschungen zu verwirren, um sie völlig unwissend zu halten.« (S. 49) An einer anderen Stelle heißt es dazu: »Konfrontiere deine Soldaten mit der Tat selbst, lass sie nie von deinem Vorhaben erfahren. Wenn die Aussichten gut sind, führe es ihnen vor Augen, doch sage ihnen nichts, wenn Unheil droht. Schicke deine Armee in tödliche Gefahr, und sie wird überleben; schicke sie in eine verzweifelte Situation, und sie wird sie überwinden.« (S. 53)

Sun-Tsu geht es hier um zwei Dinge: Erstens sollen die Mitarbeiter über die Einzelheiten der Zielsetzung im Unklaren gelassen, und zweitens sollen sie *durch die Umstände* unter Erfolgsdruck gesetzt werden. Beide Aspekte haben Auswirkungen auf die Motivation. Wenn das Ziel nicht klar definiert ist, müssen die Mitarbeiter einerseits ihrem Vorgesetzten in hohem Maß vertrauen, um ihm zu folgen; andererseits wird dadurch die Gefahr verringert, dass Wettbewerber frühzeitig von den Plänen erfahren. (Eine Bemerkung am Rand: Viele Unternehmen bemühen sich mit allen Mitteln, ihre interne Korrespondenz in Geheimprotokollen, codierten Internetzugängen etc. zu verschlüsseln; frei nach dem Motto: vertraulich – streng vertraulich – vor dem Lesen bitte vernichten. Diese Maßnahmen haben nur einen »Nutzen«: Sie lähmen ihre internen Abläufe und schaden sich damit selbst. Das eigentliche Informationsleck sind nämlich meistens Mitarbeiter, die das Unternehmen verlassen und im schlimmsten Fall zum Wettbewerber wechseln. Sun-Tsus Methode ist daher wesentlich effektiver!)

Zweitens führt der erzeugte Erfolgsdruck dazu, dass kein Mitarbeiter andere Ziele präferieren wird als die der Führungskraft. Dabei ist es allerdings von entscheidender Bedeutung, dass dieser Druck nicht direkt vom Vorgesetzten ausgeht, was als Form der Erpressung interpretiert werden könnte.

In die heutige Praxis umgesetzt, bedeutet dies: Steht ein Unternehmen zum Beispiel vor der Insolvenz, sind die Mitarbeiter häufig bereit, längere Arbeitszeiten für weniger Geld in Kauf zu nehmen als bisher. Genau hier ist nämlich der beschriebene **externe** Erfolgsdruck entstanden. Gelingt es einem Vorgesetzten, einen vergleichbaren Druck in »normalen« Geschäftszeiten aufzubauen, wird er schlagkräftige Wettbewerbsvorteile durch extrem motivierte und engagierte Mitarbeiter haben. Dies genau gelang bei den erfolgreichen Verhandlungen, die einige Großunternehmen in Deutschland mit den Gewerkschaften geführt haben: Anstatt Arbeitsplätze ins Ausland zu verlagern, wurden einvernehmliche Vereinbarungen getroffen, um die Arbeitskosten abzusenken, bevor es zu einer Katastrophe kam. So hatten die Mitarbeiter nun zwar etwas weniger Geld in der Tasche, doch ihre Arbeitsplätze waren gesichert und eine erhöhte Attraktivität des Standortes Deutschland wurde erreicht.

Lektion 1.14: Führung und Motivation

- Um die Motivation und Zielausrichtung der Mitarbeiter zu verstärken, setzen Sie sie unter starken externen Erfolgsdruck, der aber nicht als Erpressung aufgefasst werden darf.
- Um Ihren Handlungsspielraum zu erhöhen, die Weitergabe von Informationen an Wettbewerber zu verhindern und das Vertrauen in Ihre Kompetenz zu vergrößern, sollten Sie nur solche Informationen mit Ihren Mitarbeitern teilen, die diese unbedingt benötigen.

Diese klare, wenn auch unpopuläre Empfehlung Sun-Tsus stellt auch an die Führungsperson besondere Anforderungen. Wenn sie sich dem eigenen Erfolgsdruck nicht stellt, kann es zur Demotivation der Mannschaft und damit zur Katastrophe kommen: »Doch Huan Xuan, der wusste, welches Schicksal ihn im Falle seiner Niederlage erwartete, ließ an der Seite seiner Kriegsdschunke ein kleines Boot festmachen, damit er, falls nötig, binnen weniger Augenblicke fliehen konnte. Das Ergebnis war natürlich, dass der Kampfgeist seiner Soldaten erheblich gedämpft wurde, und als die Königstreuen aus der Windrichtung mit Brandschiffen angriffen, jedermann begierig, sich als Erster in den Kampf zu stürzen, wurden Huan Xuans Streitkräfte geschlagen, mussten alle ihre Vorräte dem Feuer überlassen und flohen ohne Halt zwei Tage und zwei Nächte.« (S. 29, aus einem Fallbeispiel)

Didaktisch geschickt fasst Sun-Tsu noch einmal die Hauptfehler zusammen: »Es gibt sechs Möglichkeiten, die Niederlage herauszufordern: das Versäumnis, die Stärke des Feindes einzuschätzen; das Fehlen von Autorität; unzureichende Ausbildung; ungerechtfertigter Zorn; Nichtbeachtung der Disziplin; das Versäumnis, ausgewählte Männer einzusetzen. All dies muss umsichtig von dem General beachtet werden, der einen verantwortungsvollen Posten innehat.« (S. 40) Und: »Es gibt fünf gefährliche Fehler, die jeder General begehen kann. Die beiden ersten sind: Unbekümmertheit, da sie zur Vernichtung führt; und Feigheit, da sie zur Gefangennahme führt. Der nächste ist ein empfindliches Ehrgefühl, das für Scham empfänglich ist; und ein ungezügeltes Temperament, das durch Beleidigungen provoziert werden kann … Der letzte dieser Fehler ist übergroße Sorge um das Wohl der Männer, die den General anfällig macht für Kummer und Schwierigkeiten, denn am Ende leiden die Truppen mehr unter der Niederlage oder bestenfalls der Verlängerung des Krieges, welche die Folge sein werden.« (S. 30)

Daraus lassen sich sechs Führungsprinzipien destillieren, die gleichzeitig als Zusammenfassung der Kernaspekte von Sun-Tsus Erfolgslehre gelten können:

Lektion 1.15: Sechs Führungsprinzipien

1. **Wissen:** Sorgen Sie dafür, dass Sie die Stärken und Schwächen des Wettbewerbers und die Ihres Unternehmens kennen.

2. **Planen/Ressourcenallokation[2]:** Setzen Sie die geeigneten Mitarbeiter ein, um die Erreichung der Ziele sicherzustellen.
3. **Planen/Rationalität:** Vermeiden Sie emotionale Pläne oder Entscheidungen, zu viel Temperament oder ein übersteigertes Ehrgefühl sowie unbegründeten Optimismus (Unbekümmertheit).
4. **Führen/Ausbildung:** Tragen Sie dafür Sorge, dass die Mitarbeiter Ihren Anforderungen auch entsprechen können.
5. **Führen/Disziplin:** Stellen Sie die verlässliche Befolgung Ihrer Vorgaben sicher.
6. **Führen/Autorität:** Treffen Sie klare und mutige Entscheidungen, um das Vertrauen der Mitarbeiter in Ihre Autorität beziehungsweise Kompetenz zu stärken, vermeiden Sie Risikoangst (Feigheit) und Unsicherheit durch übergroße Sorge um mögliche negative Entwicklungen.

Anwenden

Die Erfolgslehre Sun-Tsus lässt sich anhand von vier Übungen praktisch umsetzen:

- ♦ SWOT-Analyse
- ♦ Scoring-Verfahren
- ♦ Interdependenzensimulation
- ♦ Die Masterstrategien der 9S-Matrix

SWOT-Analyse

Das Ziel der SWOT-Analyse ist es, Faktenwissen zu interpretieren, um zu Erkenntnissen über die eigenen Stärken und Schwächen sowie die bestehenden Risiken und Chancen in Bezug auf

Wir sind als mittelständisches, produzierendes Unternehmen mit rund 45 Mitarbeitern Spezialist für Scansysteme und Mikrofilmtechnik. Unser Firmensitz ist in Tübingen-Hirschau. Mit unseren qualitativ hochwertigen Produkten, unserem besonderen Know-how in der Entwicklung und durch die Einsatzbereitschaft unserer Mitarbeiter haben wir uns in den vergangenen Jahren weltweit zum Marktführer für analoge und digitale, großformatige Bildspeichersysteme entwickelt.

Zur Unterstützung unseres Teams suchen wir daher zum baldmöglichsten Zeitpunkt, eine/n

Software-Entwickler/in

Ihre Aufgabe:

Entwicklung von Anwendersoftware und Treibern für unsere Scansysteme

Sie sollten mitbringen:

- Gute Kenntnisse über C/C++
- Erfahrung in Windows-Programmierung
- Kenntnisse über Bildverarbeitung
- Flexibilität und Engagement
- Sicheres Auftreten und selbständiges Arbeiten
- Englischkenntnisse in Wort und Schrift

Vorteilhaft:

- Kenntnisse in TWAIN/ISIS, SCSI, Color-Management

Wir bieten:

- ein interessantes und abwechslungsreiches Aufgabengebiet mit Zukunft
- Ausbaufähige Position
- Teamarbeit und ein sehr gutes Betriebsklima
- leistungsgerechte Entlohnung, Gleitzeitsystem

Sollten Sie an dieser anspruchsvollen Tätigkeit interessiert sein, würden wir uns über Ihre Bewerbung freuen. Bitte senden Sie Ihre vollständigen Bewerbungsunterlagen unter Angaben Ihrer Gehaltsvorstellungen und dem frühestmöglichen Eintrittstermin an

UTSCH

UTSCH GmbH
Tel. 01234/56789

Abb. 2

die Zielsetzung zu gelangen. Zunächst müssen dazu das Betrachtungsobjekt der Analyse und eine Zielsetzung formuliert werden.

Ein Fallbeispiel, das Sie individuell an Ihre Bedürfnisse anpassen können: Nehmen wir an, Bill Gates möchte sich für einen IT-Job bei der UTSCH GmbH bewerben und schätzt seine Chancen mithilfe einer SWOT-Analyse ab. Die Stellenbeschreibung dient ihm als Fakt, um sie Punkt für Punkt mit seinem Profil zu vergleichen (siehe Abb. 2).

Anforderungsprofil der UTSCH GmbH	**Profil Bill Gates**
Programmierkenntnisse in C/C++	Nein
Kenntnisse in der Windows-Programmierung	Ja
Kenntnisse über Bildverarbeitung	Nein
Flexibilität und Engagement	Ja
Sicheres Auftreten und selbständiges Arbeiten	Ja
Englischkenntnisse in Wort und Schrift	Ja
Kenntnisse in TWAIN, ISIS, SCSI, Color-Management	Nein
Deutschkenntnisse (nicht gefordert, da in einer deutschen Stellenanzeige stillschweigend vorausgesetzt)	Nein

Die SWOT-Analyse von Bill Gates, der ja seine Karriere als Programmierer von »MS-DOS« begonnen hat, sähe dann (mit ein wenig Augenzwinkern) folgendermaßen aus:

Stärken:	**Schwächen:**
• Kenntnisse in Windows-Programmierung • Flexibilität und Engagement • Sicheres Auftreten, selbständiges Arbeiten • Englischkenntnisse in Wort und Schrift	• Deutschkenntnisse • Programmierkenntnisse in C/C++ • Kenntnisse in Bildverarbeitung • Kenntnisse in TWAIN, ISIS, SCSI, Color-Management

Chancen:	**Risiken:**
• Windows-Kenntnisse sind einzigartig und werden von keinem anderen Bewerber überboten werden können • die kleine UTSCH GmbH kann notfalls von Bill Gates aufgekauft werden und muss ihn dann anstellen	• derzeit übersättigter Arbeitsmarkt im IT-Bereich mit zahlreichen qualifizierten Bewerbern • Gehaltsvorstellungen könnten als zu hoch eingestuft werden

In der Übersicht der SWOT-Analyse und gegebenenfalls im Vergleich mit mehreren solchen Darstellungen werden anschließend die Alternativen mit den besten Erfolgsaussichten und/oder mit dem höchsten Attraktivitätsgrad ausgewählt. Eine Bewerbung sollte in jedem Fall die Erkenntnisse der SWOT-Analyse aufgreifen. Das bedeutet, dass die drastische Ausprägung der Schwächen im vorliegenden Beispiel klar erkennen lässt, dass Bill Gates' Bewerbung auf diese Stelle nicht Erfolg versprechend ist (den Fall der Firmenübernahme einmal ausgenommen).

Wenn Sie diese Vorgehensweise auf andere Fragestellungen übertragen, lassen sich ausgemachte Schwächen möglicherweise durch externe Experten ausgleichen.

Alle Stärken sollten Sie in der Bewerbung stark betonen, ohne allerdings zu lügen. Denn Ihre Ausführungen müssen dann eventuell ja der Realität standhalten. Die Schwächen werden dabei entweder durch geschickte Formulierungen entschärft, zu Vorteilen umgedreht oder sie bleiben einfach unerwähnt. Das (rhetorische) Umdrehen von Schwächen wird später bei Musashi (siehe zum Beispiel Lektion 2.1, Nr. 3 »Scheinbegründung«) im Beispiel aufgegriffen.

Mithilfe der SWOT-Analyse wird Ihnen eine sehr fokussierte und argumentativ abgerundete Bewerbung gelingen. Durch Sun-Tsu lernen Sie, *was* Sie inhaltlich formulieren. Erst dann geht es um das *Wie*. Externe Hilfestellung – wie oben bereits erwähnt – können Ihnen beim *Wie* übrigens auch gute

Bewerbungsratgeber bieten, wenn es beispielsweise um die konkrete Formulierung von Anschreiben etc. geht.

Anwendung 1.1: Die SWOT-Analyse

Wenn Sie eine Entscheidung zwischen mehreren Alternativen treffen möchten, führen Sie für jede eine eigene SWOT-Analyse durch. Indem Sie die zielrelevanten Stärken, Schwächen, Chancen und Risiken gegenüberstellen, strukturieren Sie den Entscheidungsraum. In der Übersicht der SWOT-Analysen erkennen Sie, welche Informationen Ihnen fehlen, welche externe Unterstützung Sie benötigen und welche Alternative mit größter Wahrscheinlichkeit zum Ziel führt oder ob Ihre Zielerreichung überhaupt realistisch ist. Gehen Sie dabei wie folgt vor:

1. Fertigen Sie eine Liste der Alternativen an.
2. Tragen Sie für jede Alternative die zielrelevanten Stärken, Schwächen, Chancen und Risiken in ein eigenes Formular ein. Recherchieren Sie fehlende Informationen gezielt.
3. Vergleichen Sie die Blätter.
4. Sortieren Sie die Alternativen nach Ihrer Präferenz und entscheiden Sie, ob Sie die beste Alternative umsetzen möchten oder ob möglicherweise keine der Alternativen ausreichende Sicherheit für die Zielerreichung bietet – im zweiten Fall suchen Sie nach weiteren Alternativen oder modifizieren Sie die Zielsetzung.

Sofern Sie die SWOT-Analyse zur Konfrontation mit einem Gegner verwenden wollen, beachten Sie die Kernerfolgsfaktoren aus Lektion 1.2. Auf diese Weise lässt sich die SWOT-Analyse zur Lösung zahlreicher Aufgabenstellungen einsetzen.

Scoring-Verfahren

Das Scoring-Verfahren ist ein Verfahren des modernen Managements, das sich unmittelbar aus Sun-Tsus Ausführungen ableiten lässt: »Vergleiche die gegnerische Armee sorgfältig mit deiner eigenen, damit du erkennst, wo ein Übermaß an

Kräften herrscht und wo sie fehlen.« (S. 22) Wie vergleicht man zwei Armeen? Indem man Kriterien aufstellt, die folgendermaßen aussehen könnten: Wie groß ist die Truppenstärke? Welche Waffenausstattung steht zur Verfügung? Welche Kenntnisse und Fähigkeiten haben die Soldaten?

Da Kriterien immer **zielspezifisch** sind, müssen sie als Erstes sinnvoll definiert werden. Ein gutes Beispiel für Scoring-Verfahren sind Produkttests, wie sie etwa von der Stiftung Warentest durchgeführt werden. Zunächst werden dabei Kriterien definiert (etwa Haltbarkeit, Verbrauch, Garantiezeit etc.), die bewertet werden und dann einen Vergleich der Produkte ermöglichen. Dabei können die Kriterien nicht nur definiert, sondern auch gewichtet werden. Manche haben dann mehr Bedeutung für das Ergebnis, andere weniger. Ganz ausgefeilte Scoring-Anwendungen unterscheiden zusätzlich zwischen Muss- und Soll-/Kann-Kriterien. Bei der Stiftung Warentest fallen beispielsweise Produkte im Test durch, die ein Muss-Kriterium nicht erfüllen.[3]

Nehmen wir einmal an, Sie sind Unternehmer und suchen nun einen geeigneten Bürostandort. Zunächst definieren Sie Ihre Kriterien, vielleicht sogar mit Unterstützung von Freunden oder zukünftigen Mitarbeitern. Die Liste könnte so aussehen:

Kriterien	**Gewichtung**	**Objekt 1**	**Objekt 2**	**Objekt 3**
ca. 150 m^2 Startgröße	muss	150	160	175
verkehrsgünstig gelegen	muss	ja	ja	ja
gute EDV-Infrastruktur	muss	ja	**nein**	ja
eigene Konferenzmöglichkeiten	muss	ja	ja	ja
bezugsfertig	10	3	-	3
Parkmöglichkeiten	8	2	-	2
gutes Arbeitsumfeld	8	3	-	3
Sicherheit	8	3	-	2
hell/sonnig	7	3	-	2
anmietbare Konferenzmöglichkeiten	7	3	-	3
günstig/preiswert	5	3	-	2

repräsentativ	4	1	-	3
keine Citylage	4	3	-	0
Gewerbesteuersatz	4	3	-	1
expandierbar	3	2	-	0
Summe Punkte (Max. = 454)		435	-	347
Zielerfüllung in Prozent:		**96**	0	76

Legende:
Gewichtung von 0 = unwichtig bis 10 = sehr wichtig
Erreichungsgrad des jeweiligen Kriteriums: mit 0 = nicht erreicht, 1 = teilweise erreicht, 2 = überwiegend erreicht und 3 = vollständig erreicht.
Beispielhafte Scoring-Tabelle für eine Immobilienauswahl

Hier liegt eindeutig das Objekt 1 mit 96 Prozent Zielerreichungsgrad in Führung und sollte daher ausgewählt werden. Objekt 2 erfüllt das Muss-Kriterium »gute EDV-Infrastruktur« nicht, und Objekt 3 hat in Summe zu viele Schwächen und nur 76 Prozent Zielerreichungsgrad.[4] Auch wenn die Vorgehensweise beim Scoring mathematisch nicht ganz zulässig ist – eine Sache für Experten, die wir hier getrost vernachlässigen können –, helfen die Ergebnisse, die Summenbedeutung der Einzelergebnisse zu erfassen. Entscheiden Sie daher nicht ausschließlich nach diesem Verfahren, sondern sehen Sie es als eine übersichtliche Form der **Entscheidungshilfe** an.

Anwendung 1.2: Das Scoring-Verfahren

1. Formulieren Sie zu Ihrem Auswahlziel die passenden Kriterien.
2. Fügen Sie die Kriterien in eine Tabelle nach obigem Schema ein (eine Vorlage für Microsoft Excel finden Sie im Internet unter www.unavista.de/6meister).
3. Definieren Sie die Muss-Kriterien.
4. Bewerten Sie die Kriterien für jede Alternative und suchen Sie gegebenenfalls nach weiteren Alternativen.

5. Berechnen Sie das Ergebnis des Scorings, beziehen Sie auch die zweit- und drittplatzierte Lösungsalternative mit ein und treffen Sie eine Entscheidung.

Entscheidet eine Gruppe gemeinsam, so besteht der Nachteil des Scorings darin, dass für jeden Teilnehmer des Verfahrens sichtbar ist, wer welche Position bezieht. Sitzt der Chef mit im Workshop oder findet das Verfahren zwischen Abteilungen mit divergierenden Interessen statt, sind also Personen beteiligt, bei denen gegenseitige Abhängigkeiten bestehen, ist der Bewertungsprozess gefährdet. Dann nämlich besteht die Gefahr, dass sozial erwünscht oder intrigant abgestimmt wird.

Wenn ein Mitarbeiter beispielsweise eine Bewertung der zukünftigen Investitionsprojekte durchführt und selbst für sein Projekt möglichst hohe Mittel erreichen möchte, wird er auf eine vermutete Schwäche des Konkurrenzprojekts möglicherweise ein viel größeres Gewicht legen und demzufolge eine deutlich schlechtere Bewertung abgeben, als dies objektiv der Fall ist. Fehlentscheidungen sind dann programmiert.

Um aus diesem Dilemma herauszukommen, setzen moderne Unternehmensberatungen ein Verfahren namens »AHP« ein, das »Analytical Hierarchical Planning« oder auch »Analytisch hierarchische Planung«. Der Trick dabei ist, dass bei den Teilnehmern weder Gewichtungen noch Bewertungen direkt abgefragt werden. Stattdessen schlägt ein Computerprogramm hypothetische Alternativen vor, zu denen die Teilnehmer ihre Präferenzen angeben. Das Programm berechnet anschließend die eigentlichen Werte des Scorings.

Interdependenzensimulation

Spätestens seit dem Klassiker »Grenzen des Wachstums« von Dennis Meadows und seiner Fortsetzung »Die neuen Grenzen des Wachstums« ist das Problem der überraschenden Wirkungen von wechselseitigen Abhängigkeiten (Interdependenzen) hinlänglich bekannt. Meadows stellte ein »Weltmodell« auf, das alle wesentlichen Umweltfaktoren berücksichtigt und mit dem menschlichen Einfluss auf die Natur in Bezug setzt. Überspitzt gesagt ist das Ergebnis ein Ende der zivilisierten Welt in absehbarer Zeit. Die Autoren, Professoren des renommierten »Club of Rome«, prophezeiten das nahe Ende der Ölreserven, die weltweite Umweltverschmutzung und die selbstzerstörerische Konsequenz der Überbevölkerung. Vieles davon ist eingetreten, wenn auch in abgeschwächter Form, doch vieles hat sich zum Glück (bisher) nicht bewahrheitet.

Dieses Beispiel verdeutlicht den Stellenwert solcher Simulationsrechnungen: Es geht nicht darum, die Zukunft unabänderlich und mit Gewissheit vorherzusagen, sondern die Wirkung bestimmter Verhaltensweisen zu verdeutlichen.

Nehmen wir zur praktischen Anwendung eine alte Schachbrett-Geschichte: König Behram von Indien möchte sich bei dem Brahmanen Sissa für das Erlernen des Schachspiels bedanken, indem er ihm einen Wunsch erfüllt. Sissa wünscht sich, der König möge auf jedes Feld des Schachbretts Weizenkörner legen nach folgender Regel: Auf das erste ein Korn, auf das zweite zwei Körner, auf das dritte vier Körner, dann acht usw. Dem König scheint dieser Wunsch sehr bescheiden, denn er vermutet einige hundert Weizenkörner als Belohnung, und dies wäre sicher nicht zu viel. Doch als Sissa ihm vorrechnet, um wie viel Weizen es sich handeln sollte, musste Behram aufgeben. Diese Menge hatte er nicht, und aller Weizen der Welt würde nicht ausreichen: Addierte man alle Weizenkörner auf den 64 Feldern, so bekäme man nämlich eine Menge, mit der man die gesamte Erdoberfläche unter einer acht Zentimeter dicken Weizenschicht bedecken könnte. (Traditionelles Volksmärchen aus Indien, ergänzt durch eine physikalische Berechnung)

Warum versagt hier unser Verstand? Erstens, weil das Ergebnis dieser Berechnung jenseits jeder menschlichen Erfahrung liegt (fehlende Anschaulichkeit), und zweitens, weil wir in der Regel *linear* denken, also alle Beziehungen als proportional annehmen, zum Beispiel, doppelt so viele Samenkörner erbringen den doppelten Ertrag. Dieses Denken ist sinnvoll, denn die meisten Ursache-Wirkungs-Beziehungen, denen wir in unserem Alltag begegnen, sind solche linearen oder zumindest fast-linearen Beziehungen:

- Je voller der Einkaufswagen, desto mehr muss ich an der Kasse bezahlen.
- Je länger ich Auto fahre, desto weniger Benzin ist im Tank (umgekehrt linear-proportionale Beziehung).
- Je mehr ich arbeite, desto mehr verdiene ich.

Geht es aber um längerfristige Beziehungen und sind mehr als zwei Größen beteiligt, die miteinander wechselseitig in Beziehung stehen, kann das lineare Denken zu falschen Schlussfolgerungen führen!

Sun-Tsu hat erkannt, dass eine systematische Beachtung aller wichtigen Einflussfaktoren für die erfolgreiche Planung entscheidend sein kann. Dadurch nämlich wird es möglich, Störgrößen frühzeitig zu erkennen und einzubeziehen. Für die meisten wirtschaftlichen Anwendungen leistet dies der **Businessplan**. Er fasst alle relevanten Faktoren zusammen, setzt sie in Beziehung zueinander und prognostiziert die Profitabilität des Geschäfts(modells). Die Investoren erlangen so eine höhere Sicherheit, dass sie ihr Geld aussichtsreich anlegen. Der Unternehmer oder Manager erhält mithilfe dieser Planung die Möglichkeit, Fehlentwicklungen frühzeitig zu erkennen und entsprechend gegenzusteuern oder aber Sicherheit darüber zu erlangen, dass ein geplantes Geschäft nicht profitabel zu betreiben ist. Hierzu eine kleine Übung:

Anwendung 1.3: Interdependenzensimulation

1. Nehmen Sie sich Papier, Bleistift und einen Taschenrechner oder öffnen Sie, falls vorhanden, ein Tabellenkalkulationsprogramm an Ihrem Computer. Erstellen Sie folgende Tabelle (Die Version für Microsoft Excel können Sie kostenfrei unter www.unavista.de/6meister herunterladen.):

Position	Einheit	Beispiel 1	Beispiel 2	Wert
Ausgaben für Werbeagentur	EUR	100,00	10 000,00	?
Response-Quote	Anmeldungen je 1000 Prospekte	0,10	1,00	
Werbeprospekt-stückkosten	EUR je 1000 Werbeprospekte	75,00	75,00	75,00
Mindestteilnehmer-zahl der Seminare	Personen	10,00	10,00	10,00
Werbeausgaben für ein Seminar	EUR	7500,00	750,00	
Gesamtausgaben Agentur + Werbung	EUR	7600,00	10 750,00	

Die Situation: Sie möchten Seminare veranstalten, müssen diese aber zunächst bekannt machen und dafür in Werbung investieren. Sie benötigen mindestens zehn Teilnehmer, damit sich das Seminar für Sie rechnet. Aus der Werbewirkungsforschung wissen Sie, dass die Response-Quote (hier: Erfolg pro 1000 Prospekte) von der Qualität der Werbeprospekte abhängt. Da Sie kein Experte auf diesem Gebiet sind, planen Sie, eine Werbeagentur einzuschalten. Je mehr Sie investieren, desto wirksamere Prospekte erhalten Sie. Doch Sie müssen bedenken, dass die Kostenzunahme ab einem bestimmten Punkt größer als die Wirkungszunahme ist. Wir haben es hier also mit einer nicht-linearen Beziehung zu tun. Ihre Aufgabe besteht nun darin, die Gesamtausgaben zu minimieren, wobei die Anzahl der Werbeprospekte immer so hoch ist, dass sich mindestens zehn Teilnehmer zum Seminar anmelden werden.

In Beispiel 1 werden 100 Euro für die Agentur berechnet, woraus sich 100 000 Prospekte und damit Werbeausgaben von 7500 Euro ergeben, in Beispiel 2 liegen die Kosten für die Agentur bei 10 000 Euro, woraus sich 10 000 Prospekte und damit Werbeausgaben in Höhe von 10 750 Euro ergeben. Beispiel 1 ist also überlegen. Ist es deshalb aber richtig, lediglich 100 Euro für die Agentur auszugeben?

2. Berechnen Sie die Alternativen und versuchen Sie, aus Ihrem Entscheidungsgefühl heraus den optimalen Wert zu finden, den Sie in der dritten Spalte eintragen.
3. Tragen Sie in die erste Zeile den von Ihnen geschätzten Wert ein, den wir »SWERT« nennen.
4. Berechnen Sie die Response-Quote nach folgender Formel: RQUOTE = QUADRATWURZEL(SWERT)/100.
5. Berechnen Sie die resultierenden Werbeausgaben für den Prospektdruck und die -verteilung: WERBEAUSGABEN = (Mindestteilnehmerzahl/RQUOTE) * Werbeprospektstückkosten).
6. Nun berechnen Sie die Gesamtausgaben für Werbung einfach als Summe aus SWERT und WERBEAUSGABEN. Lesen Sie erst auf S. 271 weiter, wenn Sie diese Übung einige Zeit fortgesetzt haben.

Wenn Sie die Interdependenzenplanung genauer einüben möchten, empfehle ich Ihnen ein Unternehmensplanspiel. Dabei lernen Sie, Entscheidungen unter Berücksichtigung von Interdependenzen ohne Risiko zu treffen. Alle Mitspieler übernehmen die Rolle eine Managers, arbeiten allein oder im Team mit anderen Managern und steuern »ihr« Unternehmen in einem großen Markt, in dem viele weitere Unternehmen agieren. In mehreren Runden werden die Konsequenzen der Entscheidungen verglichen. Das Unternehmen mit den erfolgreichsten Entscheidungen gewinnt.

Der häufigste Fehler ist dabei übrigens, dass die Manager (im Planspiel genauso wie in der Wirklichkeit) immer aufgrund der aktuellen, vergangenheitsbezogenen Informationslage entscheiden und dabei übersehen, dass die anderen Marktteilnehmer dieselben Informationen haben und ebenfalls entscheiden. Fallbeispiel: Die Daten zeigen, dass der Wettbewerb zunimmt und die Preise unter Druck geraten werden. Um die Absatzmenge zu halten, trifft der Manager die

Entscheidung, den Preis zu senken. Erstaunt stellt er nach der Maßnahme jedoch fest, dass seine Absatzmenge sogar im Gegenteil noch gesunken ist! Was ist passiert? Nun, viele andere Manager in anderen Unternehmen haben dasselbe entschieden, und die Preise aller Anbieter sind gesunken. Also wurde die absolute Preissenkung, wenn sie nicht deutlich genug war, vielleicht sogar zu einer relativen Preiserhöhung (im Vergleich zu den anderen Anbietern) mit der Konsequenz, dass die Kunden auf andere Anbieter umgestiegen sind und sich daher die Absatzmenge trotz Preissenkung verringert hat.

Solche einfachen und auch viel komplexere Zusammenhänge können Sie in Unternehmensplanspielen auf spannende Weise simulieren und beherrschen lernen. Weitere Informationen zu Unternehmensplanspielen finden Sie im Internet unter www.unavista.de/6meister.

Die Masterstrategien der 9S-Matrix

Eines der interessantesten Erfolgsschemata von Sun-Tsu wurde bisher in keiner mir bekannten modernen Management- oder Strategieschule erwähnt. Es basiert auf folgender Textpassage: »Inspiriere deine Männer in auseinander sprengendem Gelände mit dem Gedanken der Einheit. In leichtem Gelände achte darauf, dass alle Teile der Armee untereinander in Verbindung stehen. Ziehe in umstrittenem Gelände deine Nachhut nahe heran. Achte in offenem Gelände wachsam auf deine Verteidigung, denn du musst mit einem Überraschungsangriff rechnen. In Gelände mit kreuzenden Straßen versichere dich der Treue deiner Verbündeten. In gefährlichem Gelände sorge dafür, dass der Strom des Nachschubs nicht abreißt. Bewege dich in schwierigem Gelände ständig weiter. Blockiere in eingeengtem Gelände jede Rückzugsmöglichkeit, um den Anschein zu erwecken, dass du deine Position verteidigen willst, während es deine wirkliche Absicht ist, plötzlich durch die feindlichen Reihen zu brechen. … In hoffnungslosem Gelände erkläre deinen Soldaten, dass sie keine Aussicht haben, ihr Leben zu retten. Die einzige Chance zu leben liegt darin, die Hoffnung auf das Leben aufzugeben.« (S. 50 f.)

Sun-Tsu formuliert in großer Klarheit neun »Masterstrategien«. In Abhängigkeit von der Erfolgschance beim Angriff oder Rückzug gibt es demnach passende Grundstrategien, die ich in der nachfolgenden Abbildung in einer 3 x 3-Matrix dargestellt habe. Es ist gleichermaßen überraschend wie bedauerlich, dass diese faszinierende und seit Jahrtausenden bekannte Idee bisher keinen Eingang in unsere westliche Management-Lehre gefunden hat.

Mit dieser Matrix lassen sich selbst in unübersichtlichen und verworrenen Situationen zielführende strategische Entscheidungen treffen. Weil diese Matrix neun Strategien übersichtlich gegenüberstellt, nenne ich sie »9S-Matrix«.

Die 9S-Matrix lässt sich überall dort einsetzen, wo Erfolg nur durch eine Mischung aus Aktion und Reaktion eintreten kann. Dies ist immer dann der Fall, wenn mindestens zwei Personen beteiligt sind. Beispiele hierfür sind Unternehmensübernahmen, Verkaufsgespräche oder auch Rechtsstreitigkeiten im privaten Bereich.

In dieser Abbildung wird bewusst mit Sun-Tsus Terminologie aus dem oben zitierten Text gearbeitet, um den Zusammenhang herzuleiten. Obwohl die Begriffe in den Matrixfeldern normalerweise der Zielsetzung angepasst werden müssen, machen wir nachfolgend eine letzte Übung zur Erfolgsschule Sun-Tsus:

Anwendung 1.4: Die 9S-Matrix

1. Nehmen Sie sich eine Wirtschaftszeitung und suchen Sie nach Artikeln, in denen von Konflikten mindestens zweier Parteien berichtet wird, zum Beispiel der Kampf um Marktanteile zwischen AMD und Intel, der Übernahmepoker zwischen Mannesmann und Vodafone etc.
2. Versetzen Sie sich nacheinander in die Rolle der einzelnen Player und versuchen Sie, aus der Einschätzung der strategischen Aussichten bezüglich Angriff und Verteidigung die jeweils passende Masterstrategie nach der 9S-Matrix zu finden.
3. Wenn Sie eine Masterstrategie ausgewählt haben: Welche Vorgehensweise sollte der jeweilige Player wählen, um von den grauen in die weißen Felder zu gelangen? Bei-

spiel: Um aus dem mittleren Feld 5 »umstritten« in das bevorzugte Feld 2 »kreuzend« zu kommen, sollte sich der Player Allianzen suchen und damit seine Erfolgschancen beim Angriff erhöhen.

4. Wenden Sie mit etwas Übung die 9S-Matrix an, um in einer realen, interaktiven Entscheidungssituation größtmöglichen Erfolg zu erzielen.

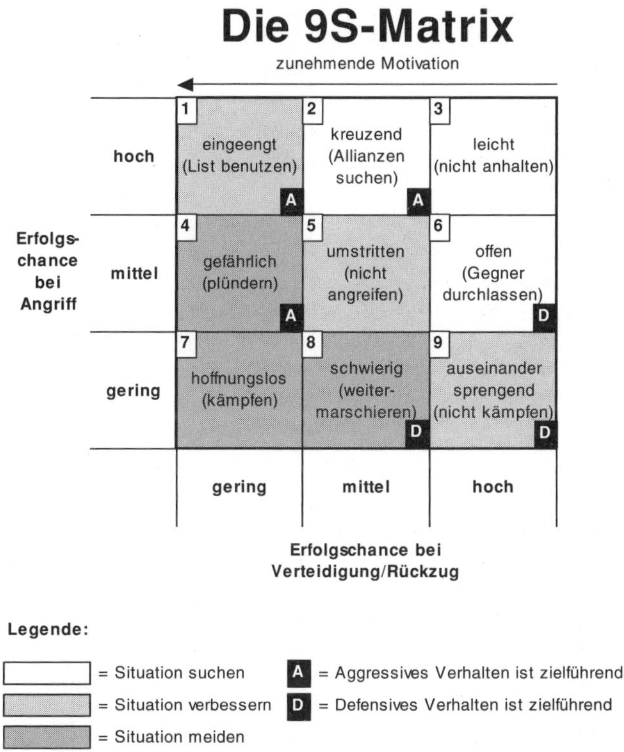

Abb. 3: Die 9S-Matrix stellt Sun-Tsus Masterstrategien übersichtlich in 3x3 Feldern dar.

2 Musashi: Das Buch der fünf Ringe

Steckbrief

Kurzbeschreibung: »Das Buch der fünf Ringe« ist Strategielehre, Schwertkunstschule und plakative Eigenwerbung in einem. Die technischen Erläuterungen zur Schwertkunst sind für Nicht-Schwertkämpfer wenig nützlich. Aus der Eigenwerbung lassen sich wertvolle Lektionen zur Rhetorik[5] ableiten. Einzigartig sind Musashis Überlegungen zur Strategie, die auf beliebige Konfliktsituationen anwendbar sind.

ZIELSYSTEM: Oberstes Ziel ist die Überwindung des Gegners im offenen Konflikt, also im Kampf.

ZAHLEN, DATEN, FAKTEN:
1584: Geburt des Shinmen Musashi im japanischen Miyamoto: »Miyamoto Musashi«.
1591: Der Vater stirbt und Miyamoto kommt als Waisenkind zum Onkel, der Priester ist.
1597: Miyamoto tötet seinen ersten Samurai-Gegner im Kampf.
1612: Nach über 60 Kämpfen – alle siegreich – gewinnt er durch List gegen einen der berühmtesten Kämpfer seiner Zeit.
1614: Musashi schlägt sich auf die Seite seines früheren Gegners Shogun Tokugawa Ieyasu. Dieser stirbt 1616 und hinterlässt seiner Familie die Erblichkeit des Shogunats.
1638: Führende Teilnahme Musashis an der Niederschlagung des Christenaufstands.
1643–1645: Musashi zieht sich aus dem aktiven Kampf zurück und führt bis zu seinem Tod ein Einsiedlerleben in einer Höhle. Dort verfasst er »Das Buch der fünf Ringe«.

Die 3 größten Stärken:
- Sehr pragmatisch: Das Ziel steht immer im Vordergrund, nie der Weg dorthin;

- Knapp und dicht: keine ausschweifenden Formulierungen;
- Hervorragend strukturiert und anschaulich durch einprägsame Vergleiche.

Die 3 größten Schwächen:
- Verengter Fokus: Zielsystem eingeschränkt auf offene Konflikte mit Gegnern;
- Begrenzte Übertragbarkeit: Schilderung technischer Details des Schwertkampfes;
- Interpretationsaufwand: Rhetorische Lektionen müssen erst abgeleitet werden.

Schnittstellen mit anderen Schulen und Lehren:
- Parallelen zum »Hagakure«, das aber thematisch breiter und dafür eher oberflächlich ist. Musashi hingegen betrachtet nur den Konfliktfall, diesen aber umfassend.
- Parallelen zu Sun-Tsu, der mehr die Führungsaspekte betont und Konfliktlösungen ohne Kampf präferiert.

Wissen

Japan 1584. Die japanische Gesellschaft war damals ein Ständesystem aus Bauern, Kaufleuten, Handwerkern und Kriegern, den so genannten Samurai. Diese Profession war erblich. Das Land war im Aufruhr, denn die Lehnsfürsten (Daimyo) rebellierten gegen die Bevormundung des Shoguns, der die eigentliche Macht im Land innehatte und den politisch schwachen Kaiser kontrollierte. Zahlreiche Fürsten versuchten, die politischen Wirren zur Ausdehnung ihres Machtbereichs zu nutzen und sich benachbarte Fürstentümer einzuverleiben.

Erst dem mächtigen Shogun Tokugawa Ieyasu gelang es, die Fürstenarmeen aufzulösen und die Einheit des Reiches wiederherzustellen. Eine Folge der Auseinandersetzungen war es, dass viele Samurai (zu Deutsch: »Dienende« oder »Aufwartende«) ihre Lehnsherren verloren. Zwar behielten sie ihren Titel und genossen auch weiterhin eine Reihe von gesellschaftlichen Vorteilen, doch gefährdete dieser herrenlose Zustand ihre wirtschaftliche Existenz. Als »Ronin« (»wie die Wellen Wandernde«) suchten sie nach neuen Einnahmequellen, und so schossen überall Schwertschulen wie Pilze aus dem Boden. Bald entbrannte ein heftiger Konflikt darüber, welche Schule die beste sei.

In diese Welt wurde Shinmen Musashi-no-kami Fujiwara no Genshin hineingeboren. Sein Geburtsort war Miyamoto, nicht weit entfernt von der alten Kaiserstadt Kyoto am Südende der Hauptinsel Honshu. Shinmen Musashi, später nach seinem Geburtsort Miyamoto Musashi genannt, war durch die Erblichkeit des Berufs wie sein Vater Munisai Musashi Samurai ohne Lehnsfürst, also Ronin. Auch wenn andere Ronin ihr Schwert abgelegt hatten und Künstler oder Handwerker wurden, um ihren Lebensunterhalt zu bestreiten, entschied sich Miyamoto, seine Rolle zu akzeptieren. Sein Leben wurde eine faszinierende Erfolgsgeschichte: Mit 13 tötete er im Kampf seinen ersten Gegner, ein erfahrener und in Schwert und Speer geübter Samurai. Zahllose Kämpfe folgten, und Musashi überlebte sechs Kriege, bis er sich mit fünfzig Jahren zur Ruhe setzte.

In überlieferten Berichten wird Musashi als wild und verwahrlost beschrieben. Er war mehr als nur ein unkonventioneller Lehrer, wie Sie gleich feststellen werden: »Ausschließlich mit der Vervollkommnung seiner Fähigkeiten beschäftigt, lebte er in freiwilliger Armut, zog durch Japan, durchnässt von den Regenstürmen des Winters, ohne sich eine Frau zu nehmen, ohne sein Haar zu pflegen und ohne, neben seinem Studium der Schwertkunst, einen Beruf zu erlernen. Man sagt von ihm, dass er nie ein Bad genommen hätte, um nicht ohne Waffe überrascht zu werden, und dass er wild und heruntergekommen ausgesehen hätte.« (S. 7) Eine besondere Leistung war sein Überleben in der großen Schlacht von Sekigahara, in der Shogun Tokugawa Ieyasu seine Vorherrschaft sicherte. Dummerweise war Musashi Kämpfer auf der unterlegenen Seite (was die übertriebenen Äußerungen im »Buch der fünf Ringe« Lügen straft, dass ein wahrer Kämpfer 10 000 Gegner besiegen könne). Zehntausende starben im Gemetzel, die Übrigen wurden verfolgt und massakriert. Doch Musashi entging dem Tod.

Die Berichte seiner Kämpfe beweisen, dass er nicht immer durch sein Geschick gewann, sondern oft mit List und Tücke. Einmal kam er beispielsweise bewusst zu spät zu einem wichtigen Kampf. Sein Gegner – im Rang deutlich über Musashi – war darüber so wütend, dass er unkonzentriert kämpfte und leicht zu besiegen war. Solche und andere Siege machten ihn schon zu Lebzeiten zur Legende. Zwei Jahre vor seinem Tod zog er sich in eine Höhle zurück, und verfasste dort das »Buch der fünf Ringe«.

Doch nicht nur im Kampf tat sich Musashi hervor. Er malte Tuschebilder, fertigte Skulpturen an und dichtete sogar. Während seine Bilder und Skulpturen teilweise erhalten sind und heute enormen Sammlerwert haben, sind andere Texte von ihm nicht überliefert. Dennoch wird klar, dass sein Interesse weit über die Schwertkunst und den Kampf hinausreichte und Musashi eher das war, was wir ein Allroundtalent nennen. Das mag mit ein Grund sein, warum er bis heute in Japan höchste Anerkennung genießt und sein Wirken großen Einfluss auf das Selbstverständnis und das Wertesystem der Japaner ausübt. Bücher wie »Das Buch der fünf Ringe« und moderne Ableger wie »Kaizen« haben auch Einfluss auf den Westen.

»Das Buch der fünf Ringe« ist eigentlich eine Sammlung von fünf Aufsätzen:

1. Das »Buch der Erde«, das Inhalt und Grundlagen von Musashis Lehre erläutert.
2. Das »Buch des Wassers«, metaphorisch für den (nach Musashis Anspruch) Weg des Schwertkämpfers zum Sieg, der so sicher ist wie der Lauf des Wassers zum Tal. Diese Passage enthält sehr technische Beschreibungen zur Verwendung des Langschwerts – strategisch gesehen eher unfruchtbar.
3. Das »Buch des Feuers«, als Metapher für die Schlacht im Krieg, in dem Musashi seine strategischen Tipps und Tricks preisgibt.
4. Das »Buch des Windes«, ein polemischer Verweis auf andere Kampfschulen, die Musashis Ansprüchen nicht genügen. Stattdessen betont er die Vorzüge seiner eigenen Schule.
5. Das »Buch der Leere«, Symbol für das Fehlende. Hier erklärt Musashi in wenigen Sätzen sein Werk für logisch vollkommen und allumfassend. Dabei vereinnahmt er sowohl die Esoterik als auch das Unbekannte für seine Lehre. Er beschließt das Kapitel und zugleich das Buch mit einer letzten Motivationsoffensive. Für unser Vorhaben ist dieses Kapitel insofern von Nutzen, als sich daraus Lektionen zur Rhetorik ableiten lassen.

Musashis Text ist hochstrukturiert und unter didaktischen Gesichtspunkten verfasst. Er bezieht sich bei seiner Themenauswahl auf die vier Naturelemente, wie sie uns auch im europäischen Mittelalter begegnen, und ergänzt sie durch die Leere als »Anti-Element«. Dort versucht er zu begründen, dass seine eigene Erfolgskunst elementar und allumfassend ist, und gibt seinen Ausführungen zudem einen künstlerisch-dichterischen Rahmen. Der zeitgenössische Erfolg des Buches überrascht daher nicht.

Stellt man »Das Buch der fünf Ringe« und das im folgenden Kapitel besprochene »Hagakure« in einen Zusammenhang, so gewinnt man tiefe Einblicke in die japanische Kultur und Lebenshaltung. Dies umfasst insbesondere heutige japanische

Verhaltensweisen, die dem westlichen Beobachter fremd erscheinen: zum Beispiel die enorme Bindung der Japaner an ihren Arbeitgeber, die an lehnsrechtliche Beziehungen zwischen Daimyo und Samurai erinnert.

Unsere Absicht, Überlegungen zu strategischem Handeln abzuleiten, wird jedoch durch eine Reihe von Schwächen des Textes erschwert. Im Wesentlichen handelt es sich um Folgende:

1. Vom Ansatz her ist »Das Buch der fünf Ringe« in erster Linie ein Lehrbuch über Schwertkampf. Deshalb handeln weite Passagen von technischen Details und Verhaltensregeln.
2. Um wenig Angriffsfläche zu bieten, relativiert Musashi manche seiner Aussagen so sehr, dass sie beinahe inhaltsleer werden. Zwar macht er sich dadurch unangreifbar, doch wird er zugleich beliebig in seinen Aussagen und dem Text fehlt dann die tiefere, verwertbare Ebene. Ein Beispiel: »Zwar gibt es die fünf Positionen des Langschwerts, aber hierbei ist es egal, ob man sie einnimmt oder nicht. Wie immer man das Langschwert fasst, man hält es entsprechend dem Bezug zum Gegner, entsprechend dem Ort und den Umständen, aber immer so, dass man den Gegner niederschlagen kann.« (S. 23)
3. Das Buch ist durchsetzt von plakativer Eigenwerbung und Übertreibung. Hier zeigt sich Musashis Talent, sich selbst zu vermarkten und vielleicht sogar an seiner eigenen Legende zu stricken. Zwei Beispiele dazu: »›Ein Körper wie ein Fels‹ bedeutet, dass du, wenn du den Weg der Schwertkunst beherrschst, imstande bist, augenblicklich hart wie ein Fels zu sein und unberührbar durch die zehntausend Dinge. Nichts wird dich erschüttern können. Dies erlernt man nur durch mündliche Unterweisung.« (S. 38) Und: »Für den, der meiner Schule folgt, ist es gleich, ob er einen oder zehntausend Gegner hat.« (S. 16)

Oberstes Ziel für Musashi ist es, den Gegner zu überwinden und zu besiegen. Daher ist die Behauptung, ein Einzelner könne einen Gegner genauso gut wie zehntausend besiegen, eher als Arroganz denn als Ambition zu werten. Wir müssen wohl davon ausgehen, dass solche Sprüche damals im einfachen Volk gut ankamen und dass Musashi sie gezielt als Werbung für seine Schule und zur Legendenbildung eingestreut hat. Der geschickte Werber zeigt sich auch darin, dass er immer wieder betont, dass die echten Geheimnisse seines Erfolgs nur in mündlicher Unterweisung weitergegeben werden können. Rhetorisch ausgezeichnet und in seiner Unangreifbarkeit zugleich ein effektiver Schutz vor allzu kritischen Lesern.

Auch wenn solchen Praktiken heute etwas Unseriöses anhaftet, ist ihre Wirkung doch unbestritten. Schon damals waren sie revolutionär, zumal Musashis Erfolge als Samurai alle Vorwürfe der Scharlatanerie Lügen strafen mussten. Auch wenn diese Schwächen für unsere Arbeit eher hinderlich sind, können wir daraus doch Folgendes ableiten:

Lektion 2.1: Drei Grundmethoden erfolgreicher Kommunikation

1. **Übertreibung:** Formulieren Sie wichtige Aussagen übertrieben, um mehr Aufmerksamkeit als Ihre Wettbewerber zu erlangen.
2. **Unangreifbare Argumente:** Schützen Sie Ihre (eventuell übertriebenen) Aussagen durch Relativieren oder fügen Sie »weiche«, also subjektive und faktisch nicht nachprüfbare Bedingungen ein. Beispiel: »Ich kann zehn Meter weit springen, wenn ich in Form bin.« So wird es nahezu unmöglich, Ihnen das Gegenteil Ihrer Aussage zu beweisen.
3. **Scheinbegründung:** Um Ihre Schwächen als (scheinbare) Stärken darzustellen, sprechen Sie sie pro-aktiv (das heißt, dass Sie die Initiative ergreifen) an und stellen sie in einen Zusammenhang mit Ihren echten Stärken. Musashi führt dies im »Buch der Leere« vor. Beispiel: Sie sitzen in einem Vorstellungsgespräch und werden auf Ihr schlechtes Abiturzeugnis angesprochen. Musashi schlägt folgende Lösung vor: »Damals hatte ich familiäre Probleme, und aus dieser psychischen Belastung resultierte die schlechte Abitur-

note. Andererseits half mir dieses Phase, schneller als andere unabhängig und selbständig zu werden und mich durchzusetzen – schließlich war ich ja trotz der erheblichen Belastung erfolgreich, denn ich habe das Abitur bestanden.«

Noch eine Bemerkung, bevor wir uns Musashis taktischen und strategischen Tipps und Tricks zuwenden: Viele seiner Empfehlungen sind aus heutiger Sicht unfair, unsportlich oder ungesetzlich. Wenn ich dennoch darauf eingehe, dann, weil ich Sie in die Lage versetzen möchte, unfaire Fallen und Tricks Ihres »Gegners« rechtzeitig zu erkennen, um gegenzusteuern. Vor einer Nachahmung kann ich Sie jedoch nur warnen.

Verstehen

Musashi geht es im Wesentlichen um die Vermittlung der reinen Schwertkampf-Technik als geistige und körperliche Basis für den Erfolg. »Das Buch der fünf Ringe« bietet Erfolgsstrategien, wie der Gegner im Kampf zu überwinden ist. Musashi nennt das den »Weg des Kriegers«. Und er verfügt über eine ganze Reihe einfallsreicher und praktisch umsetzbarer Empfehlungen.

Sein Zielsystem ist klar: »Der einzig wahre Sinn des Heihô ist es, mit dem Gegner zu kämpfen und ihn zu besiegen.« (S. 38) – Heihô ist das japanische Wort für »Weg des Kriegers«. An anderer Stelle heißt es dazu: »Im Grunde ist der Weg des Kriegers die unbedingte Bereitschaft zum Tode. Nicht nur Krieger, auch Priester, Frauen und Bauern sind aus Pflicht oder Ehrgefühl gleichermaßen bereit zum Tode. Was aber den Krieger von den anderen unterscheidet, das ist, dass er Heihô übt mit dem Ziel, seine Gegner zu überwinden. Ob wir im Einzelkampf einen Gegner besiegen oder siegreich sind in einer Schlacht gegen viele, so hoffen wir, dadurch Ruhm und Ansehen zu erwerben für uns selbst oder unseren Herrn und uns in der Tugend der Schwertkunst zu vervollkommnen.« (S. 13)

»Ruhm und Ansehen zu erwerben für uns selbst« war für damalige Verhältnisse fast revolutionär. Schließlich waren Samurais Dienende, Individualität und Egoismus ausgeschlossen. Musashi war sicher ein unkonventioneller Lehrer und verschrobener Aussteiger, unbeugsam und authentisch: »In unserer heutigen Zeit und Welt neigt man dazu, Künste, Fertigkeiten und Werkzeuge und mit ihnen sich selbst zu verkaufen. Mehr als die Frucht achtet man die Blüte, und es zählt allein der Schein. Heute wird der Weg des Schwertes von den Lehrenden wie von den Lernenden dazu benutzt, sich mit Fertigkeiten zu brüsten. Sie versuchen, das Erblühen der Blume zu beschleunigen … Sie denken nur an Gewinn.« (S. 13)

Lektion 2.2: Zielbezogenheit

- Überlegen Sie sich immer, für welches Ziel Sie handeln.
- Sie und Ihr höchstes Ziel sollten bei allem, was Sie tun, im Vordergrund stehen, sonst machen Sie sich zum Instrument.
- Jede Anstrengung, die Sie Ihrem Ziel nicht näher bringt, ist vergebliche Mühe.

Nehmen Sie zum Beispiel Arbeitssucht: Wer nur arbeitet, um Geld zu verdienen, aber keine Zeit mehr hat, sein Geld auszugeben, ist von seiner Arbeit instrumentalisiert. Es ist sehr wichtig, die Grenzen zu erkennen, an denen Erfolg nicht mehr eintreten wird, weil er bereits aus dem Zielsystem verschwunden ist!

Die Lehre Musashis lässt sich inhaltlich in die folgenden vier Aspekte gliedern:

1. **Mehr Wissen:** Die Lage objektiv einschätzen und den Gegner täuschen.
2. **Ungleichgewicht herstellen:** Ein Umfeld für die eigenen Stärken und zum Nachteil des Gegners schaffen, ein Übergewicht des Gegners vermeiden.
3. **Im Kampf überlegen sein:** besser, schneller, schlauer.
4. **Niederlagen abwenden:** Verteidigungsstrategien.

Ordnet man Musashis Ratschläge diesen vier Kategorien zu, wird seine Priorität klar: Das größte Gewicht (mit zwölf Ratschlägen) legt er auf »Mehr Wissen« und nicht etwa auf »Im Kampf überlegen sein« (elf Empfehlungen). Musashi war nicht einfach nur der bessere Kämpfer, er war vor allem besser vorbereitet und wusste mehr als seine Gegner. Manche Kämpfe gewann er, weil er den Kampf bereits begonnen hatte, bevor er dem Gegner gegenüberstand. Andere gewann er, indem er Klischees und Vorurteile seines Gegners nutzte, um ungewöhnliche Taktiken zu ersinnen. Hier ein Beispiel: »Musashis bedeutendster Kampf fand im siebzehnten Jahr der Ära Keichô statt, d. h. im Jahre 1612, als er in Kokura in der Provinz Buzen war. Sein Gegner war Sasaki Kojirô, ein junger Mann, der eine exzellente Kampftechnik entwickelt hatte, die als ›Tsubame-gaeshi‹ oder ›Schwalbenschwung‹ bekannt war und sich aus der Bewegung des Schwalbenschwanzes beim Flug herleitete … In der Nacht vor dem Kampf verließ Musashi seine Unterkunft und begab sich in das Haus eines Bekannten. Das führte zu dem Gerücht, dass Musashi aus Furcht vor der raffinierten Kampftechnik Kojirôs geflohen wäre, weil er Angst um sein Leben hätte. Am nächsten Morgen um acht Uhr fand man ihn, aber er ließ sich nicht wecken, bis schließlich ein Abgesandter der auf der Insel versammelten Beamten und Gäste kam. Er trank das Wasser, das man ihm zum Waschen gebracht hatte, und ging geradewegs zum Ufer. Während Sado mit ihm zur Insel hinüberruderte, machte Musashi sich eine Papierschnur, um die Ärmel seines Kimonos hochzubinden, und schnitt sich ein hölzernes Schwert aus einem Reserveruder. Nachdem er das getan hatte, legte er sich hin, um sich auszuruhen. Das Boot näherte sich dem Kampfplatz, und Kojirô war ebenso überrascht wie die Zuschauer, als sie die seltsame Gestalt Musashis sahen, der mit seinem ungekämmten Haar, um das er ein zusammengedrehtes Handtuch geschlungen hatte, aus dem Boot sprang und, das lange hölzerne Ruder schwingend, durch die Wellen auf seinen Gegner zustürmte. Kojirô zog sein Langschwert, eine edle Klinge, von Nagamitsu aus Bizen geschmiedet, und warf die Scheide auf den Boden. ›Richtig, du wirst sie gar nicht mehr brauchen‹, rief Musashi, während er vorwärtsstürmte, sein Schwert an einer Seite haltend. Kojirô fühlte sich herausgefordert und holte aus, um den ersten Hieb zu führen, aber Musashi bog die Klinge seines Gegners nach oben weg und schlug mit dem Ruder auf Kojirôs Kopf … Musashi bemerkte, dass Kojirô tödlich getroffen war, und verbeugte sich vor den erstaunten Beamten und Zuschauern, bevor er zu seinem Boot zurückrannte.« (S. 8)

Den Gegner richtig einschätzen, gute Vorbereitung und Täuschung des Gegners sind wesentliche Faktoren, sozusagen »die halbe Miete« für den Erfolg. Wir werden weiter unten noch einmal auf diese Beschreibung zu sprechen kommen.

Aber zurück zu Musashis Prioritätenliste: Nach der Überlegenheit im Kampf folgt der Punkt »Ungleichgewicht herstellen« (mit acht Beiträgen) an dritter Stelle, wobei hier natürlich Überschneidungen mit der wichtigsten Kategorie, »Mehr Wissen«, nicht zu vermeiden sind. Als letzte Priorität steht das Abwenden von Niederlagen (fünf Ratschläge), was nicht verwundert: Wer gewinnt, braucht schließlich keine Niederlage abzuwenden.[6] Musashis Empfehlungen zu diesem Thema sind ziemlich verklausuliert, wohl um das Wort Verteidigung zu vermeiden, das im gesamten Werk nur ein einziges Mal vorkommt. Vermutlich wollte er vermeiden, unlogisch zu erscheinen, indem er einerseits Unbesiegbarkeit für sich reklamiert und andererseits Verteidigungsstrategien zur Vermeidung von Niederlagen bietet.

Vier seiner Empfehlungen sind diesem Schema nicht zuzuordnen, weil sie nicht direkt geeignet sind, den Gegner zu überwinden, sondern eher zu Motivation oder Führungsqualität beitragen. Dabei sind sie aber nicht weniger interessant.

Mehr Wissen

»Es ist das Wesen meiner Kampfkunst, dass du lernst, am Gegner vor dir auch das kleinste Anzeichen dessen wahrzunehmen, was er beabsichtigt, dass du es erkennst, solange es noch nicht ausgeführt ist.« (S. 32) Zunächst gilt es also, so viele zutreffende und objektive Informationen wie möglich über den Gegner zu sammeln, denn: »Die Lage zu erkennen heißt, bezogen auf die Schlacht, den Gegner daraufhin zu beurteilen, ob er noch im Vollbesitz seiner Kräfte ist oder bereits wankt.« (S. 32) Fehlende Information kann nämlich leicht zu Trugschlüssen führen: »In der Schlacht neigen manche dazu, übervorsichtig zu sein, weil sie glauben, der Gegner sei stark.« (S. 33)

Lektion 2.3: Gegner richtig einschätzen

Bevor Sie in einen Konflikt eintreten, beschaffen Sie sich alle verfügbaren Informationen, die Ihnen zu einer möglichst objektiven Einschätzung Ihres Gegners verhelfen.

Unerlässlich dabei ist es, Subjektivität bei der Informationsgewinnung zu vermeiden: »Betrachte alle Dinge von höherer Warte aus und mit einem offenen, ungetrübten Geist.« (S. 20) Entscheidend ist der Gesamteindruck, der dann entsteht: »In der Kunst des Heihô geht es einzig und allein darum, den Blick auf das Herz des Gegners zu richten … In der Schlacht ebenso wie im Kampf von Mann zu Mann darf keine Einzelheit den Blick ablenken, denn wenn man den Blick auf diese oder jene Stelle heftet, verliert man den Überblick über die Gesamtsituation.« (S. 42)

Man spricht hier auch von »Hubschrauberperspektive«, die es einem ermöglicht, ein großes Problem zu relativieren. Wie ein großer Elefant aus dem Hubschrauber betrachtet zu einem winzigen Tier wird, kann der übermächtig erscheinende Gegner zu einem beherrschbaren Problem werden, wenn man ihn nur aus der richtigen Perspektive betrachtet.

Lektion 2.4: Gesamtperspektive einnehmen

Die objektive Einschätzung des Gegners wird vereinfacht, wenn man sich auf die Gesamtsituation konzentriert. Dies erreichen Sie, indem Sie sich in eine andere Rolle hineinversetzen: Fragen Sie sich, was ein unbeteiligter Beobachter sagen würde. Noch aufschlussreicher ist es, wenn Sie sich in die Rolle Ihres Gegners versetzen können. Ergründen Sie auf diese Weise seine Ziele und Motive.

Ein Fallbeispiel: Sie sind an einem Unfall mit Blechschaden beteiligt und der Unfallgegner beschimpft Sie. Jetzt haben Sie zwei Möglichkeiten: Entweder Sie stellen sich auf eine Stufe mit Ihrem »Gegner« und beschimpfen ihn ebenfalls, oder Sie bemühen sich zunächst, die Gesamtsituation zu überblicken, bemerken vielleicht sogar Zeugen des Disputs und erkennen, dass Ihr Gegner sich durch sein Verhalten diskreditiert. Selbst wenn Sie eine Teilschuld treffen sollte, stehen Sie doch nach außen hin besser da, wenn Sie sich nicht auf die Auseinandersetzung einlassen. Vor dem Hintergrund dieser und weiterer Überlegungen – etwa welchen Eindruck Ihr Gegner wohl bei der Polizei und vor Gericht hinterlassen wird – wird es Ihnen viel leichter fallen, so zu reagieren, dass es Ihnen langfristig nutzen wird. Jetzt bleiben Sie vielleicht bewusst gelassen und sagen: »Ich bin nicht bereit, auf diese Wortwahl zu antworten.« Oder, falls die Polizei bereits anwesend ist: »Ich bestehe darauf, dass diese Äußerungen protokolliert werden.« Mit beiden Äußerungen werden Sie auf Kosten Ihres Gegners punkten.

Musashi empfiehlt auch, sich in die Rolle des Gegners zu versetzen: »›Sich in den Gegner verwandeln‹ heißt, sich selbst in seine Lage zu versetzen, von seinem Standpunkt aus zu denken.« (S. 33) Diese Methode ist noch effektiver als eine Betrachtung »von außen«, weil Sie dadurch auch plötzlich Motive erkennen und vermutliche Handlungsweisen erraten können (»Was würde ich in der gleichen Lage tun?«). Andererseits ist es häufig schwierig, sich emotional in eine Person zu versetzen, deren Handeln man natürlich als Bedrohung empfindet. Es gilt hier, Feindschaft und Gefühle einen Moment außen vor zu lassen.

Ein anderes Fallbeispiel: Ein großer Konzern beabsichtigt, eine kleine Aktiengesellschaft zu übernehmen. Sie sind Geschäftsführer der Aktiengesellschaft und möchten das verhindern. Das Problem scheint riesengroß und unlösbar. Musashi empfiehlt hier eine umfassende Analyse der Stärken des Gegners: Wie groß ist seine Finanzkraft wirklich? Welche Erwartungen haben die Banken und die Aktionäre des Konzerns? Welche Rolle kann das Kartellamt spielen? Diese und weitere Fragen können schnell zu einfachen Lösungen für Ihr Problem führen:

»Der Konzern ist bereits verschuldet und kann nur noch begrenzt Mittel aufnehmen.« – Sie müssen also Maßnahmen treffen, die Ihre Gewinnprognose erhöhen, damit Ihr Aktienkurs und in der Folge der Übernahmepreis steigt. »Die Aktionäre des Großkonzerns erwarten eine Rendite von mindestens acht Prozent.« – Sie unternehmen alles, um Ihre Gewinnerwartungen zu reduzieren, sodass Sie als Übernahmekandidat uninteressant werden. »Das Kartellamt hegt rechtliche Bedenken.« – Stützen Sie diese durch Spekulationen um Preisabsprachen.

Es geht also darum, die Pläne des Gegners frühzeitig zu durchkreuzen und ihn zu verwirren: »Sobald der Gegner in der Schlacht zu einer bestimmten Taktik ansetzen will, führst du ihm nachdrücklich eine Gegenbewegung vor Augen, die diese seine Absichten vereiteln würde. Unter einem solchen Zwang wird er seine Taktik ändern. Hierauf kommst du ihm dadurch zuvor, dass du eine abermals neue Taktik ergreifst, mit der du ihn dann überraschst und besiegst.« (S. 34) Und: »Hat sich dein Gegner, weil du zum Angriff übergehst, rasch zurückgezogen, so unternimm zunächst nur einen Scheinangriff, um erst dann, wenn er sich nach vorübergehender Anspannung wieder lockert, sofort und unaufhaltsam zuzuschlagen.« (S. 23) Später konkretisiert Musashi dieses Verwirrspiel: »Er dringt auf dich ein, doch du bleibst unbekümmert und gibst dir den Anschein der Schwäche. Er erreicht dich, und du tust einen großen Sprung, wie wenn du ausweichen wolltest. Tatsächlich jedoch wartest du nur darauf, dass sich der Gegner eine Blöße gibt. In diesem Augenblick fährst du auf ihn los mit einem gewaltigen Hieb. Der Sieg ist dir gewiss.« (S. 31)

Lektion 2.5: Tipps für die Täuschung des Gegners

1. **Seien Sie unberechenbar:** Ändern Sie Ihre Taktik immer wieder.
2. **Blasen Sie zum Scheinangriff:** Wählen Sie den Zeitpunkt des Angriffs sehr früh, geben Sie dann zum Schein nach, um im unerwarteten Moment plötzlich und mit voller Kraft zuzuschlagen.
3. **Der Gegner soll Sie unterschätzen:** Verleiten Sie Ihren Gegner zu falschen Annahmen über Ihre Stärken oder Ihre Absichten.
4. **Treten Sie den Scheinrückzug an:** Wählen Sie den Zeitpunkt Ihres Angriffs sehr spät, weichen Sie dann scheinbar zurück, und gehen Sie schließlich plötzlich und überraschend zum Angriff über, um mit voller Kraft zuzuschlagen.

Verwirren Sie Ihren Gegner mit allen Mitteln, denn: »Er darf gar nicht mehr wissen, ob wir ihn hier oder dort angreifen, ob wir dieses oder jenes tun, ob wir langsam vorrücken oder schnell.« (S. 36) So viel zur Theorie. In der Praxis ist es oftmals schwierig, objektive Aussagen über den Gegner zu treffen, weil wichtige Informationen fehlen. Doch auch hier hat der listenreiche Musashi vorgebaut: »Sobald du dir in der Schlacht über die Verhältnisse auf der gegnerischen Seite nicht klar bist, tust du so, als wolltest du mit Macht angreifen. Dadurch werden dir die Pläne deines Gegners deutlich werden.« (S. 34)

Lektion 2.6: Informationsherausgabe provozieren

Wenn Ihnen wichtige Informationen über Ihren Gegner fehlen, können Sie ihn so provozieren, dass er diese unfreiwillig preisgibt.

Ein Fallbeispiel: Herr S. hat sich für den Kauf eines bestimmten Notebooks entschieden und kann bei eBay eines ersteigern. Der Verkäufer hat als Mindestgebot 999 Euro vorgegeben und die Auktion läuft noch acht Tage. Nun kennt Herr S. weder den tatsächlichen Wert des Geräts noch weiß er etwas darüber, wie viel Geld seine Mitbewerber (in diesem Fall also seine Gegner) auszugeben bereit sind. Beide Informationen wären jedoch von erheblichem Nutzen für seine Bieterstrategie. Des Rätsels Lösung ist die »Provokation« – die Verbindung der Lektionen 2.6 und 2.3.

Indem Herr S. genau diesen Notebooktyp noch einmal inseriert, aber eine um einen Tag verkürzte Laufzeit vorgibt, kennt er alle gebotenen Beträge. Das gibt ihm einerseits Aufschluss über den Marktwert des Computers und andererseits kennt er die Strategie seiner Gegner. Besonders geschickt: Die Scheinauktion gibt auch über die »Schmerzgrenze« des zweiten Bieters Aufschluss, der als vermeintlicher Verlierer nun sicherlich an der eigentlichen Auktion teilnehmen wird.

Durch diesen geschickten Zug hat Herr S. alle notwendigen Informationen und kann auf dieser Grundlage rational entscheiden, ob er das Notebook ersteigern möchte oder nicht. Zugleich konnte er seinen gefährlichsten Gegner, den Höchstbietenden, durch eine List ausschalten, da sich dieser im Glauben befindet, ein Notebook ersteigert zu haben. Natürlich wird Herr S. diesen Höchstbietenden erst dann kontaktieren, wenn er selbst Besitzer des echten Notebooks ist. Vielleicht hat er ja in »seines« ein Glas Rotwein gekippt, sodass das Gerät nun beschädigt ist? Da kann man nur hoffen, dass Herr S. unter einem Pseudonym zum Schein versteigert hat und dass er beim nächsten Mal so schlau ist, sich ein neues zuzulegen …

Beginnen wir zur Einleitung der nächsten Lektion mit einem Fallbeispiel: Zu meiner Studentenzeit suchte ich mit meiner Frau und meiner kleinen Tochter eine Mietwohnung. Das Angebot war winzig, die Nachfrage riesig und meine Bonität als Student mit Familie schlecht. Außerdem ist es in Deutschland leider Fakt, dass Kinder als Nachteil gelten. Zum Besichtigungstermin kamen 21 Interessenten, unter anderem ein Lehrerehepaar ohne Kinder: Beamte auf Lebenszeit im Doppelpack – der Traum jedes Vermieters! Wenig Chancen also für einen mittellosen Studenten mit Anhang.

Beim Hausmeister erkundigte ich mich nach der Vermieterin: Sie sei eine verschlossene, zurückgezogen lebende Unternehmerwitwe in den späten 70ern. Ein aussichtsloses Unterfangen also? Nicht, wenn man Musashi kennt! Ich recherchierte im Telefonbuch den Wohnort der Witwe und fuhr mit dem Rad hin. Dort erkundigte ich mich in allen Geschäften der Umgebung (Bäckerei, Wäscherei, Apotheke, Tankstelle, Supermarkt etc.) ganz nebenbei nach ihr und machte auch aus meiner Absicht keinen Hehl: Ich interessierte mich für eine Wohnung und wollte gern wissen, ob die Dame eine nette Vermieterin sei. Im Blumengeschäft fand ich schließlich, wonach ich gesucht hatte. Die Witwe kaufte dort regelmäßig rote Rosen. Das war ihre Schwäche!

Ich kaufte also einen Strauß von 21 Rosen: 18 weiße und drei rote. Dazu schrieb ich eine Karte: »Sehr verehrte Frau Z., 21 Menschen waren bei der Besichtigung Ihrer Wohnung in der Germanenstraße, aber wir drei haben uns spontan in die Wohnung verliebt. Sie würden uns sehr glücklich machen, wenn

Sie sich für uns als Mieter entscheiden würden. Ingmar Brunken, Ehefrau Elisabeth und Tochter Svea – Telefon …«. Die Formulierung hatte ich bewusst etwas konservativ gehalten, da das Alter und der Lebensstil der Witwe dafür sprachen. Den Strauß ließ ich zu Frau Z. liefern und noch am Abend bekam ich einen Anruf: Der Hausmeister bat mich, zur Unterzeichnung des Vertrags zu kommen!

Ohne weitere Bonitätsprüfung, ohne Abwägung der Interessenten hatte die Witwe sich spontan für uns entschieden, weil ich ihre Neigungen erkannt und kreativ für uns (und zu ihrer Freude!) genutzt hatte.

Diese erfolgreiche Strategie formulierte Musashi in einem knappen Satz: »Das Ziel muss immer und unter allen Umständen sein, den Gegner so zu lenken, wie man selbst es will.« (S. 31) Als Ansatzpunkte für dieses »Lenken«, das haben wir auch am obigen Beispiel gesehen, benötigen wir spezielles Wissen über unseren Gegner. Besonders wertvoll ist dabei Wissen über Schwächen oder Eigenarten, weil wir daraus vorteilhafte Verhaltensweisen für uns ableiten können. In einer Lektion formuliert, bedeutet das:

Lektion 2.7: Den Gegner lenken

Nutzen Sie Ihr Wissen über den Gegner, um sich Vorteile zu verschaffen, um ihn zu lenken und so zu überwinden. Suchen Sie dazu gezielt nach Schwachpunkten oder Eigenarten Ihres Gegners.

Ungleichgewicht herstellen

Starten wir zunächst mit einem Zitat Musashis: »Der Zweck ist, die Gegner, auch wenn sie von allen Seiten auf dich eindringen, in einer Richtung davonzujagen. Greifen sie an, so beobachte die Situation genau, und fechte zunächst gegen den, der dich zuerst angreift. … Eine in jeder Situation richtige Technik ist es, die Gegner so zu treiben, dass sie aufgereiht sind wie Fische auf einer Schnur. Hast du sie so weit, schlage sie nacheinander nieder, ohne ihnen Raum zur Bewegung zu lassen.« (S. 27) Und: »Der Tausend-Meilen-Weg beginnt mit einem Schritt. … Heute wirst du dein gestriges Selbst besiegen; morgen diejenigen, die dir unterlegen sind.« (S. 28)

Beide Zitate haben eine Gemeinsamkeit: Es geht um die räumliche oder zeitliche Zerlegung eines Problems in mehrere, leichter zu bewältigende Einzelteile. Natürlich ist es beinahe unmöglich, dass zwei Kämpfer gegen zehn siegen. Aber es ist sehr wahrscheinlich, dass zwei Kämpfer gegen zehn siegen, wenn diese zehn *einzeln* besiegt werden können! Dann wird aus dem Nachteil von 1 : 5 (zwei Kämpfer gegen zehn Gegner) plötzlich ein Vorteil von 2 : 1 (zwei Kämpfer gegen jeweils einen Gegner, und das zehnmal hintereinander).

Dieses Beispiel lässt sich beliebig erweitern und übertragen. Fast alle Probleme lassen sich zerlegen. Wenn Sie eine Festanstellung suchen und kein Angebot bekommen, beginnen Sie erst »klein« mit einem Praktikum (siehe auch 2.1) und gehen erst dann den nächsten Schritt. Und ein Praktikum ist viel leichter zu bekommen. Auch das ist Problemzerlegung.

Lektion 2.8: Problemlösung durch Zerlegen

Zerlegen Sie ein groß erscheinendes Problem in so viele Einzelprobleme, dass diese jeweils keine schwierige Aufgabe mehr für Sie darstellen.

Eigentlich ist jedes Darlehen, jeder Kredit von der Bank, die praktische Anwendung dieser Regel, denn auch hier wird ein großer Betrag in viele kleine zerlegt. In jedem Monat 350 Euro zu zahlen klingt doch schon besser, als 50 000 Euro auf den Tisch legen zu müssen, finden Sie nicht?

Doch mit dieser Zerlegung ist es noch nicht getan. Wichtig ist auch, *wie* man die Lösung der Aufgabe angeht. Aus Musashis Sicht sind es zwei Dinge, die hier zu beachten sind: Als Erstes warnt er vor Nachahmung, denn Nachahmung ist nichts anderes als eine Kopie und damit dem Original immer unterlegen: »Nie ahme man andere im Gebrauch der Waffen nach, sondern wähle diejenigen, die zu handhaben einem leicht fällt.« (S. 17)

Als Zweites sind die Bedingungen wichtig, unter denen eine Auseinandersetzung stattfindet: »Für dich selber aber musst du aus all dem einen Vorteil machen, der dir, was den Kampfplatz betrifft, die Überlegenheit sichert.« (S. 30) Auch wenn Musashi hier von einem Kampfplatz spricht, lässt sich diese Empfehlung doch ohne weiteres auf den Arbeitsplatz oder den Wirtschaftsmarkt übertragen. Hier wie da geht es darum, ein Ungleichgewicht herzustellen, das einem selbst Vorteile verschafft.

Lektion 2.9: Stärken kennen und nutzen

Besinnen Sie sich auf Ihre Stärken und überlegen Sie, welche Ihrer Stärken am meisten zur Erreichung Ihres Zieles beiträgt. Ahmen Sie nicht nach und überlegen Sie gut, welche Stärken in Ihrer aktuellen Situation wichtig sind. Diese Lektion ist besonders für unternehmerische Entscheidungen wichtig: Wer im Markt erfolgreich sein will, muss besser sein als die anderen – nichts anderes bedeutet »Stärke«.

Fallbeispiel: Als Student wollte ich Geld dazuverdienen. Mein erster Gedanke: »Welche Arbeit wird gut bezahlt?« Mir fiel einiges ein, was aber für mich wenig geeignet erschien. Bis ich an Musashis Erfolgsregel dachte und mir eine andere Frage stellte: »Worin bin ich gut?« Hierauf hatte ich eine viel präzisere Antwort: Ich hatte einige Erfahrung im Turniertanz und entschloss mich daher, Tanzkurse anzubieten. Also kaufte ich eine tragbare Stereoanlage, mietete eine Halle im Stadtzentrum an, verteilte Handzettel vor dem Schuleingang und – wurde ein finanziell unabhängiger Student mit eigener Tanzschule.

Bei der Frage nach der Wirksamkeit von Strategien kommt es aber nicht nur darauf an, die eigenen Stärken zu kennen und einzusetzen. Keine Stärke kann ihre volle Kraft entfalten, wenn sie in der falschen Situation oder zur falschen Zeit eingesetzt wird. Auch ein großes Streichholz kann im Regen kein Feuer entfachen.

Eine Reihe von Empfehlungen beschäftigt sich mit dieser Frage. Eine Strategie kann nämlich sein, Rahmenbedingungen so zu beeinflussen, dass sie dem eigenen Vorteil und zur Unterstützung der Stärken dienen. Bei Auseinandersetzungen zwischen Menschen spielen allerdings auch die Wahrnehmung und die Psychologie eine wichtige Rolle. Eine Empfehlung Musashis lautet daher: »Ist in einer großen Schlacht der Gegner erregt und versucht er, die Dinge rasch voranzutreiben, so gehe in keiner Weise darauf ein, sondern zeige ihm vielmehr eine sichtbar ruhige Haltung. Hierauf wird es der Gegner dir gleichtun, und sein Kampfgeist wird erschlaffen. Sobald du nun spürst, dass sich die Stimmung solchermaßen auf ihn übertragen hat, greifst du ihn mit der größten Unbekümmertheit, aber rasch und kräftig an und bist so imstande, den Kampf für dich zu entscheiden.« (S. 34) Und: »Ebenso kannst du ihn erschrecken durch Kampfgeschrei und durch Waffengeklirr … Dann gehe auf den erschreckten Rhythmus des Gegners ein, ziehe deinen Vorteil daraus.« (S. 35)

Man kann demnach die Rahmenbedingungen einer Auseinandersetzung zu den eigenen Gunsten, das heißt zur Erhöhung der Erfolgsaussichten verbessern:

Lektion 2.10: Der richtige Zeitpunkt

Auch der Zeitpunkt einer Auseinandersetzung oder Aktion ist Teil der Rahmenbedingungen. Wenn es Ihnen gelingt, diesen zu Ihren Gunsten zu beeinflussen, können Sie sich wichtige und eventuell sogar entscheidende Vorteile sichern.

Um noch deutlicher zu machen, welchen Zusammenhang das persönliche Verhalten und der richtige Zeitpunkt haben, schauen wir uns als Illustration dieser Idee eine Begebenheit aus dem Asterix-Heft »Kampf der Häuptlinge« an (Goscinni/Uderzo, Asterix und der Kampf der Häuptlinge: Stuttgart 1969.): Häuptling Aplusbegalix möchte die Herrschaft über das legendäre gallische Dorf erringen und fordert Majestix zum Kampf. Körperlich ist er Majestix überlegen, der keinen Zaubertrank hat. Leider ist der Kampfzeitpunkt festgelegt, sodass Majestix Lektion 2.10 zunächst nicht anwenden kann (Kampfzeitpunkt verlegen und Körper trainieren). Aber er besinnt sich auf seine Stärke (2.9): Ausdauer. Aplusbegalix hat dagegen wenig Kondition – eine klare Schwäche (2.7). Also trainiert Majestix seine Ausdauer mit Laufübungen. Als es zum Kampf kommt, will Aplusbegalix zuschlagen, trifft Majestix aber nicht, weil dieser ständig wegläuft (2.5: Scheinrückzug). Damit bringt er den Zeitplan von Aplusbegalix durcheinander (der ja schnell siegen wollte), und als Majestix endlich stehen bleibt, ist Aplusbegalix völlig aus der Puste und kann nicht mehr zuschlagen (2.10). Dies ist die Chance für Majestix, der schnell zuschlägt und den Kampf gewinnt.

Es gibt zahlreiche praktische Anwendungsfelder für diese Lektion, zum Beispiel:

- das Senken der Steuerlast, indem Sie nach einem guten Geschäftsjahr mit Gewinn die Steuererklärung so spät wie möglich abgeben. Dann müssen Sie die Steuern entsprechend spät abführen und können mit diesem Geld noch Zinsen erwirtschaften. Oder andersherum: Nach einem schlechten Geschäftsjahr geben Sie Ihre Erklärung so früh wie möglich ab, um schnell die Rückzahlungen zu vereinnahmen;
- den Preis eines Cabrios oder Wohnmobils steigern, indem Sie es zwischen März und Mai – also zur Zeit der größten Nachfrage – verkaufen;
- das Gespräch über eine Gehaltserhöhung unmittelbar nach einem sichtbaren Erfolg Ihrer Arbeit anstreben.

Der tatsächliche Erfolg potenziell wirkungsvoller Aktionen hängt also stark vom Zeitpunkt ab, an dem sie ausgeführt werden. Nutzen Sie das Wissen aus Lektion 2.10 auch dafür, gefährliche Aktionen Ihres Gegners abzuwenden: »Ein wichtiger Grundsatz der Kampfkunst ist es, die wirkungsvollen Aktionen des Gegners zu verhindern, die wirkungslosen aber zuzulassen.« (S. 32)

Es ist auch nicht dasselbe, ob man angreift oder verteidigt. Musashi sieht den Vorteil klar beim Angreifer: »Es ist ein riesengroßer Unterschied, ob wir angreifen oder ob wir angegriffen werden. Im letzteren Falle werden wir zwar nach Kräften das Schwert führen, die Klinge des Gegners parieren und abschlagen, aber schließlich müssen wir doch einen festen Zaun aus Speeren und Hellebarden errichten. Wenn jedoch umgekehrt wir angreifen, werden uns selbst Zaunpfähle als Speere und Hellebarden von Nutzen sein. Das sollte man erproben.« (S. 42)

Mit anderen Worten: Wenn man die Wahl hat, sollte man lieber angreifen, als zur Verteidigung gezwungen zu sein.

Lektion 2.11: Angriff statt Verteidigung

Angriff ist besser als Verteidigung. Falls Sie eine Situation vorhersehen, in der Sie mit großer Wahrscheinlichkeit angegriffen werden, ist es besser, vorher selbst in die Offensive zu gehen.

Im Kampf überlegen sein

Häufig wird unterstellt, der Gegner halte sich an die »üblichen« Regeln im Kampf: pünktliches Erscheinen, Kampfbereitschaft, Bewaffnung. Genau diese Regeln sind es aber, die Musashi gern verletzte – vielleicht gerade weil sie im alten Japan eine besonders große Rolle spielten.

Der auf S. 80 erwähnte Kampfbericht macht deutlich, dass Musashi weder ein eleganter Kampfstil noch besondere Bewaffnung wichtig waren. Im Gegenteil: Er wirkte wenig elegant, als er mit einiger Verspätung und scheinbar betrunken zum Kampfplatz kam. Musashi täuschte sein Gegenüber damit gleich zweifach: Der verärgerte Gegner reagierte überrascht, dass Musashi überhaupt noch erschienen war und ließ sich zu der Vermutung hinreißen, dass er ein leichtes Spiel haben werde. Die Tatsache, dass Musashi mit einem Ruder statt einem Schwert kam (dass das Ruder angespitzt war, blieb dem Gegner verborgen), verleitete seinen Gegner zu der Annahme, dass er unbewaffnet antrete.

Aufgrund dieser Gegebenheiten kam es nun gar nicht mehr darauf an, ob Musashi der bessere Kämpfer war oder nicht. Entscheidend waren sein Einfallsreichtum und seine List sowie seine Fähigkeit, den erzeugten Überraschungseffekt schnell und geschickt für sich zu nutzen.

Überlegenheit im Kampf ist also nicht unbedingt ein physisches Kriterium. Egal, welchen Aspekt man besonders gut beherrscht: Entscheidend ist, dass man Meister seiner Disziplin ist: »Es ist wichtig, dass man sich in den verschiedenen Dingen hinlänglich übt, aber sich in einer Sache vervollkommnet.« (S. 17)

Heutzutage nennen wir das »Kernkompetenz«, und das gilt genauso für Unternehmen im Markt wie für Personen.

Neben dieser Kernkompetenz zählt die Fähigkeit zum »Querdenken«, das heißt, außerhalb gewohnter Muster Ideen zu entwickeln. Musashis List mit dem Ruder ist ein schönes Beispiel auch für das Querdenken, weil er ja außerhalb der gewöhnlichen Lösungsmuster gewonnen hat. Dabei muss man sich von Vorurteilen und stillschweigenden Annahmen lösen. Zum Beispiel von der Annahme, man könne nur mit großen oder vermeintlich stärkeren Waffen siegen: »Nach meiner ›Niten‹-Methode kann einer sowohl mit dem Langschwert als auch mit dem Kurzschwert siegen. Mit anderen Worten: Bei der Niten-Methode kommt es auf den Willen an, den Sieg mit welcher Waffe auch immer und ohne Rücksicht auf ihre Größe zu erringen.« (S. 16) Die starre Denkweise, zur Lösung eines Problems immer nur die nahe liegenden Wege einzuschlagen, dieses »einseitige« Denken lehnt Musashi ab: »In meiner Schule wird jedes einseitige und enge Denken abgelehnt.« (S. 40)

Stattdessen fordert und fördert Musashi alle unkonventionellen Ideen, womit wiederum der zusätzliche Vorteil der Überraschung entsteht: »Greifst du ihn dort an, wo er es nicht vermutet, kannst du ihn überraschen, solange er noch unentschlossen ist, und so gewinnst du zu deinem Vorteil die Führung und erringst den Sieg.« (S. 35) Neben der Unkonventionalität einer

Idee können aber auch die Entschlossenheit und einfach die Geschwindigkeit einer Entscheidung den Ausschlag gebenden Vorteil bewirken: »Habt ihr – du und dein Gegner – euch einander bis auf die Entfernung genähert, dass ihr euch mit dem Schwert erreichen könnt, und erkennst du, dass der Gegner noch unentschlossen ist, so ziehe ohne äußere und innere Erregung deine Klinge, und schlage zu mit einem Streich. Solange der Gegner noch überlegt, ob er sich zurückziehen, ausweichen oder angreifen soll – ihn im selben Moment auch schon niederzuschlagen, das nennt man den ›Ein-Takt-Hieb‹.« (S. 23) Dieselbe Regel wird auch aus zwei anderen Zitaten deutlich: »Bist du zum Angriff entschlossen, so bewahre unverändert deine ruhige Haltung, und schlage unvermittelt und blitzschnell zu.« (S. 31) und »Es geht darum, ihm [dem Gegner] in jeder Hinsicht zuvorzukommen.« (S. 33)

Diese Überlegungen zusammenfassend, lässt sich das Grundmuster für den Erfolg in einer Auseinandersetzung formulieren:

Lektion 2.12: Grundmuster für den Erfolg in einer Auseinandersetzung

1. Sorgen Sie dafür, dass Sie in wenigstens einem Gebiet besser als Ihr Gegner sind (eigene Stärken finden).
2. Wählen Sie den Weg zum Ziel unkonventionell und ohne Vorurteile, sodass Sie Ihre Stärken auch einsetzen können.
3. Überraschen Sie die Erwartungen des Gegners und nutzen Sie die erste Gelegenheit zum Sieg.

Dennoch geht ein Sieg nicht immer reibungslos vonstatten. Manchmal gehören auch Ausdauer und Entschlossenheit dazu: »Man segelt entweder vor dem Wind, oder man lässt sich vom Rückenwind treiben; steht der Wind entgegen, so gilt es – und dazu muss man von Anfang an entschlossen sein – einige Meilen die Ruder zu betätigen, um den auf der anderen Seite liegenden Hafen zu erreichen.« (S. 32)

Lektion 2.13: Entschlossenheit

Seien Sie entschlossen zum Durchhalten, auch in schwierigen Situationen!

Niederlagen abwenden

Mit dem Thema Niederlage hat Musashi so seine Schwierigkeiten. Er meidet den Begriff und windet sich in seinen Empfehlungen sichtbar: »Dass man den Griff, d. h. den Schwertgriff, loslässt, dafür gibt es verschiedene Gründe. So kann man ohne das Schwert gewinnen wollen, oder aber man verzichtet auf den Sieg trotz des Langschwerts, das man besitzt. Was diese Technik genau bedeutet, ist schwer mit Worten zu beschreiben.« (S. 38)

Trotz dieser Formulierung schimmert der Kern seiner Empfehlung durch: »man verzichtet auf den Sieg«. Im Klartext heißt das: Rückzug! Formulieren wir eine klare Lektion daraus:

Lektion 2.14: Rückzug

Ehe Sie in einer Auseinandersetzung unterliegen und keine Wahl mehr haben, sollten Sie es vorziehen, sich rechtzeitig zurückzuziehen und auf eine Fortsetzung des Kampfes zu verzichten.

Eine einleuchtende Empfehlung, solange der Ausgang des Kampfes auf der Hand liegt. Doch dies ist nicht immer der Fall. Hin und wieder gibt es auch Situationen, die »nicht Fisch, nicht Fleisch« sind. Dann ist die Überwindung des Gegners vielleicht nicht möglich, doch andererseits kann auch der Gegner keinen Sieg erringen. Für solche Pattsituationen findet Musashi wesentlich klarere Worte: »Wenn es in einer Schlacht zu einer Situation kommt, in der alles gleich gegen gleich steht, wirst du zu keiner Entscheidung gelangen, sondern viele deiner Leute verlieren. Dann ist es am besten, du verzichtest auf deine bisherigen Absichten und wendest stattdessen Methoden an, die der Gegner nicht erwartet, und siegst auf diese Weise.« (S. 34) Später heißt es dazu: »Es ist die Methode, dadurch zu siegen, dass du im Zustand der völligen gegenseitigen Blockade, und zwar so, wie du bist, deine Pläne änderst und eine andere Art des Vorgehens anwendest.« (S. 37)

Ein Lösungsweg in der Pattsituation ist nach Musashi also die Abänderung der Vorgehensweise. Ein sehr schönes Beispiel für diese Strategie ist die asiatische Kampfsportart Aikido. Wenn sich dabei zwei Gegner gegenüberstehen und sich gegenseitig nach vorne drängen, mag keiner den anderen überwinden können. Der Aikido-Kämpfer würde in dieser Pattsituation blitzschnell seinen Krafteinsatz umkehren und an seinem Gegner *ziehen*. Diese Kraft wird nun vom Drücken des Gegners noch verstärkt, sodass es für den Gegner kein Halten mehr gibt und dieser nach vorne stürzt. Der Aikido-Kämpfer kann den Gegner nun zu Boden zerren oder ihn vorbeilassen und ihn dann von hinten besiegen.

Wenn aber auch diese Strategie nicht anwendbar ist und eine Pattsituation herrscht, die sich selbst durch eine veränderte Vorgehensweise nicht auflösen und in einen Sieg umwandeln lässt, dann empfiehlt Musashi den Zeitgewinn zumindest so lange, bis eine veränderte Vorgehensweise eingesetzt werden kann: »Sofern sich wegen der gegenseitigen Umklammerung eine Entscheidung nicht erzielen lässt, musst du, statt dich vom Gegner zu trennen, einen Zustand noch stärkerer, unauflösbarer Umklammerung herbeiführen, um in diesem Zustand dann die für dich vorteilhafte Taktik und damit den Weg zum Sieg herauszufinden.« (S. 35) Stellen wir diese Erkenntnisse nun in einer Lektion zusammen:

Lektion 2.15: Pattsituationen überwinden

Tritt der Erfolg mit der bisherigen Vorgehensweise auf beiden Seiten nicht ein, so sollten Sie die Pattsituation bewusst so lange stabilisieren, bis Sie eine neue Vorgehensweise gefunden haben und diese anwenden können.

Ein Fallbeispiel: Lange Zeit waren Netscape Navigator und Microsoft Internet Explorer gleichwertige Programme für den Internetzugang, und keines von beiden konnte das jeweils andere »besiegen«, das heißt vom Markt verdrängen. Um Microsoft zu schlagen, änderte Netscape seine Strategie: Netscape wurde gratis angeboten und der Kampf war eröffnet. Zunächst verlor Microsoft immens an Marktanteilen, eine Zeit lang war Netscape sogar der führende Browser im Markt. Um die Situation zu stabilisieren und um Zeit zu gewinnen, bot Microsoft den Internet Explorer ebenfalls kostenfrei an. Der (gewünschte) Effekt: Die Marktanteile der beiden konkurrierenden Programme waren betoniert.

Jetzt nutzte Microsoft die Zeit für seine neue (alternative) Strategie: Mit der neuen Windows-Version band Microsoft den Internet Explorer untrennbar in das marktbeherrschende Betriebssystem ein. Netscape konnte hier nicht gleichziehen und im Ergebnis wurde der Netscape-Browser fast bedeutungslos, während der Internet Explorer eine marktbeherrschende Stellung gewann.

So ganz ist der Kampf allerdings noch nicht ausgestanden: Microsofts Strategie rief die Kartellbehörden auf den Plan, und es wird sich noch zeigen, ob dieser Sieg nicht vielleicht ein Pyrrhus-Sieg[7] gewesen ist.

Anwenden

An vielen Stellen schreibt Musashi zwar »Das musst du gut üben«, doch es gibt keine konkreten Anleitungen für solche Übungen. Formulieren wir also selbst Anwendungen für seine Lektionen.

Nach Musashi bewirken immer interne und externe Faktoren einen Erfolg. Interne Faktoren sind Charakter, Persönlichkeit, Kompetenz und Wissen. Sie liegen allein in der Person, die sie anwendet. Externe Faktoren bestimmen die Interaktion mit dem Gegner, wobei ihre Anwendung von der spezifischen Situation abhängt. Musashis Leistung besteht nun darin, dass er den Konfliktfall systematisiert und für die einzelnen Situationen passende Lektionen erarbeitet hat.

In der konkreten Anwendung werden beide Gruppen getrennt betrachtet: Für die internen Faktoren können wir praktische Aktionen durchführen, die unsere Erfolgswahrscheinlichkeit erhöhen und nicht nur für den Konfliktfall nützlich sind. Für die externen Faktoren werden wir einen Entscheidungsbaum erarbeiten, der uns ermöglicht, die geeigneten Lektion Musashis zu identifizieren. Diesen Entscheidungsbaum zu kennen und anzuwenden bedeutet, schnell und effektiv zu agieren und zu reagieren.

Interne Faktoren (nicht nur für den Konfliktfall)

Erfolg durch Rhetorik: Laden Sie sich aus dem Internet ein beliebiges Parteiprogramm herunter. Versetzen Sie sich in die Lage der Partei und formulieren Sie Kernaussagen darin so um, dass sie stark übertrieben sind, aber im Nachsatz sofort relativiert werden. Versuchen Sie außerdem, offensichtliche Nachteile durch logische Verknüpfung zu neutralisieren.

Ein Beispiel: »Wir wollen das Kindergeld um 50 Euro pro Kind und Monat erhöhen.« Sie machen daraus: »Sobald wir unsere Einsparungsziele umgesetzt haben, werden wir die Einsparungen durch Kindergelderhöhung auf bis zu 300 Euro pro Kind und Monat weitergeben.« Dieser Satz enthält sogar zwei Relativierungen: Erstens in der Bedingung am Satzbeginn (»sobald«) und zweitens durch den Einschub »bis zu«.

Der Einwand: Kosteneinsparungen bedeuten, dass Leistungen gestrichen werden. Ihre Neutralisierung: »Durch gezielte Kosteneinsparungen in Bereichen mit geringem gesellschaftlichen Nutzen werden wir zudem gezielt Strukturreformen bewirken.« Leistungskürzungen werden also zum Vorteil, denn zukunftsfähige Strukturen liegen im allgemeinen Interesse. Der Trick: Strukturreformen werden durch diese Verkettung als logische und allseits begrüßte Konsequenz von Kosteneinsparungen dargestellt.

Anwendung 2.1: Erfolg durch Rhetorik

1. Wenn Sie nicht sicher sind, ob Ihre Aussage der Wahrheit entspricht, relativieren Sie sie durch einen entsprechenden Nebensatz mit einer der Einleitungen »falls«, »sofern«, »wobei«, »wenn«, »solange« oder »unter der Annahme, dass«. Als Notlösung können Sie sogar auf die pauschale Einschränkung »sofern die Rahmenbedingungen unverändert bleiben« zurückgreifen. Da sich Rahmenbedingungen immer irgendwie verändern, haben Sie nötigenfalls eine Ausrede zur Hand. Allerdings fällt es auf, wenn Sie diesen Nebensatz zu häufig verwenden. Wenn übrigens nachgehakt wird, welche Rahmenbedingungen Sie denn meinen, sollten Sie nur in Beispielen antworten, weil diese immer unvollständig bleiben und somit Raum für Unvorhersehbares lassen.
2. Wenn Sie überzeugen möchten, sollten Sie Gegenargumente vorhersehen und sie neutralisieren, indem Sie sie mit Ihrem Argument logisch verknüpfen.

ZIELSYSTEM: Musashi fordert (Lektion 2.2), dass unsere Handlungen stets auf unser höheres Ziel hin ausgerichtet sind. Dazu ist es zunächst nötig, das persönliche Zielsystem zu kennen:

Anwendung 2.2: Persönliches Zielsystem definieren

- Notieren Sie alles, was Sie in Zukunft gern tun möchten. Listen Sie einfach alles auf, ohne darüber nachzudenken, ob Ihre Wünsche realistisch sind oder nicht.
- Als Nächstes prüfen Sie die einzelnen Punkte daraufhin, was Sie schnell oder bald umsetzen können, was aufeinander aufbaut und deshalb in eine zeitliche Reihenfolge gebracht werden muss, was sich gleichzeitig ausschließt und was mehr Vorbereitungszeit benötigt. Für diesen letzten Fall versuchen Sie, erste Schritte auf dem Weg zu diesem Ziel zu definieren. Bei Zielen, die sich gleichzeitig ausschließen, legen Sie eine Reihenfolge fest: Was können Sie jetzt tun, später aber nicht mehr? Was ist Ihnen wichtiger?
- Notieren Sie Ihre Wünsche noch einmal entsprechend dieser neuen Priorisierung.
- Sie halten jetzt ein wundervolles Zielsystem in Händen, das Ihnen einen Orientierungsrahmen bietet, um im kommenden Jahr (und darüber hinaus) Ihre Lebenspläne zu verwirklichen!

Natürlich können Sie genauso vorgehen, wenn es zum Beispiel um die Ziele Ihres Unternehmens geht. Dieses System setzt die einzelnen Ziele nach folgenden Kriterien in Beziehung zueinander: Umsetzungszeit (kurzfristig, langfristig); Wichtigkeit (Prioritäten); Kompatibilität (Zielkonflikte erkennen und bewerten); Reihenfolge der Zielerreichung. Dieses Verfahren

- hilft Ihnen, Aktionismus zu vermeiden; also Aktivitäten, die keinen Wert für Ihr Zielsystem besitzen.
- unterstützt Sie darin, innerhalb Ihres persönlichen Zeitrahmens etwas zu erreichen beziehungsweise Ihren Zielen näher zu kommen.
- bietet die Chance, dass Sie Ihr Zielsystem systematisch weiterentwickeln.
- ist ein hilfreiches Instrument, ein großes Ziel über Jahre zu verfolgen und Schritt für Schritt zu verwirklichen.

- bietet die Sicherheit, dass Sie sich nicht verzetteln.
- garantiert, dass Sie sich nicht plötzlich in einer Situation wiederfinden, in die Sie nie kommen wollten.
- stellt sicher, dass Sie sich zielstrebig und flexibel anpassen können.

Aber dieses Verfahren wird Ihnen auch einige Ernüchterung bringen, denn Sie werden sich bewusst machen, was Sie alles im Moment noch nicht realisieren können.

Im Prinzip funktionieren ausgefeilte Controllingsysteme auch nicht anders, mit denen sich große Unternehmen steuern lassen. Das höchste Ziel ist meist die Steigerung des »Shareholder Value«, also des Unternehmenswerts. Alle Entscheidungen und Maßnahmen werden im Hinblick auf ihren Nutzen für dieses Ziel bewertet und nur dann durchgeführt, wenn sie positiv dazu beitragen.

Falls mehrere Alternativen vorliegen, wird das Management eine Auswahl gemäß der Zielsetzung treffen. Allerdings haben nur wenige Unternehmen solch ein systematisches und transparentes Controllingsystem aufgebaut, sodass es (leider) häufiger zu überraschenden Zielverfehlungen kommt.

Wenn Sie nun Ihr Zielsystem formuliert haben, können Sie es bei jeder einzelnen Entscheidung oder Aktion heranziehen:

Anwendung 2.3: Ziele und Handlungen in Einklang bringen

- Vergleichen Sie jede wichtige Entscheidung oder Aktion mit Ihrem Zielsystem und machen Sie sich klar, ob diese Ihren Erfolg zur Zielerreichung fördert oder behindert.
- Überdenken Sie gegebenenfalls Ihre geplante Entscheidung oder Aktion oder auch das Zielsystem: Haben sich Ihre Ziele zwischenzeitlich geändert?
- Setzen Sie diesen Prozess so lange fort, bis Ihre Entscheidung oder Aktion mit Ihren Zielen im Einklang steht.

Externe Faktoren: Erfolg im Konflikt

Im Konfliktfall liegen mindestens zwei Parteien im Wettstreit miteinander. Interne Lösungen reichen nicht mehr aus, weil die andere Partei in die Überlegungen mit einbezogen werden muss. Der Entscheidungsbaum berücksichtigt die tatsächlichen oder möglichen Reaktionen des Gegners und weist den Weg zur jeweils richtigen Strategie:

Anwendung 2.4: Musashis Konfliktstrategie in 24 Schritten

1. Liegen Ihnen alle konfliktrelevanten Informationen vor (Liste erstellen!)? Falls ja, weiter mit 5.
2. Sind alle konfliktrelevanten Informationen zugänglich? Falls ja, weiter mit 4.
3. Anwendung der Lektion 2.6: Gegner zur Herausgabe von Informationen provozieren.
4. Anwendung der Lektion 2.3: Alle verfügbaren, konfliktrelevanten Informationen beschaffen.
5. Kennen Sie die Ziele und Motive des Gegners? Falls ja, weiter mit 7.
6. Anwendung der Lektion 2.4: Ziele und Motive des Gegners ergründen.
7. Hat der Gegner alle Informationen über Sie und Ihre Möglichkeiten? Falls ja, weiter mit 10.
8. Anwendung der Lektion 2.5: Unterschätzung provozieren.
9. Täuschen Sie den Gegner über Ihre Absichten mit Anwendung der Lektion 2.5: Unberechenbar sein.
10. Bestehen für den Konflikt in seiner Größenordnung gute Erfolgsaussichten? Falls ja, weiter mit 12.
11. Anwendung der Lektion 2.8: Konflikt in kleine Teilprobleme zerlegen und diese einzeln angehen.
12. Ist ein unmittelbar bevorstehender Angriff zu erwarten? Falls nein, weiter mit 14.
13. Anwendung der Lektion 2.11: Zuvorkommen durch Angriff.
14. Ist der Zeitpunkt des Konflikts ungünstig für den Erfolg und kann er verändert werden? Falls nein, weiter mit 16.

15. Anwendung der Lektion 2.10: Den Zeitpunkt einer Auseinandersetzung geschickt wählen.
16. Ist der optimale Zeitpunkt für den Angriff bereits gekommen? Falls ja, weiter mit 18.
17. Anwendung der Lektion 2.5–2 und weiter mit 20.
18. Ist der optimale Zeitpunkt für den Angriff bereits vorbei? Falls nein, weiter mit 20.
19. Anwendung der Lektion 2.5: Scheinrückzug, weiter mit 20.
20. Anwendung der Lektionen 2.7, 2.9 und 2.12: Den Gegner überraschen in einem Feld eigener Überlegenheit (eigene Stärken und die Schwächen des Gegners kennen und nutzen).
21. Ist der Erfolg gefährdet? Falls nein, tritt der Erfolg ein. ENDE.
22. Ist eine Niederlage absehbar? Falls ja, weiter mit 24.
23. Anwendung der Lektion 2.15: Pattsituation stabilisieren und alternative Lösung suchen, dann von vorn beginnen.
24. Anwendung der Lektion 2.14: Rückzug und ENDE.

Diese 24 Schritte umfassen die gesamte Konfliktstrategie Musashis. Auf welche Art Sie den Gegner überraschen etc., hängt von der individuellen Art des Konfliktes ab und erfordert Ihre Kreativität. Dennoch ist es eine große Hilfe, wenn klar ist, *was* zu tun ist, und nur noch bedacht werden muss, *wie* zu verfahren ist.

3 Tsunetomo: Hagakure – Der Weg des Samurai

Steckbrief

KURZBESCHREIBUNG: Das »Hagakure« ist eine Sammlung von Anekdoten, Lebenserfahrungen und Ratschlägen aus der orthodoxen[8] Sicht eines clangebundenen Samurai im Japan des beginnenden 18. Jahrhunderts.

ZIELSYSTEM: Das Werk stellt Todessinn über Lebenssinn: Ehre im Tod steht über allem. In der Überhöhung führt dieses Zielsystem zu einer Art Todessehnsucht.

ZAHLEN, DATEN, FAKTEN:
1659: Geburt des Tsunetomo Yamamoto.
1668: Tätigkeit als Knappe des Fürsten Nabeshima Mitsushige, danach Schreiber.
1678: Tsunetomo wird als zweiter Schreiber des Fürsten entlassen.
1678–1687: Studien bei dem Zen-Mönch Tennan und dem Konfuzianer Ishida Ittei.
1687–1700: Erneut Schreiber bei Nabeshima Mitsushige und Karriere mit dem Ziel, in den Ältestenrat aufgenommen und Minister zu werden.
1688–1711: »Genroku«-Ära – Befriedung und Einigung des Landes unter Shogun Tokugawa. Die Zeit gilt für den orthodoxen Tsunetomo als »dekadent«.
1700: Tod Mitsushiges und damit Ende der Karriere Tsunetomos. Er wird Mönch.
1710–1716: Das »Hagakure« entsteht in Zusammenarbeit mit dem befreundeten Schreiber Tashiro Tsuramoto.
1719: Tsunetomo Yamamoto stirbt im Alter von 60 Jahren.

Die drei größten Stärken:
- ♦ Lebensnahe und aus heutiger Sicht zum Teil sogar innovative Ratschläge.

- Didaktisch geschickter Aufbau mit lehrreichen Anekdoten.
- Betonung des Zusammenhangs zwischen Erfolg und Risiko.

Die drei größten Schwächen:

- Sein Zielsystem ist mit unserem nicht kompatibel, zum Teil fehlende Übertragbarkeit.
- Zahlreiche antiquierte Klischees, Text basiert mitunter auf falschen Annahmen. Die betreffenden Passagen werden erläutert, dann aber gezielt aussortiert.
- Gefahr von falscher Interpretation seiner radikalen Aussagen stellt hohe Anforderungen an das Hintergrundwissen des Lesers; das folgende Kapitel vermittelt das nötige Hintergrundwissen.

Schnittstellen mit anderen Schulen und Lehren:

- Zahlreiche Parallelen zum Stoizismus Senecas: Ablehnung von Luxus, Betonung der Gleichheit aller Menschen und Rat zur Gelassenheit.
- In der Betonung des »Seins« und der Abwertung des »Habens« ergeben sich Parallelen zu Erich Fromms »Haben und Sein«.
- Parallelen zu »Das Buch der fünf Ringe«, jedoch liegt der Fokus des »Hagakure« auf dem Sozialverhalten.

Wissen

Japan um 1659: Miyamoto Musashi starb vor 14 Jahren, Japan war ein feudales, streng hierarchisches Clansystem. Von Untergebenen wurde unbedingter Gehorsam verlangt. Die Sippe der Tokugawa dominierte die verschiedenen Fürstentümer und kontrollierte unter Shogun Tokugawa Ietsuna (bis 1680) das ganze Land. Immer wieder kam es zu Glaubenskonflikten und Versuchen, die Macht des Shogunats zu stürzen. Kampf und Tod waren in dieser Zeit ein alltägliches Phänomen.

Auf der Südinsel Kyushu in der Provinz Saga, weit entfernt vom Machtzentrum Edo, kam Yamamoto Tsunetomo als sechstes Kind zur Welt. Sein Vater war zu diesem Zeitpunkt bereits 70 Jahre alt und von seinen kämpferischen Lebenserfahrungen geprägt: 1637/38 war er an der Niederschlagung des Christenaufstands bei Shimabara beteiligt gewesen.

Die Kindheit des kleinen Tsunetomo war überschattet von der Ablehnung durch seinen Vater, der immer wieder drohte, ihn an einen Salzhändler zu verkaufen – Gewalt und Unterwerfung prägten damals die Gesellschaft. Der Vater selbst war eine Art »Leibeigener« des Regionalfürsten Nabeshima Katsushige. Der Wert eines Menschen bemaß sich damals ausschließlich nach seinem Nutzen für den Feudalfürsten.

Zwar schien der achte Esser in der Familie für den Vater eine allzu große Belastung gewesen zu sein, doch ein Freund des Vaters überzeugte ihn vom Wert seiner Kinder: »Fürst Katsushige erzählt mir immer, dass du dich in deinem Gefolgsdienst übst, wenn du nicht von anderen beobachtet wirst. Dein treuer Dienst wird sicher deine Nachkommen für den Fürsten erfolgreich und nützlich machen.« (S. 90) Tsunetomo wurde initiiert – etwa vergleichbar mit der christlichen Taufe – und mit neun Jahren in den Knappendienst des Fürsten aufgenommen. Ganz im Sinn der Nützlichkeitserwägung erwartete der Vater von seinem Sohn, dass er Samurai werde und dem Clan Ehre bereite.

Dieser Knappendienst schien eine Wendung zum Positiven im Leben Tsunetomos gewesen zu sein: Er berichtet vom Spiel mit anderen Kindern und davon, dass er ein »Bengel« gewesen sei. (S. 91) Gleichzeitig lernte er dort aber auch, dass sein Leben davon abhängt, ob er für seinen Fürsten von Nutzen ist. Dieses Motiv bestimmte fortan sein Leben.

Im Alter von 19 Jahren wurde Tsunetomo stellvertretender Schreiber des Fürsten, ein beachtlicher beruflicher Aufstieg. Allerdings nahm dieser Erfolg ein jähes Ende, über dessen Hintergründe allerdings nichts bekannt ist. Wahrscheinlich blieben sie auch Tsunetomo selbst verborgen, da er sich auf der Suche nach Antworten an den bekannten Zen-Mönch Meister Tennan wandte und Kontakt zum Konfuzianer Ishida Ittei aufnahm. Beide wurden zu seinen Lehrern und beeinflussten seine Denkweise stark.

Erst nach neun Jahren kam Tsunetomo erneut in eine Schreiber-Position, die ihn dazu ermunterte, ein ehrgeiziges Ziel zu formulieren: Er will Minister werden. Doch beruflicher Aufstieg im alten Japan hing nicht nur mit Leistung und Nützlichkeit zusammen, sondern vor allem mit dem gültigen Ehrenkodex. In der Folgezeit stieg er zwar in der Hierarchie auf, doch sein Fürst starb im Jahr 1700 und Tsunetomo war mit 42 Jahren noch acht Jahre zu jung, um als Minister in den Ältestenrat berufen zu werden.

Von 1710 bis 1716 verfasste er zusammen mit dem befreundeten Schreiber Tashiro Tsuramoto das »Hagakure«, das übersetzt »hinter den Blättern« bedeutet. Es besteht aus einer Sammlung von Anekdoten und Lebensweisheiten. Zwar ist das Original verloren, doch existieren mehrere Abschriften.

Obwohl der Hauptteil des Werkes mit großer Sicherheit von Tsunetomo Yamamoto verfasst wurde, stammen einzelne Teile vermutlich von anderen Autoren. Eine vollständige Rekonstruktion ist nicht mehr möglich. Daraus resultiert eine Reihe von inhaltlichen Widersprüchen, die nur durch aufwändige Quervergleiche aufgelöst werden können. Dieses Verfahren, das übrigens auch Historiker bei der Interpretation von religiösen Texten wie der Bibel verwenden, um den ursprünglichen Kern der darin enthaltenen Botschaften herauszufinden, wenden wir auch hier an. So lässt sich in Bezug auf die Bibel zum Beispiel auch die Frage beantworten, welche der Jesus zugeschriebenen Aussagen im Neuen Testament tatsächlich auf Jesus zurückgehen und welche wahrscheinlich nicht.

Zum Beispiel empfiehlt Tsunetomo an einer Stelle, stets nach Vollkommenheit zu streben: »Lebenslange Übung kennt kein Ende; man muss sich nach jedem Tag des Trainings verbessert finden und Vollkommenheit auf seinem gesamten Lebensweg anstreben.« (S. 25) Dagegen steht eine spätere Aussage im Buch, in der er gerade diese Vollkommenheit ablehnt und den Durchschnitt zum Ziel erhebt: »Ein Mann, der seine Kunst vervollkommnet hat, ist ein Techniker, kein Samurai. Ziele darauf ab, ›irgendein Samurai‹ genannt zu werden.« (S. 40)

In einem anderen Falls schreibt er: »Nichts ist in dieser Welt unmöglich. Fester Entschluss kann Himmel und Erde bewegen, sagt man.« (S. 51) Geradezu fatalistisch wird sein Weltbild an einer anderen Textstelle: »Die Gesellschaft wird nach und nach korrupter und nähert sich dem Untergang – das ist die Natur der Dinge.« (S. 66)

Die Auflösung dieser Widersprüche ergibt sich erst aus dem Kontext. Die ganze Lehre von Tsunetomo strebt Zielerreichung an, schließlich ist es ja eine Strategielehre. Fatalismus passt überhaupt nicht dazu, das ist wie eine Macho-Aussage in einem feministischen Buch. Es ist mit sorgfältigem Überlegen und Vergleichen möglich, solche Widersprüche auszuräumen.

Viel gravierender ist allerdings die Tatsache, dass Tsunetomos Zielsystem unseren Zugang zum »Hagakure« enorm erschwert. Sein höchstes Ziel ist nicht Lebenssinn durch Erfolg, sondern er sucht im Gegenteil Ehre im Tod, was er im Dienst und in der Aufopferung für seinen Fürsten zu erlangen meint. Manche Passagen, wie die im Folgenden zitierten, legen nahe, dass das »Hagakure« nicht mehr ist als eine Anleitung zur devoten Unterordnung:

»Wird man mit zwei Alternativen konfrontiert, Leben und Tod, so soll man ohne Zögern den Tod wählen.« (S. 7) Und: »Der Weg des Samurai verlangt, dass er kopfüber in seinen Feind hineinstürmt, sogar blindlings.« (S. 56) Bezeichnend ist auch diese Passage: »Während die Kriegsrüstung keinen Platz für Zierrat hat, sollte der Helm von höchster Qualität sein: Er muss mit dem Kopf des Kriegers an den Feind übergehen.« (S. 132)

Andererseits muten manche Passagen sogar beinahe modern

an. So verteidigt Tsunetomo die eheähnliche Beziehung von Homosexuellen (»shudo«) (S. 55), warnt vor der Einschüchterung von Kindern (S. 38) und relativiert die verbreitete Überhöhung der Feudalfürsten, indem er sie zu »gewöhnlichen Menschen« erklärt (S. 60). Es ist also der Reiz der fremden und exotischen Perspektive, der den heutigen, westlichen Leser beim aufmerksamen und vor allem kritischen Studium aufrüttelt und überrascht. Lassen Sie uns die Ideen aus diesem interessanten Strategieklassiker der Weltliteratur also nun gemeinsam entdecken.

Verstehen

Erfolgreiche Strategie, also der Weg zum Ziel, ist aus Sicht des »Hagakure« die Summe der Einzelerfolge. Um das höchste Ziel, nämlich ehrenvoll zu sterben, zu erreichen, sind für Tsunetomo weder Glaube noch Religion oder Glück von Bedeutung: »Schlage den Gott entzwei und führe deine Krieger, um den Feind zurückzuschlagen.« (S. 118) Das »Hagakure« beschäftigt sich stattdessen mit rationalen Einflussfaktoren:

- Risiken eingehen und dadurch Chancen erhöhen;
- Fehler belohnen (!) und aus ihnen lernen;
- frühzeitige Planung;
- zum richtigen Zeitpunkt entscheiden und handeln;
- hohe Motivation;
- einfühlsame Führung;
- soziale Beziehungen pflegen und von ihnen profitieren;
- taktisch kluges Verhalten.

Risiken eingehen und dadurch Chancen erhöhen: Die offensichtlichen Klischees des »Hagakure« geben uns einen Anstoß, über eigene Klischees nachzudenken. So stellt die Verherrlichung des Todes einen totalen Gegenentwurf zum westlichen Sicherheitsdenken dar, in dem alles Riskante als gefährlich gilt und zu vermeiden ist. Das »Hagakure« lehrt uns hier eine tiefe Wahrheit: Wir haben es verlernt, für unsere Sache bewusst und gewollt Risiken einzugehen. Indem wir Risiken vermeiden, verhindern wir auch Erfolge.

Lektion 3.1: Risiken eingehen

- Kalkulierte und bisweilen auch unkalkulierbare Risiken sind notwendig für den Erfolg – gehen Sie sie bewusst ein!
- Wägen Sie ab, ob der Erfolg und dessen Eintrittswahrscheinlichkeit das betreffende Risiko und dessen Eintrittswahrscheinlichkeit überwiegen. Falls ja: Handeln Sie! Falls nein: Ändern Sie Ihre Vorgehensweise.

Fehler belohnen und aus ihnen lernen: Auch was Fehler anbelangt, nimmt das »Hagakure« eine Haltung ein, die der unseren entgegengesetzt ist: »Ein Mann, der einmal versagte, bereut den Fehler und handelt sehr diskret, bereit, dem Lehnswesen zu nutzen. Diesem Mann sollte deshalb eine angemessene Beförderung zuteil werden … Auf der anderen Seite ist ein Mann, der noch nie gepatzt hat, in meinen Augen riskant.« (S. 28) Tsunetomo empfiehlt Beförderungen also gerade *weil* Fehler begangen wurden.

Lektion 3.2: Fehler belohnen

- Erstmalige Fehler sollten Sie nicht nur verzeihen, sondern sogar honorieren!
- Nehmen Sie es in Kauf, Fehler zu machen, aber lernen Sie aus ihnen.
- Für Wiederholungsfehler gilt: Diese beruhen auf Dummheit (weil aus dem Erstfehler nicht gelernt wurde) und sind demnach *nicht* zu belohnen!

Fehler belohnen heißt den Lernerfolg anerkennen, weil damit die Wahrscheinlichkeit sinkt, diesen Fehler erneut zu begehen. Also trägt diese Strategie zur Fehlervermeidung bei. Dies setzt allerdings eine einsichtige Intelligenz und komplexe Kommunikation voraus, die nur bei Menschen erwartet werden kann – somit ist dieses Konzept nicht auf Tiere (zum Beispiel Hunde) übertragbar.

Welche Möglichkeiten gibt es außerdem, aus Fehlern zu lernen? Tsunetomo zitiert Fürst Naoshige: »Dinge von großer Bedeutung sollten gelassen angegangen werden.« (S. 26)

Wie Sie sich erinnern werden, hatten wir weiter oben bei Musashi bereits das Konzept der »Hubschrauberperspektive« besprochen. Eine Variante dieser Idee formuliert auch Tsunetomo: »Wirf unbedeutende Subjektivität weg. … Wenn jemand einem ernsthaften Problem gegenübersteht, muss er es erst einmal ein Weilchen zur Seite legen … und frei von seinem Ego entscheiden. So wappnet er sich gegen ernste Fehlurteile.«

(S. 9) Tsunetomo empfiehlt also, Probleme anzugehen, indem man zunächst einmal (zeitlichen) Abstand gewinnt, um sachlicher, weniger emotional und weniger subjektiv zu urteilen. Hier kommt es darauf an, aus der konkreten Betroffenheit herauszukommen und damit sachlicher, emotionsfreier zu entscheiden. Das korrespondiert sehr schön mit der allbekannten Weisheit, große Entscheidungen nicht sofort zu treffen, sondern erst einmal »eine Nacht drüber zu schlafen«:

Lektion 3.3: »Eine Nacht drüber schlafen«

Wichtige Entscheidungen sollten Sie nicht eilig treffen, sondern sie sollten versuchen, Abstand zu ihnen zu gewinnen, um Sie von einer übergreifenden, objektivierten Perspektive aus betrachten zu können.

Sind die Fehler aber bereits gemacht, sollten sie bei nächster Gelegenheit schnell und unauffällig beseitigt werden: »Man muss geduldig auf den besten Augenblick warten, um die Irrtümer … auszubügeln.« (S. 65)

Frühzeitige Planung: Das »Hagakure« spricht von umfassender, möglichst lückenloser Planung: »Sei auf jede Situation vorbereitet. … Dagegen beschäftigen sich die anderen nicht schon im Voraus mit den Möglichkeiten. Wenn sie ein Problem lösen, ist das nichts als zufälliges Glück.« (S. 17) Eine einleuchtende Empfehlung, die doch oft ignoriert wird.

Beispiele für fehlende Szenariopläne kennt jeder aus seinem beruflichen Alltag. Und das gilt leider auch immer für Unternehmen, bei denen es um Tausende von Arbeitsplätzen und viele Millionen Euro Umsatz geht. Woran liegt das? Ich meine, dass der Plan selbst das Problem enthält, denn wer einen Szenarioplan erstellt, gibt damit implizit zu, die Entwicklung nicht kontrollieren zu können. So wichtig der Plan ist: Ihn zu erstellen kann den Eindruck erwecken, man sei nicht in der Lage, quasi freihändig strategische Entscheidungen zu treffen. Und wer wollte das zugeben?

Dabei ist diese Unterstellung völlig korrekt und keinesfalls »unehrenhaft«: Niemand kann irgendeine Entwicklung der Zukunft jemals wirklich kontrollieren. Doch die Konsequenz ist eine ganz andere: Nur wer einen Szenarioplan erstellt, verschafft sich die Möglichkeit, zukünftige Entwicklungen zu beherrschen. Denn diese Pläne nehmen potenzielle Entwicklungen vorweg und gewährleisten den geplanten Umgang mit ihnen.

Lektion 3.4: Szenariopläne entwerfen

Wer realistisch ist und seine eigenen Möglichkeiten nicht überschätzt, ist gut beraten, Szenariopläne zu erstellen. Dabei genügt es, die wesentlichen und grundsätzlichen Alternativen vorherzusehen und bei Mischentwicklungen auch Mischlösungen abzuleiten.

Mit »Mischentwicklungen« ist gemeint, dass sich mehrere Ursachen in ihrer Wirkung aufheben oder ergänzen können. Eine geeignete Lösung ist dann ebenfalls eine »Mischlösung«, die alle Ursachen betrifft und nicht nur eine einzelne.

Beispiel Arbeitslosigkeit: Die Arbeitslosenquote ist mit Sicherheit eine Mischentwicklung, weil trotz der Anstellung neuer Mitarbeiter insgesamt eine Erhöhung der Arbeitslosigkeit erfolgen kann, wenn nämlich mehr Mitarbeiter entlassen als eingestellt werden. Eine Mischlösung zu diesem Problem muss deshalb die Einstellungen erhöhen oder zumindest konstant halten und die Entlassungen bremsen.

Aber selbst wenn wir nur eine Option haben anstatt mehreren, ist es nicht einfach, Lösungen zu entwickeln. Schließlich sind wir in der Regel selbst betroffen und daher nicht neutral. Das führt dann häufig zu Plänen, die zwar schön aussehen, weil sie den eigenen Vorstellungen entsprechen, aber nicht funktionieren, weil wir in unserer Subjektivität dazu neigen, unbequeme, aber wichtige Aspekte »auszublenden«: »Es ist ebenfalls ratsam, bei Angelegenheiten, die ernsthafte Beratung erfordern, diejenigen, die nicht darin verwickelt sind oder die außerhalb der gewöhnlichen Masse stehen, privat um ihren Kommentar zu bitten. Da sie der Sache unvoreingenommen gegenüberstehen, können sie diese vernünftig analysieren.« (S. 77)

Dieses Zitat macht noch einmal besonders deutlich, warum der Planungsprozess so wichtig ist: Nur dann nämlich bleibt genug Zeit, um unabhängige Meinungen Dritter einzuholen! Als Unternehmensberater habe ich mir mehr als einmal gewünscht, der Klient hätte ein wenig früher meinen Rat eingeholt. Oftmals hätten sich so arge Existenznöte vermeiden lassen.

Lektion 3.5: Unabhängiger Rat

Holen Sie sich bei wichtigen Angelegenheiten immer den Rat von unabhängigen Experten ein.

Selbst wenn wir Alternativen planen und uns über wichtige Entscheidungen beraten lassen, haben wir noch nicht alles getan, um bestmöglich auf die Zukunft vorbereitet zu sein. Drei Probleme müssen wir Tsunetomo zufolge noch für uns lösen:

- Zielkonflikte,
- Unentschlossenheit,
- falsche Erwartungshaltung.

Dies wird in folgenden Passagen deutlich: »Rein und einfach zu werden und Konzentration zu pflegen, ohne mehr als ein Ziel zu verfolgen, ist eine schwierige Lebensaufgabe.« (S. 50) – »Zeige deinen unzähmbaren Entschluss.« (S. 41) Und: »Wenn man es aber einmal als natürlich hinnimmt, im Regen nass zu werden, kann man mit unbewegtem Geist bis auf die Haut durchnässt werden.« (S. 37) Zielkonflikte vermeiden wir durch frühzeitige Planung, falsche Erwartungen vermeiden wir durch die Erwartung von Mühe und Problemen, die wir aber dennoch motiviert und mit aller Kraft und Entschlossenheit lösen wollen: »mit Leib und Seele an das eigene Ziel in genau diesem Augenblick zu glauben.« (S. 32)

Mit dieser Entschlossenheit erreichen Sie nicht nur eine Selbstverpflichtung gegenüber dem Ziel, sondern Sie zeigen auch nach außen, also Ihren Gegnern oder Mitbewerbern, dass Sie nicht freiwillig aufgeben werden und bis zum Letzten kämpfen werden: »Es gibt nichts Wichtigeres als die leidenschaftliche Hingabe in einem gegebenen Augenblick.« (S. 65)

Lektion 3.6: Überzeugung

Glauben Sie an Ihr Ziel und wirken Sie dadurch überzeugend auf andere.

Oder, wie der große indische Politiker Mahatma Gandhi es formulierte: »Nichts kann dem menschlichen Willen widerstehen, der sogar seine Existenz für das Erreichen seines Ziels aufs Spiel setzt.« (Bemerken Sie die Verwandtschaft dieser Aussage zum Ziel »Ehre im Tod« beim »Hagakure«?) Gandhis Wirken belegt diesen Satz, denn trotz der militärischen Provokationen durch die Briten setzte er seinen gewaltfreien Widerstand fort und erreichte am 15. August 1947 sein Ziel: die Unabhängigkeit Indiens.

Es ist also als erster Schritt der Planung eine glasklare, »reine« Zielvorstellung wichtig. Fassen wir diese Punkte nun in einer Lektion zusammen.

Lektion 3.7: Zielsetzung, Erwartungen, Entschlossenheit

1. Werden Sie sich über Ihre Ziele klar und priorisieren Sie diese, das heißt: Machen Sie sich klar, welches Ziel für Sie das wichtigste ist, welches das zweitwichtigste etc.
2. Zeigen Sie Ihre absolute Entschlossenheit auch nach außen, um Ihren Gegner zu entmutigen.
3. Vermeiden Sie den aussichtslosen Kampf für unerreichbare Ziele. Oder anders ausgedrückt: Setzen Sie sich realistische Erwartungen, um Enttäuschungen zu vermeiden. Manche Ziele sind per se nicht erreichbar. Dann ist es

sinnlos, sie zu verfolgen. Wenn Sie aber mit einzelnen, unvermeidlichen Misserfolgen rechnen, können Sie sich mit ihnen abfinden und sie dadurch schneller überwinden.

ZUM RICHTIGEN ZEITPUNKT ENTSCHEIDEN UND HANDELN: Während wir uns selten Gedanken darüber machen, ob wir etwas heute oder morgen erledigen (solange wir »termingerecht« arbeiten), war es für Tsunetomo stets entscheidend, den optimalen Zeitpunkt für eine Handlung zu wählen. Dafür hat er eine Reihe von Ratschlägen gegeben.

»Das Leben des Menschen ist extrem kurz. Man sollte ungestüm voranstürmen.« (S. 58) Darin liegt die gleiche Aussage wie im eingangs erwähnten »Carpe diem!« (»Nutze den Tag!«) von Horaz: Schnelligkeit an sich ist ein Wert, weil sie einem den Freiraum lässt, seine Lebenszeit mit weiteren Aktivitäten auszufüllen. Auch im »Bushido«, was sinngemäß übersetzt »der Weg des Kriegers« bedeutet und die Lebensregeln der Samurai bezeichnet, sind Empfehlungen zum Zeiteinsatz enthalten. Interessant ist, dass dabei aber nicht die Schnelligkeit, sondern der optimale Zeitpunkt in den Vordergrund gerückt wird: »Beim Üben des ›Bushido‹ sollte man Tag und Nacht vorbereitet sein, ... darüber nachdenken, welche Handlung in welcher Form im entscheidenden Moment angebracht ist.« (S. 49) Die Grundidee dabei ist, dass niemand vorher genau weiß, wann der richtige Zeitpunkt eintreten wird. Wenn er dann da ist, sollte keine Zeit für langwierige Vorbereitungen etc. verschwendet werden müssen, weil zwischenzeitlich der optimale Zeitpunkt wieder vorbei sein kann.

Ein schönes Beispiel für die Konsequenzen zu langen Wartens oder zu langer Vorbereitungen hat Tsunetomo an einer anderen Stelle formuliert: »Es ist ratsam, dem Gegner zuvorzukommen, indem man ausspricht, was man definitiv zu sagen hat. Wenn die Worte zu spät und zu einem weniger geeigneten Zeitpunkt ausgesprochen werden, klingen sie wie Entschuldigungen.« (S. 129)

Die eigene Schnelligkeit und frühe Zielerreichung werden

besonders in Organisationen, also zum Beispiel am Arbeitsplatz, beobachtet und wahrgenommen. Wenn die Anerkennung dieser Leistungen langsamer erfolgt, dann führt dies zu einer Erhöhung der Wertschätzung: »Ein Mann, dessen Beförderung, gemessen an seinem Können, als zu langsam in den Augen anderer erscheint, kann wahrhaft große Ergebnisse in seinem Dienst zustandebringen.« (S. 49)

Lektion 3.8: Schnelles Handeln

1. Entscheiden und handeln Sie so schnell wie möglich. Einzige Ausnahme: Wenn eine Entscheidung durch Ihre Vorausplanung nicht bereits überdacht ist, dann nehmen Sie sich genug Zeit, gründlich vorzugehen.
2. Überlegen Sie sich sogar, was Sie tun werden, *bevor* etwas eintritt, damit Sie schneller handeln können, *wenn* es eintritt.
3. Erstellen Sie Szenariopläne.

Der richtige Zeitpunkt für Ihren nächsten Karriereschritt ist deshalb genau dann gekommen, wenn Sie ihn vollständig bewältigen können und wenn andere Ihnen das auch zutrauen. Das Vertrauen anderer in Sie ist eine wichtige Voraussetzung für Ihren späteren Erfolg!

Gerade dieser letzte Punkt ist nicht zu unterschätzen: Schwache Führungskräfte sind häufig Aufsteiger, die plötzlich und schnell durch vermeintlich glückliche Umstände Karriere gemacht haben. Oft verschwinden genau sie schnell wieder von der Bildfläche, weil sie ihren Aufgaben nicht gewachsen sind.

Die Zusammenhänge und Hintergründe dieses Phänomens hat Hans Peter im »Peter-Prinzip« formuliert: »In einer Hierarchie neigt jeder Beschäftigte dazu, bis zu seiner Stufe der Unfähigkeit aufzusteigen.« (Peter/Hull, »Das Peter-Prinzip«: Reinbek bei Hamburg 1972, S. 19) Das Tragische daran ist: Wenn es erst einmal so weit ist, ist es zu spät, denn degradiert wird man im Berufsleben üblicherweise nicht. Stattdessen wird entlassen, »wegbefördert« oder – schlimmstenfalls – gemobbt.

Die Empfehlung von Tsunetomo ist also sehr modern, weil sie dazu beitragen kann, die Auswirkungen einer Beförderung im Vorfeld zu erkennen und Überforderungen durch einen falschen, zu frühen Zeitpunkt zu vermeiden.

Nachdem wir beispielhaft an der Beförderung die Bedeutung des richtigen Zeitpunktes diskutiert haben, kommen wir jetzt noch einmal zurück zur Schnelligkeit des Handelns. Besonders im Wettbewerb des Marktes kann die Geschwindigkeit von erfolgsentscheidender Bedeutung sein. Im Management gibt es dafür sogar einen stehenden Begriff: »First Mover Advantage«. Das bedeutet »Vorteil des Ersten« und beschreibt die Erfahrung, dass der Erste eines Marktes die besten Kunden gewinnt und deshalb das beste Geschäft macht. Einige Fallbeispiele dazu aus der Wirtschaft:

- Der Internet-Buchversand amazon.de hat einen traumhaften Marktanteil im Online-Buchversand, obwohl es inzwischen Dutzende gleichartiger Dienste im Internet gibt, zum Beispiel bol.de von Bertelsmann. Woran liegt das? Am Know-how dieser anderen Shops kann es nicht liegen, schließlich ist ein Versender wie Bertelsmann Experte im Buchgeschäft. Der Grund ist vielmehr, dass die meisten Surfer gar nicht erst auf eine andere Site gehen, weil Ihnen als Erstes amazon.de einfällt. Amazon war der erste Anbieter auf dem Markt. Alle anderen waren nur »Nachahmer«.
- »Payback« hieß die erste unternehmensübergreifende, bundesweite Kundenkarte, die Rabattpunkte für Kaufumsätze gewährte. Neun Millionen Kunden konnte das Programm innerhalb eines Jahres gewinnen. Andere Kundenkarten schossen wie Pilze aus dem Boden, doch die Zahlen von Payback erreichte bisher keine vergleichbare Karte. Eigentlich logisch: Wer will schon mehrere Karten in seiner Geldbörse mitschleppen, wenn eine ihren Zweck erfüllt?

Eine andere zeitbezogene Regel Tsunetomos lässt sich heute besonders von Aktionären anwenden: Auf einen besseren Moment zu warten kann auch ein Fehler sein, denn die Marktlage könnte auch schlechter werden (implizit S. 29). Wenn Aktien also gefallen sind, ist Verkaufen meist die bessere Alternative als das Warten auf bessere Zeiten (das belegen auch statistische Analysen, siehe dazu Kapitel 4).

Um sich Sorgen zu machen, so Tsunetomo, ist allerdings *nie* der richtige Zeitpunkt: »Unglück ist nicht so schlimm, wie wir es uns vorher einbilden, deshalb ist es närrisch, sich mit Gedanken an Unbill zu plagen, die noch kommen mag.« (S. 40)

Hohe Motivation: Enttäuschte Erwartungen können demotivieren. Realistische Ziele aber schaffen Motivation und diese verhilft zum Erfolg. Das »Hagakure« nennt in diesem Zusammenhang zwei weitere Aspekte: Erstens den – modern ausgedrückt – »Sportsgeist«, der uns den Wettbewerb suchen und als Ansporn nutzen lässt, und zweitens »Impression Management« oder »Image Design«, eine kommunikative Komponente, auf die ich später noch eingehen werde.

Sehen wir uns zunächst einmal den Wettbewerb nach Tsunetomo genauer an: »Mag der Mittelweg der beste sein; solange man nicht immer danach trachtet, andere zu übertreffen, praktiziert man nicht ›Bushido‹.« (S. 37) Das bedeutet, dass wir immer danach streben sollen, besser zu sein als andere. Das mag zwar im Einzelfall ambitioniert sein, davon sollten wir uns aber nicht demotivieren lassen: »Wer einen Meister in seiner Kunst beobachtet und ihm zuhört und daraufhin schließt, er könne es nie so weit bringen, ist ein Weichling.« (S. 46)

Einerseits kann es natürlich vorkommen, dass wir das Ziel verfehlen, unseren Wettbewerber zu übertreffen. Daraus mag dann eine Art Ernüchterung oder Demotivation resultieren. Andererseits werden wir dennoch eine Verbesserung gegenüber vorher feststellen, und das ermutigt uns dann wiederum, den nächsten Schritt zu tun! Genauso werden wir natürlich nicht alle Erfolge sofort und auf einmal erreichen. Auch Tsunetomo formuliert als permanente Erwartung nicht etwa den ständigen Erfolg, sondern die ständige Bemühung: »Alles, was von einem Samurai verlangt wird, ist, dass er sich voller Lebensenergie fühlt und nicht müde und nachlässig.« (S. 18)

Das Bemühen, ein Ziel zu erreichen, soll danach allerdings

nicht enden. Denn, so die logische Konsequenz aus dem schrittweisen Vorgehen, nach dem Ziel steht ein weiteres, noch höheres Ziel: »Ein Mann, der denkt, er sei schon etabliert, ist unklug; ein Mann, der mit festgefahrenen Ansichten zufrieden ist, die er durch erhebliche Anstrengung gewann, ist bereits in eine Falle getreten.« (S. 30)

In Summe bedeutet dies, dass wir niemals am Ziel ankommen werden, uns diesem aber ständig nähern. Das ist Tsunetomos Version des berühmten Spruches »Der Weg ist das Ziel«: »So lebt der Meister sein Leben, sich seiner Unvollkommenheit bewusst, niemals mit seinen Fähigkeiten zufrieden, selbst an seinem allerletzten Tag nicht ... Man muss sich nach jedem Tag des Trainings verbessert finden.« (S. 25)

Gerade dieses Zitat spricht ein japanisches Grundprinzip an, das in den letzten zwanzig Jahren enorme Auswirkungen auf unsere Wirtschaft gehabt hat, als nämlich »Lean Management« und »Kaizen« in aller Munde war. Hierbei ging es darum, durch kontinuierliche Verbesserung zum Marktbesten aufzusteigen und in vielen kleinen Schritten eine große Distanz zurückzulegen. Hier zeigt sich besonders deutlich, wie stark die im »Hagakure« und bei Musashi formulierten Lebensregeln auf unser Gesellschafts- und Wirtschaftsleben einwirken – über den halben Globus und viele Jahrhunderte hinweg.

Obwohl sehr radikal formuliert, macht das folgende Zitat noch einmal anschaulich, welche Macht das Prinzip, schrittweise ein Ziel zu erreichen, haben kann: »Jemand sollte seinen Feinden gegenübertreten, fest entschlossen, ein Dutzend Feinde nach dem anderen zu töten, wie viele tausend Feinde da auch sein mögen.« (S. 29) Diese Prinzipien fassen wir in einer Lektion zusammen:

Lektion 3.9: Schrittweise zum Ziel gelangen

1. Lassen Sie sich nicht von der Größe einer Aufgabe abschrecken oder demotivieren, sondern zerlegen Sie die Aufgabe so lange in Teile, bis die einzelnen Teile beherrschbar werden und die Aufgabe Schritt für Schritt gelöst werden kann.

2. Setzen Sie sich das anspruchsvolle Ziel, die Besten zu übertreffen, und verfolgen Sie dieses Ziel durch tägliche Übung und ständige Verbesserung.

Einfühlsame Führung: Führung beschreibt die Beziehung zwischen zwei Menschen, in der einer versucht, den anderen zu einem bestimmten Verhalten zu bewegen. Dies kann auch außerhalb von Hierarchien oder »von unten nach oben« geschehen. Ein Chef, der von einem Mitarbeiter einen Rat bekommt und sich danach verhält, wurde von seinem Mitarbeiter »geführt«, sofern der Mitarbeiter dieses Verhalten des Chefs beabsichtigt hatte. Dieses Verständnis hat auch Tsunetomo, der sich als Ratgeber seines Fürsten versteht: »Bevor man einem anderen Rat erteilt, muss man zuerst feststellen, ob der andere sich in geeigneter Verfassung befindet ... Wahres Belehren liegt darin, den anderen die Ermahnungen ganz natürlich schlucken zu lassen, wie Wasser in einer durstigen Kehle, wie eine Kur für die Verfehlungen des anderen, nachdem man ihn durch Loben seiner Stärken aufgebaut hat.« (S. 13 f.) Dieses Verständnis von »Führung« klingt in unseren westlichen Ohren ungewöhnlich, denn wir verstehen Führung eher als »Anweisungen von oben«. Ist es nicht erstaunlich, dass ausgerechnet eine Lehre aus einem autoritär-feudalen Gesellschaftssystem und mit militärischer Grundperspektive geschrieben so viel weiter denkt? Wir werden gleich sehen, welche Vorteile das breitere Verständnis des »Hagakure« uns bietet.

Wesentlicher Faktor ist hier das Einfühlungsvermögen. Das wird an folgendem Beispiel noch verdeutlicht: Ein Fürst verhält sich einem Samurai gegenüber feindlich-ablehnend, was den Samurai verunsichert und ihn vorsichtig sein lässt. Auf dem Totenbett gesteht der Fürst dem Samurai, dass er diesen in Wirklichkeit hoch schätzt, ihn aber für eitel und arrogant hält und ihn deshalb so abweisend behandelt hat, um ihn zu mehr Bescheidenheit und Vorsicht zu bewegen. Der Fürst hat den Samurai also so geführt, wie es aus der Sicht des Fürsten für den Samurai notwendig war.

Lektion 3.10: Führung durch Einfühlen

Achten Sie beim Führen weniger darauf, wie Sie sich fühlen, sondern wie der Geführte sich fühlt und wie er behandelt werden muss, um sein Verhalten Ihren Vorstellungen anzupassen.

Dabei genügt es nicht, nur einfühlsam zu sein. Der Führende muss außerdem überzeugen, indem er Sicherheit ausstrahlt und einen klaren Standpunkt konsequent vertritt: »Selbst in den Vierzigern und später kann der, der keinen kraftvollen Willen hervorbringt, trotz Charakter und Status andere nicht beeinflussen.« (S. 56) Auch eine »Belehrung« im Sinne einer Beratung kann eine Führungsaufgabe sein, wenn sie den Belehrten dazu bewegt, das Verhalten gegenüber vorher durch die Belehrung des Beraters zu ändern:

»›Sich dem Fürsten nützlich zu machen‹, heißt, den Fürsten zugunsten einer besseren Verwaltung des Clans zu belehren, nachdem man zum Berater befördert worden ist.« (S. 16) Man fragt ja auch: »Was hat sie dazu geführt, so zu handeln?« Auch hier wird die Verwandtschaft von Führung und Beratung deutlich.

Die vielen Passagen, in denen Tsunetomo sich selbst als Berater des Fürsten beschreibt, verdeutlichen, dass Status nichts mit Hierarchie zu tun haben muss. Eine Führungsrolle kann also jeder ausüben, zum Beispiel als Untergebener in der Rolle des Beraters, Experten oder Vertrauten seines Fürsten.

Diese Beobachtung kann ich aus meiner Erfahrung als Berater nur bestätigen: Ich befinde mich ständig in der Rolle des »Führenden« im Sinne Tsunetomos, denn ich stehe hierarchisch nicht über meinem Klienten beziehungsweise »Geführten«. Im Gegenteil: Sie als Kunde sind »König« und bezahlen mich für eine Dienstleistung. Es ist immer wieder erstaunlich, wie wichtig es ist, den richtigen Ton zu treffen, wenn man möchte, dass Vorschläge zur Verhaltensänderung auch umgesetzt werden.

Stellen wir uns eine Situation vor, in der ein Vorgesetzter

kaum mit seinen Mitarbeitern spricht, außer um sich über mangelnden Einsatz und mangelnde Leistung zu beklagen. Dieses Führungsverhalten demotiviert das Team. In diesem Klima ist es zunächst auch schwer vorstellbar, dass ein Mitarbeiter auf die »anmaßende« Idee kommt, seinen Vorgesetzten in Sachen Führungsverhalten zu beraten. Handelt es sich aber um einen einfühlsamen Mitarbeiter, so wird er es dennoch tun können. Vermutlich wird er in einem Vier-Augen-Gespräch etwa folgendermaßen argumentieren:

»Ich habe Sie um dieses Gespräch gebeten, weil ich mir Sorgen mache. Als Ihr Mitarbeiter möchte ich Bestleistungen erbringen und denke deshalb darüber nach, wie ich und vielleicht auch das Team noch besser werden könnte. Ich habe das Gefühl, dass Sie mir und meinen Kollegen nur dann eine Rückmeldung geben, wenn Sie mit einem Arbeitsergebnis nicht zufrieden sind. Dadurch entsteht eine sehr auf negative Situationen geprägte Beziehung, die ich gern durch gemeinsame Erfolgserlebnisse verbessern möchte.«

Infolge der daraus entstehenden Diskussion wird ein sozial kompetenter Vorgesetzter in aller Regel gern sein Verhalten ändern und in Zukunft zur Motivation des Teams beitragen. Der Mitarbeiter hat seinen Vorgesetzten »geführt«.

Genau so einen Fall hatte ich in einem Beratungsprojekt, bei dem das betreffende Unternehmen nur ein sehr schlechtes Controlling-System hatte. Das bedeutet, dass die Unternehmensleitung keine genauen Informationen und Fakten über die Gründe für Zielverfehlungen (Verluste, geringe Maschinenauslastung etc.) hatte. In der Folge rügte der verunsicherte (quasi im Hinblick auf die Ursachen der Zielverfehlungen »blinde«) Geschäftsführer in regelmäßigen Management-Sitzungen alle seine Mitarbeiter pauschal. Keiner fühlte sich zu Recht getadelt, weil jeder (in Ermangelung der Fakten) die Ursache des Problems beim anderen vermutete. Die Folge war eine hohe Demotivation im Team. Als wir diese Zusammenhänge aufgedeckt hatten und ein neues, wesentlich klareres Controlling-System eingeführt und den Geschäftsführer damit selbst geführt hatten, war eine objektive Gesprächsbasis gegeben und die Motivationslage verbesserte sich spürbar. Rügen wurden nur noch basierend auf Fakten erteilt, und auf derselben Basis waren nun auch Lob und Anerkennung möglich.

Ein weiterer Aspekt von Führung wird im folgenden Zitat sichtbar: »›Für das Gute der anderen zu arbeiten‹ bedeutet, sich darum zu bemühen, dass alle anderen Männer nützliche Gefolgsleute ihres Fürsten werden.« (S. 17) Das »Hagakure« spricht hier den Schneeball- oder Multiplikatoreffekt an: Wer Menschen so führt, dass diese wiederum andere in seinem Sinne führen können, kann seine Schlagkraft um ein Vielfaches steigern.

Lektion 3.11: Statusspezifische Führung und Multiplikator-Effekt

1. Beachten Sie Ihren Status: Seien Sie sich Ihrer Rolle und Position bewusst und passen Sie Ihre Kommunikation (einfühlsam) dieser Rolle an. Führung funktioniert nicht nur Top-down (das heißt von oben nach unten), sondern auch Bottom-up (also von unten nach oben).
2. Nutzen Sie Führung als Mittel zur Verstärkung Ihrer Überzeugungskraft, indem Sie diejenigen, die Sie überzeugt haben, ihrerseits dazu anleiten, andere in der gleichen Weise zu überzeugen (Multiplikator-Effekt).

Soziale Beziehungen pflegen und von ihnen profitieren: Obwohl soziale Beziehungen in den anderen Lektionen bereits eine Rolle spielten, formulierte Tsunetomo zusätzlich einige Aussagen. Sie betonen die hohe Bedeutung erfolgreicher sozialer Beziehungen beim Erreichen von persönlichen Zielen. Hierzu gibt das »Hagakure« Empfehlungen zur Kommunikation und Rhetorik, die wir heute als »Image Design« bezeichnen: der gezielte Aufbau von sozialer Anerkennung und deren Verbesserung durch den Rat externer Experten.

Auch hier finden wir wieder eine interessante Mixtur aus erwarteten und überraschenden Ratschlägen und Weisheiten. Für einen Samurai muss die Empfehlung überraschend gewesen sein, auf Beleidigungen zurückhaltend zu reagieren und sie keineswegs mit der Waffe zu beantworten: »Wenn jemand, ob betrunken oder einfach nur unbedacht, in deiner Gegenwart eine rüde Bemerkung macht, über die du nicht hinweggehen kannst, ist es ratsam, dass du ihm mit ein paar Worten antwortest, um die Situation zu bereinigen.« (S. 83) Denn: »Wenn es Komplikationen gibt, neigen die Menschen zur Aufregung und reden von nichts anderem. Solche Bemerkungen, nach denen niemand verlangt hat, können im schlimmsten Fall den sorglosen Sprecher, der seine Zunge nicht im Zaum hält, das Leben kosten.« (S. 81)

Das ist sicher leichter gesagt als getan und steht übrigens im Widerspruch zur Todessehnsucht und zur »blinden« Entschlossenheit, wie es im »Hagakure« an anderer Stelle (S. 56) propagiert wird. Es wird aber deutlich, dass auch Tsunetomo, obwohl bisweilen Fundamentalist, in Wirklichkeit ein Pragmatiker ist, wofür letztlich auch sein Wandel vom Samurai zum Mönch spricht.

Ein weiterer Aspekt von sozialen Beziehungen ist das Kommunikationsverhalten. Hierzu formulierte Tsunetomo eine ganze Reihe interessanter Ideen. Der erste Schritt in der strategisch gezielten Kommunikation ist demnach eine gute Vorbereitung. Darunter versteht Tsunetomo das Nachdenken über den Gesprächspartner und die Inhalte des Gesprächs: »Wenn man … zu einem Gespräch geht, sollte man im Voraus genau über den Gastgeber nachdenken, um Beleidigungen während des Besuchs zu vermeiden.« (S. 15) Auch zur Frage, wie ein Gesprächspartner überzeugt (und eben nicht nur rhetorisch überredet) werden kann, gibt das »Hagakure« explizite Vorschläge: »Wenn man dem Gegner einen warmherzigen Rat geben kann, nachdem man ihn argumentativ in die Enge getrieben hat, erringt man einen wirklich rühmlichen Sieg; so sollte vernünftiges Überzeugen vonstatten gehen.« (S. 129) Das ist mehr, als man in den meisten modernen Rhetorikschulen lernen kann, die stärker auf einen Punktsieg in der Argumentation ausgerichtet sind als auf die Überzeugung des Gesprächspartners.

Der Gedanke, sich gründlich und einfühlend auf eine Begegnung vorzubereiten, ist zwar einleuchtend, wird aber dennoch häufig vernachlässigt. Wenn man gut vorbereitet argumentiert und sich dann durchsetzt, sollte man also nicht auf seinem Vorteil herumreiten und den Gegner beleidigen oder erniedrigen. Das sichert die Hochachtung von Gegner und Publikum.

Wenn es in einem Gespräch darum geht, eine Darstellung abzulehnen oder Kritik zu äußern, dann ist es wichtig, konstruktive Lösungsvorschläge zu liefern und nicht nur das Problem zu benennen: »... bloßes Jammern hilft überhaupt nicht.« (S. 115) Konstruktive Lösungsvorschläge sind also gefragt – nur dann ist Kritik nützlich.

Lektion 3.12: Tipps zum Kommunikationsverhalten

Lassen Sie sich in Diskussionen oder Gesprächen nicht reizen oder zur Unbedachtsamkeit hinreißen, sondern äußern Sie sich immer überlegt.

1. Bereiten Sie sich gut auf Gespräche vor und versetzen Sie sich dabei in die Lage Ihres Gesprächspartners.
2. Äußern Sie sich stets konstruktiv, wenn Sie Kritik üben, entwickeln Sie zuvor eigene Lösungsvorschläge, wie es besser gehen könnte.
3. Nutzen Sie die Schwäche Ihres Gesprächspartners nicht aus, wenn dieser Ihrer Argumentation nachgibt, sondern helfen Sie ihm aus der Klemme. So gewinnen Sie die Anerkennung des Gesprächspartners und auch des Publikums.

Kommen wir nun im Rahmen der Betrachtung von sozialen Beziehungen zu der Frage, wie man gezielt die Beurteilung der eigenen Person durch andere steuern kann. Der Fachbegriff dafür heißt »Image Design« oder »Impression Management«, kurz: »Eindruck schinden«. Darum nämlich geht es: Es soll gezielt ein Selbstbild erzeugt werden, das bei Außenstehenden zwar positiv wirkt und zur sozialen Anerkennung führt, aber nicht unbedingt dem eigenen Selbstbild entsprechen muss. Im

»Hagakure« gilt das sogar für den privaten Bereich: »Der Samurai sollte betont einen Zahnstocher benutzen, selbst wenn er nichts zu essen hat. Innen bedürftig, nach außen glänzend.« (S. 32) Und: »Es ist ratsam, sich anzugewöhnen, in den Spiegel zu schauen, um die eigene Erscheinung zu ordnen.« (S. 42) Denn: »Die Erscheinung eines Menschen zeigt seine Würde als Ausdruck der Tiefe seines Charakters.« (S. 78)

In der Sozialpsychologie gibt es den Ausdruck der Self-fulfilling Prophecy (dt.: selbsterfüllende Prophezeiung). Dahinter steht der Gedanke, dass manches nur oft und überzeugend genug vorgetragen werden muss, um plötzlich wahr zu werden. Zahlreiche Bücher in der Literatur, die teilweise auf wahre Begebenheiten zurückgehen, schildern plastisch die Macht dieses Konzepts. Thomas Manns Protagonist Felix Krull (Thomas Mann, »Bekenntnisse des Hochstaplers Felix Krull«: Frankfurt/Main 1997) zum Beispiel ist ein armer Schlucker, der als Adliger auftritt und in dieser Rolle sagenhafte Erfolge erringt.

Lektion 3.13: Kleider machen Leute

Kleiden und benehmen Sie sich so, wie es von demjenigen erwartet wird, der Sie sein möchten. Damit erschaffen Sie eine wahrgenommene Realität, die dann mit hoher Wahrscheinlichkeit auch zur tatsächlichen werden kann.

Sie glauben nicht, dass es das in der Realität gibt? Dann lesen Sie folgendes Fallbeispiel: Der deutsche »Baulöwe« Schneider hat bei diversen Banken Kredite über mehrere Milliarden Euro bekommen, die nicht ausreichend abgesichert waren – ein unerhörter Skandal, besonders wenn man die Schwierigkeiten des kleinen Häuslebauers dagegenhält, vergleichsweise geringe Beträge zu finanzieren.

Ein gut inszenierter Auftritt führt zu (positiven, aber eventuell unzutreffenden) Vorurteilen, und diese wiederum werden zu Urteilen, die neue Tatsachen schaffen. Häufig bestätigen diese Tatsachen die ursprünglichen Vorurteile, und es entsteht ein selbstverstärkender Kreislauf. Das Risiko ist jedoch, dass solch ein Kreislauf zusammenbricht, und am Fall Schneider wird deutlich, wie drastisch ein solcher Zusammenbruch sein kann.

Wie alle Prinzipien kann man auch dieses also zum guten oder schlechten Zweck einsetzen. Schneider hat es sicher zum schlechten eingesetzt. Ein guter Zweck ist jede Bewerbung: Sie möchten gern bei einem Unternehmen einsteigen, tragen normalerweise aber keinen Anzug. Speziell für diesen Zweck kaufen Sie sich einen Anzug und sehen damit geschäftsmäßig aus. Das wirkt positiv auf Ihren Gesprächspartner bei der Bewerbung, und die Wahrscheinlichkeit einer Einstellung steigt enorm im Vergleich zu einem Gespräch in Ihrer gewohnten Freizeitkleidung.

Das gibt es übrigens auch umgekehrt: Falls Sie Meinungsforscher sind oder Journalist und in einem besonderen Milieu, zum Beispiel bei den ökologisch orientierten Menschen, eine Befragung durchführen, werden Sie viel mehr Bereitschaft zur Beantwortung der Fragen finden, wenn Sie ähnlich gekleidet sind wie Ihre Zielgruppe und vielleicht nicht im Business-Dress kommen. Mit diesem Thema hatten die Grünen-Minister übrigens Probleme, weil ein Zielkonflikt zwischen Funktion (»Minister«) und Rolle (»ökologisch-alternativ«) bestand. Die eine Kleiderordnung war Anzug, die andere selbst gestrickter Pulli. Was tun? Joschka Fischer hat dieses Problem auf eine einzigartige Weise »gelöst«: Er trug Anzug und dazu Turnschuhe ... Das ging dann mehrfach durch die Presse, und sein Bekanntheitsgrad stieg dadurch ungemein – also ein vermutlich ungeplanter, aber sehr wirksamer PR-Gag! Letztlich hat sich aber auch Fischer als Minister zum Business-Dress durchgerungen.

Selbst eine Feindschaft sollte nicht sinnlos zur Eskalation gebracht werden. Im Gegenteil: Der Feind von heute könnte ja morgen ein wichtiger Koalitionspartner sein. Diplomatie in Form von respektvollen Kontakten trotz Meinungsverschiedenheiten ist daher auch im Sinne Tsunetomos: »Selbst wenn ein Mann mit einem anderen nicht übereinstimmt, wird ein warmer Gruß von ihm erwartet, wenn auch immer er den anderen trifft ... und dabei (sollte er) stets an einen möglichen Augenblick denken, in dem eine freundliche Beziehung dringend nötig sein könnte. Bleibe höflich und bescheiden und erledige Dinge bedächtig zum Wohle anderer, ... denn das gewährleistet unvermindert freundliche Beziehungen bei jedem Treffen.« (S. 53)

Neben Feinden oder Gegnern und Freunden gibt es aber auch eine Gruppe von schädlichen Kontakten. Diese kann man auch als »gefährliche Kontakte« bezeichnen: »Es ist weise, sich nicht zu sehr mit einem Mann von fragwürdigem Charakter anzufreunden, damit man nicht von ihm eingenommen und in sein verdrehtes Denken verwickelt wird.« (S. 39) Übrigens ist auch hierfür Joschka Fischer ein berühmtes Beispiel, der mit seinen früheren Kontakten in die Anarchisten-Szene noch nach Jahrzehnten seinen Erfolg riskierte und an den Rand der beruflichen Katastrophe geriet.

Ähnlich wie die Kleidung färbt der persönliche Umgang also ab. Wer oft mit Unternehmensberatern zusammen ist, beginnt nach einiger Zeit, selbst in dem sehr gewöhnungsbedürftigen Gemisch aus Deutsch und Englisch zu sprechen, wenn es um Wirtschaftsthemen geht. Wer aber so redet, wird bei einem Vorstellungsgespräch in einer Unternehmensberatung größere Erfolgschancen haben als jemand, der nicht über dieses Vokabular verfügt. Eine Identifikation mit der Gruppe, zu der man gehören möchte, hilft ungemein, ihr ein ganzes Stück näher zu kommen.

Schließlich ist es ein schönes Vorhaben, sich auf das Gute in anderen Menschen zu konzentrieren – diese Menschen werden sich gut verstanden fühlen, sodass Ihre Beziehung zu ihnen gewinnt. Außerdem hilft es Ihnen dabei, selbst besser zu werden: »Finde die starken Seiten anderer Menschen heraus und folge ihnen. So kann jeder, egal was er ist, zu einem guten Beispiel und Lehrer werden.« (S. 35)

Nun hat eine große Leistung immer auch eine Wirkung. Tsunetomo empfiehlt, sie durch entsprechende »Werbemaßnahmen« und den Glauben an den Erfolg noch zu vergrößern: »Indem man schwört, ›nie hinter den anderen auf dem Weg des Kriegers (»bushido«) zurückzubleiben‹, muss man sich auch entscheiden, seine militärische Tapferkeit allen Menschen auf der Erde bekannt zu machen.« (S. 16) Hier schließt sich der Kreis zum Thema »Image Design«.

Lektion 3.14: Image Design/Impression Management

- Orientieren Sie sich in Ihrem Verhalten und in Ihren Kontakt- und Bezugspersonen an der Zielgruppe, zu der Sie gehören möchten.
- Vermeiden Sie unbedingt Kontakte, die mit Ihren Zielen nicht zu vereinbaren sind.
- Sprechen Sie über Ihre Erfolge.

Zuletzt möchte ich Ihnen noch einen Rat Tsunetomos weitergeben, wie man glaubwürdiger wirkt: »Eine alte Weisheit lautet: ›Ein zu klarer Strom wird von Fischen gemieden.‹« (S. 18) Tsunetomo warnt hier nicht nur vor zu großer Transparenz, die sich Feinde zunutze machen könnten, sondern er spricht auch davon, dass jedes zu perfekte Bild unecht wirkt und ein paar »Ecken und Kanten« die Authentizität des Image Designs erhöhen.

Lektion 3.15: Intransparenz und Authentizität

1. Vermeiden Sie übertriebene Transparenz und veröffentlichen Sie nur, was veröffentlicht werden muss. Zu viel Einblick in Ihre Aktionen nützt nur Ihrem potenziellen Gegner.
2. Pflegen Sie Ihre besonderen Eigenheiten, sofern sie nicht der Zielgruppe widersprechen, sondern nur ungewöhnlich sind.

Hierzu ein Fallbeispiel: Ich nehme als Unternehmensberater regelmäßig an Recruitingaktionen teil, das bedeutet, ich interviewe Bewerber und empfehle sie zur Anstellung oder nicht. Zur Vorbereitung lese ich die Lebensläufe durch, in denen es in der Regel die Rubrik »Hobbys« gibt. Sie glauben gar nicht, wie sehr ein Hobby das Interesse des Beurteilers wecken kann. Wenn da (wie meistens) steht: »Lesen, Reisen, Sport«, dann haut das niemanden vom Hocker. Wenn aber von »Gesellschaftsspiele entwickeln« oder »Parfums mixen« (besonders bei einem Mann) die Rede ist, ist man sofort neugierig auf eine persönliche Erläuterung.

Als Bewerber erzielen Sie mit besonderen Hobbys (die ja durchaus kreativ erfunden und dann spontan begonnen werden können – es steht ja nicht da, seit wann Sie das Hobby betreiben …) eine hohe Aufmerksamkeit (erster Vorteil), werden vom Beurteiler viel besser erinnert (zweiter Vorteil) und haben sofort ein interessantes Gesprächsthema mit dem Beurteiler, das auf einem Themenfeld stattfindet, bei dem Sie sich besser auskennen, sodass Sie nur noch faszinierend berichten und gut vorbereitet sein müssen (dritter Vorteil).

Lektion 3.16: Interessant wirken

Legen Sie sich ein ungewöhnliches Hobby zu, zu dem Sie etwas sagen können und das das Interesse anderer weckt. So gewinnen Sie positive Aufmerksamkeit und heben sich von der Masse ab.

Um gute von schlechten Ideen zu unterscheiden, empfiehlt Tsunetomo in jedem Fall, externen Rat einzuholen, also von Personen, die nicht direkt beteiligt sind und deshalb neutral urteilen können: »Der beste Weg, andere zu übertreffen, ist der, von anderen aufrichtig die eigenen Angelegenheiten kritisieren zu lassen und sie um Rat zu fragen.« (S. 49) Oder: »Wie oft vom Zuschauen beim Go-Spiel gesagt wird: ›Zuschauer sehen mehr als Spieler.‹« (S. 24)

Das Gute daran: Solche Ratgeber können mitunter sogar eine völlig neue Idee entwickeln: »Wenn einem keine wichtige Idee in den Sinn kommt, sollte man besser einen Weisen um Rat fragen.« (S. 9)

Taktisch kluges Verhalten: Erfolgreich kann nur sein, wer selbstbestimmt handelt. Das »Hagakure« nennt drei innere Bedrohungen für Selbstbestimmung:

- Geltungssucht durch Besitz und Statussymbole,
- Opportunismus und
- übersteigerte Erwartungen.

Wenn also nach äußeren Bedingungen eine Selbstbestimmung möglich wäre, wie dies zum Beispiel in Deutschland überwiegend der Fall ist, dann können diese Hemmnisse dennoch eine echte Selbstbestimmung gefährden.

Beginnen wir mit den Gedanken zur **Geltungssucht**. Tsunetomos Position zum Besitz hat große Parallelen zur stoischen Haltung Senecas und auch zur Philosophie in Erich Fromms »Haben oder Sein« (Erich Fromm, »Haben oder Sein. Die seelischen Grundlagen einer neuen Gesellschaft«: München 1998.). Sie drückt sich in folgenden Zitaten aus: »Wann auch immer sich junge Samurai treffen, sie reden nur über finanziellen Reichtum anderer, Gewinn und Verlust, ihr Haushaltsbudget, Kleidung und Sex. ... Welch erbärmliche öffentliche Moral jenseits jeder Besserung!« (S. 34) Weiter heißt es: »Mir scheint, als würden manche Menschen so stark an ihr Hab und Gut denken, dass ihr Denken ganz auf dessen Erhalt fixiert ist, während ihr Geist den Schwierigkeiten ausweicht.« (S. 81)

Auch wenn Tsunetomos Worte auf den ersten Blick abwertend erscheinen, ist seine Position doch eher gemäßigt: Besitz an sich ist nicht schlecht, sondern er wird es, wenn er Selbstzweck ist. Wer zum Beispiel über seine Verhältnisse lebt und nur noch arbeitet, um seine Schulden bezahlen zu können, verliert seine Handlungs- und Entscheidungsfreiheit, und darin liegt ein Hemmnis für zukünftigen Erfolg.

Lektion 3.17: Besitz-Besessenheit

- Achten Sie darauf, dass Besitz für Sie einem höheren Zweck dient und nicht zum Selbstzweck wird.
- Erwarten Sie nie, dass Sie von anderen bewundert oder verehrt werden.

Das wird auch in der folgenden Ermahnung deutlich, am Boden zu bleiben: »Halte dich nie für heilig und für würdig, durch andere Menschen verehrt zu werden.« (S. 104) Die Erwartung, verehrt oder bewundert zu werden, kann nämlich das Bedürfnis dazu erzeugen, und damit eine Einschränkung der Handlungs- und Entscheidungsfreiheit verursachen. Deshalb ist der Begriff »Geltungs*sucht*« ja auch so passend. Wer süchtig und damit abhängig ist, ist umgekehrt auch nicht mehr frei und unabhängig in seinen Entscheidungen und Handlungen.

Kommen wir jetzt zum Thema **Opportunismus:** »Nach dem Abdanken oder Tod ihres Fürsten kehrten sie ihm sofort ihren Rücken zu, um sich bei denen einzuschmeicheln, die nun das Sagen hatten – ein wahrhaft abstoßender Anblick.« (S. 11)

Neben dem im Zitat klar formulierten Verlust an Anerkennung und damit Renomme und Glaubwürdigkeit folgt auch aus dem Opportunismus eine hohe Einschränkung der Handlungs- und Entscheidungsfreiheit: »Ein Mann, der durch persönliche Beziehungen und Vergünstigungen gestützt wird, kann nicht seine eigene Meinung äußern.« (S. 80)

Lektion 3.18: Handlungs- und Entscheidungsfreiheit und Glaubwürdigkeit

- Stehen Sie zu Ihrer Meinung, auch wenn sie im Augenblick unpopulär ist. Auch wenn es dadurch kurzfristig zu Spannungen kommen kann, gewinnen Sie doch entscheidend an Glaubwürdigkeit.
- »Verbiegen« Sie sich auch nicht zu sehr in Ihrer Kleiderwahl (siehe Lektion 3.13): Wenn Sie etwas hassen, spielen Sie es nicht vor. Selbst wenn Sie damit kurzfristig Erfolg haben, wird es Ihnen langfristig Leid tun.

Die dritte innere Bedrohung der Selbstbestimmung ist die **übersteigerte Erwartungshaltung**. Wenn das Eingehen von Risiken eine wichtige strategische Voraussetzung für die Zielerreichung ist, so gilt diese Regel *statistisch*. Das bedeutet: Wer alle Risiken meidet, kann auch keine Erfolge erzielen. Also ist der Erfolg ohne Risiken gleich null. Wer nun kalkuliert Risiken eingeht, also zum Beispiel ein wichtiges Ziel mit einem Risiko von 20 : 80 eingeht, wird in acht von zehn Fällen sein Ziel erreichen und es in zwei von zehn Fällen verfehlen.

Daran wird deutlich, dass es oft sinnvoll ist, ein Risiko einzugehen, und dennoch lässt sich manchmal ein Misserfolg nicht vermeiden. Tsunetomo empfiehlt Gelassenheit und wir entdecken auch hier eine Parallele zum Stoizismus bei Seneca: »Wenn es Zeit für den Niedergang ist, lass' deinen Haushalt mit Würde in den Ruin gehen. So vorbereitet, wirst du vielleicht ein, zwei Wege finden, dich von solchem Ruin irgendwie fernzuhalten.« (S. 99)

Weiterhin gibt es kaum ein Ziel, das sich nicht durch Investitionen von Geld, Zeit, Kraft und mehr erreichen lässt. Auch diese Tatsache sollte sich jeder bewusst machen, denn eine enttäuschte Erwartung führt zur Demotivation und dann zum Aufgeben, wodurch das Ziel nicht erreicht wird. Vergangene Erfolge korrumpieren dabei nicht selten. Wer ein bequemes Leben gewohnt ist, tut sich schwer, eine unangenehme Aufgabe zu erfüllen: »Ein Mann in einer angenehmen Position sollte, wenn man ihn Wasser holen oder Reis kochen lässt, noch härter als befohlen arbeiten, ohne darüber zu grübeln.« (S. 110)

Lektion 3.19: Zukunftssinn

- Nehmen Sie Unvermeidliches gelassen auf sich. Besinnen Sie sich auf neue Möglichkeiten und sehnen Sie nicht Verlorenes herbei.
- Richten Sie Ihren Fokus in die Zukunft statt in die Vergangenheit oder Gegenwart.

Anwenden

An dieser Stelle werde ich Ihnen Instrumente zur Umsetzung der Lektionen vorstellen, die zum Teil im »Hagakure« erwähnt sind (beispielsweise das »Reuetagebuch«). In anderen Fällen war ich so frei, aus dem Standardrepertoire der Unternehmensberatung zu schöpfen (zum Beispiel bei der Umsetzung der Lektion 3.6, in der es um die Szenariopläne geht), um Ihnen die praktische Anwendung zu erleichtern.

Die Bereitschaft, Risiken einzugehen, hat viel mit Erwartungen und Gewohnheit zu tun: Wer beispielsweise selten oder nie fliegt, den befällt beim Besteigen eines Flugzeugs eher ein mulmiges Gefühl als einen Vielflieger.

Tsunetomos Mittel gegen übertriebenes Sicherheitsdenken ist einfach, wenn auch drastisch: Er empfiehlt, sich vorzustellen, dass das Schlimmste bereits eingetreten sei. »Stell dir jeden Morgen aufs Neue vor, dass du bereits tot bist.« (S. 133) Dies führt zu einer Art Gewöhnung, die die Angst und Unsicherheit vermindert und dadurch die Bereitschaft erhöht, große Risiken einzugehen:

Anwendung 3.1: Risiken eingehen

- Bevor Sie ein neues Vorhaben beginnen, erstellen Sie eine Liste mit den Dingen, die schlimmstenfalls passieren können.
- Sortieren Sie die Risiken nach ihrem Schadenswert – die schlimmsten nach oben.
- Stellen Sie sich vor, die Risiken seien bereits eingetreten. Was wäre passiert?
- Denken Sie so lange über dieses Szenario nach, bis Sie das Gefühl haben, mit den Risiken umgehen zu können.

Johann Wolfgang von Goethe hatte Höhenangst. Für ihn war ein Aufstieg mit großen Risiken verbunden, weil ihm ständig schwindlig wurde. Er überwand diese Angst, indem er wochenlang regelmäßig auf einen hohen Kirchturm stieg und hinuntersah, bis seine Höhenangst verschwand.

Anwendung 3.2: Passende Kleidung und passendes Benehmen

- Überlegen Sie sich, wer oder was Sie gern sein möchten und was Sie auch darstellen *können*!
- Überlegen Sie, welches Benehmen und welche Kleindung dieser »Rolle« angemessen sind.
- Kaufen Sie sich die Kleidung und trainieren Sie Ihr Auftreten entsprechend.

Damit haben Sie einen Schritt auf dem Weg zum Erfolg getan, jedoch macht dies allein noch keinen Erfolg aus! Sie sollten also nur solche Rollen einnehmen, die Sie nachher auch ausfüllen können, sonst ist diese Anwendung nichts anderes als Karneval!

Fallbeispiel: Wenn Sie befördert werden möchten und in der Chefetage Ihrer Firma dunkle Anzüge getragen werden, kaufen Sie sich einen dunklen Anzug, vielleicht eine Brille, um intellektuell auszusehen (obwohl Sie eigentlich gar keine bräuchten). Wenn Sie ein Mann sind, dann rasieren Sie sich glatt. Gehen Sie ins Solarium, gewöhnen Sie sich Managementsprache an, indem Sie Anglizismen verwenden, häufig relativierende Begriffe benutzen (wie »überwiegend«, »signifikant«, »im Wesentlichen« etc.) und Widerspruch hinter unauffälligen Formulierungen verbergen (»wobei« statt »aber«, »nicht« und »nein«) etc. Und wiederum: Tun Sie dies alles nur dann, wenn Sie die angestrebte Rolle nach Erreichen auch wirklich ausfüllen können.

Es nützt nichts, wenn Sie nach kurzer Zeit als »Hochstapler« auffallen, weil Ihr Auftreten im Widerspruch zu Ihren Leistungen steht. Andererseits: Wenn Sie die Leistung bringen können, wird Ihnen dieses Verhalten einen Vorteil gegenüber anderen Bewerbern verschaffen und Sie schneller als geeigneten Kandidaten ins Spiel bringen.

Aber Vorsicht: Übertreiben Sie es nicht zu sehr, sonst sind Sie nicht glaubwürdig; besonders dann nicht, wenn Sie um sich Leute haben, die Sie länger kennen und einen plötzlichen, übertriebenen Wandel bemerken würden. Dann nämlich wirkt Ihr Verhalten aufgesetzt und unecht – es gilt: Aus der Masse heraustreten, ohne zu übertreiben.

Sind Sie fest entschlossen, ein gesetztes Ziel zu erreichen, so empfiehlt Tsunetomo ein Ritual: Sagen Sie sich jeden Morgen die wichtigsten Regeln zur Erreichung Ihres Zieles auf. Das wird Ihre Entschlossenheit festigen (S. 138). Im ersten Schritt müssen Sie allerdings Ihr Hauptziel festlegen.

Anwendung 3.3: Das Hauptziel formulieren

- Erstellen Sie eine Liste mit Ihren Zielen und bringen Sie diese in eine zeitliche Reihenfolge.
- Notieren Sie auch, auf welche Art Sie diese Ziele erreichen möchten.
- Formulieren Sie einen Satz, der Ihre Ziele enthält, lernen Sie ihn auswendig und sprechen Sie ihn (laut oder in Gedanken) jeden Morgen und jeden Abend.

Die meisten Religionen haben den Wert solcher ritualisierten Selbstverpflichtungen erkannt und sie in Gebete integriert. In der Wissenschaft nennt man dieses Prinzip Autosuggestion: sich selbst auf ein Ziel einzuschwören und die eigene Gedanken und Handlungen so lange darauf zu fokussieren, bis sie im Unterbewusstsein verankert sind. Dieses auch »Affirmation« genannte Phänomen ist nachweislich wirksam:

Der Apotheker Emil Coue linderte mit Affirmationen körperliche Beschwerden. Wer sich täglich 30-mal sagt: »Es geht mir jeden Tag und in jeder Beziehung immer besser und besser …«, fühlt sich nach einiger Zeit auch tatsächlich wohler. Wichtig: Erst nach 21 Tagen ist die Botschaft fest im Unterbewusstsein verankert. (Christiane Schönemann, Gewonnen wird im Kopf: *TV Hören und Sehen* 07/2002, S. 32.)

Falls Sie mit dieser Selbstbeeinflussung Schwierigkeiten haben sollten, hat Tsunetomo ein einfaches und sehr wirkungsvolles Hilfsmittel, das noch heute in der japanischen Wirtschaft mit Erfolg angewendet wird:

Anwendung 3.4: Führen Sie ein Reuetagebuch

- Notieren Sie einige Wochen lang jeden Abend alles, was Ihnen an diesem Tag nicht gut gelungen ist.
- Überlegen Sie sich dabei, warum das so war, und finden Sie Wege, es besser zu machen.
- Auch wenn Ihnen diese Anwendung die ein oder andere Unzulänglichkeit vor Augen führt: Sie werden schnell feststellen, dass Sie ein größeres Bewusstsein für Ihr Handeln entwickeln und dadurch Fehler vermeiden.

Anwendung 3.5: Führen Sie sich Ihre Verbesserungen vor Augen

- Nehmen Sie einmal pro Woche Ihr Reuetagebuch zur Hand und streichen Sie alle Punkte, an denen Sie erfolgreich gearbeitet haben.
- Sehen Sie sich die verbleibenden Eintragungen an und denken Sie darüber nach, weshalb Sie hier noch keine Verbesserung erzielt haben und was Ihre nächsten Schritte sein werden.

Etwas Vergnügliches am Rande: Tsunetomo selbst gab sein Reuetagebuch nach einiger Zeit frustriert auf, weil ihn die große Zahl seiner Fehler erschreckte. Er kritisierte ausdrücklich nicht die Wirkung der Anwendung, sondern seine eigene Inkonsequenz.

Anwendung 3.6: Legen Sie Szenariopläne für mögliche Alternativen an

- Nehmen Sie die Liste Ihrer Risiken zur Hand, die Sie in Anwendung 3.1 erstellt haben, und überlegen Sie sich zu jedem Risiko, wie Sie es beeinflussen können.
- Dazu kategorisieren Sie die Risiken zunächst nach ihrer Eintrittswahrscheinlichkeit (gering/mittel/hoch).
- Notieren Sie, welche Voraussetzungen Ihnen jeweils helfen würden, das Risiko zu überwinden. Einige dieser Voraussetzungen werden Sie mit wenig Aufwand sofort schaffen können.
- Besonders für die Risiken, die mit hoher Wahrscheinlichkeit eintreten, sollten Sie vorbeugend die Voraussetzungen zu ihrer Überwindung schaffen.

Der besseren Verständlichkeit halber ein Fallbeispiel aus der Finanzwelt: Ihr Ziel ist es, mit einem Kapital von 10 000 Euro möglichst schnell 20 Prozent Gewinn zu erwirtschaften. Sie entscheiden sich für Aktien mit hohem Risiko, weil diese im Erfolgsfall eine höhere Rendite bringen. Die Eintrittswahrscheinlichkeit des Risikos (nämlich des fallenden Kurses) ist »hoch«. Sie sollten also überlegen, welche Voraussetzungen dieses Risiko vermindern könnten. Antwort: Sie kaufen Put-Optionen, die bei fallenden Kursen einen Teil Ihrer Verluste ausgleichen. Der Szenarioplan lautet also:

- Szenario A: Wenn die Kurse um mehr als 24 Prozent gestiegen sind (20 Prozent Gewinn plus vier Prozent Optionsprämie, die ja auch verdient werden muss), verkaufen Sie sofort und haben Ihr Ziel erreicht.
- Szenario B: Wenn die Kurse aber um mehr als zehn Prozent gefallen sind, verkaufen Sie die Aktien mit Verlust, verkaufen die Put-Optionen und decken mit dem Gewinn der Put-Optionen Ihren Aktienverlust. Damit haben Sie Ihr Ziel zwar nicht erreicht, aber ein höheres Risiko vermieden.

Eine andere, aber begrenzt wirksame Möglichkeit für Aktien

mit hohem Handelsvolumen wäre eine Stop-Loss-Order. Dies funktioniert aber nur, wenn es zu den Stop-Loss-Verkaufsorders auch passende Kauf-Orders gibt, was zumindest in Katastrophen-Situationen meist nicht der Fall ist.

Wenn Sie Ihr Ziel festgelegt haben und sich über mögliche Risiken klar geworden sind, ist es an der Zeit, die Weichen zu stellen. Tsunetomo ermuntert zu überlegtem, aber auch zu relativ raschem Handeln. Und er gibt eine klare Anleitung, wie Sie schnell die nötigen Entscheidungen treffen können: »Ein Mann ohne nagende Zweifel, von frischem und hohem Geist, kann innerhalb von sieben Atemzügen zu einer Entscheidung kommen.« (S. 48)

Mit Entscheidungen zu lange zu warten, bezeichnet Tsunetomo als grundsätzlichen Fehler. Vorausgesetzt, alle nötigen Informationen liegen vor, dann verbessern langes Zögern und Abwägen die Qualität von Entscheidungen nicht. Das bestätigen Studien zur Entscheidungsqualität und zum »Information Overflow«. Letztere belegen, dass die Qualität der Entscheidungen mit zunehmender Informationsflut sogar abnimmt, weil dann wesentliche von unwesentlichen Informationen nicht mehr zu unterscheiden sind.

Und schnelle Entscheidungen haben einen weiteren Vorteil: Ihr Gegner ist noch nicht auf Gegenaktionen vorbereitet (außer er oder sie ist Leser dieses Buches …). Mit Schnelligkeit können Sie Fakten schaffen, die Ihnen einen entscheidenden Vorteil bringen.

Anwendung 3.7: Entscheiden Sie in »sieben Atemzügen«

- Prüfen Sie vor einer Entscheidung, ob Sie alle erforderlichen Informationen besitzen.
- Beantworten Sie sich dann folgende Frage: Wird Zuwarten meine Informationslage signifikant verbessern?
- Stellen Sie fest, dass Ihre Informationslage ausreichend ist, entscheiden Sie innerhalb von sieben Atemzügen.

II
Die westlichen Schulen

Es ist erstaunlich, wie ähnlich auch die zeitliche Struktur der berühmtesten westlichen Strategieschulen im Vergleich zu den östlichen ist: Seneca als die älteste westliche Schule ist wie Sun-Tsu eine Schule der Antike, Machiavelli und Clausewitz sind wie das »Hagakure« und »Das Buch der fünf Ringe« Werke der frühen Neuzeit. Das Mittelalter von 500 bis 1500 brachte interessanterweise keine bedeutende Strategielehre hervor:

Wir werden in der Zusammenfassung noch sehen, dass alle Schulen Ähnlichkeiten haben, aber jede ihren eigenen Schwerpunkt setzt. Natürlich haben diese Schwerpunkte etwas mit den Lebensumständen der Meister zu tun.

Seneca konzentrierte sich auf die *Entwicklung der eigenen Stärke und Selbstvervollkommnung*, weil dies im Umgang mit der römi-

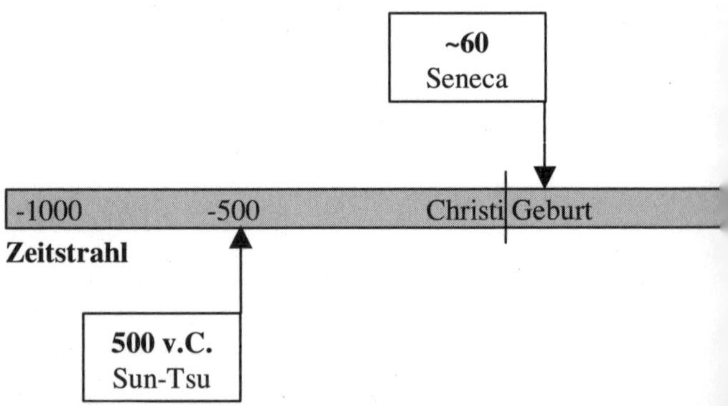

schen Gesellschaft und dem Machtapparat die wichtigste Kernkompetenz war. Machiavelli fokussierte sich dagegen auf *Führung und Entscheidung*, weil darin die stärkste Kraft zur Machtgewinnung und zum Machterhalt in den frühneuzeitlichen Kleinstaaten lag. In der Zeit großer Kriege mit zehntausenden von Soldaten und noch ohne Atombomben entwickelte schließlich Clausewitz besondere Größe als *Planer in komplexen Situationen*.

Neben der Konzeption allgemeiner Erfolgsregeln werde ich in den folgenden Kapiteln die jeweiligen Schwerpunkte der westlichen Schulen herausarbeiten und an zahlreichen Beispielen erläutern.

Beginnen wir wieder chronologisch mit der ältesten der drei Schulen: Seneca.

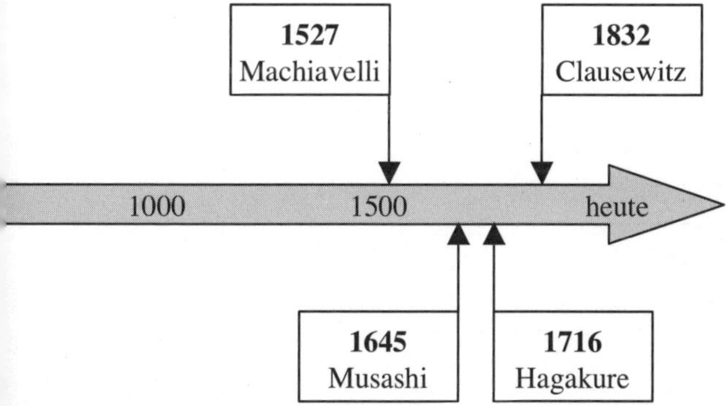

4 Seneca: Vom glückseligen Leben

Steckbrief

Kurzbeschreibung: Der römische Philosoph Seneca war führender Vertreter der Stoiker.[9] Kerngedanken seiner Lehre sind Gleichheit aller Menschen, Unabhängigkeit von äußeren Einflüssen und Immunität gegenüber Versuchungen wie Besitz und Macht.

Zielsystem: Oberstes Ziel ist es nach Seneca, durch innere Gelassenheit glücklich zu sein.

Zahlen, Daten, Fakten:
~4 v. C.: Lucius Annaeus Seneca wird als Sohn eines Römers im spanischen Córdoba geboren. Seine Eltern kehren mit Seneca noch im ersten Lebensjahr nach Rom zurück.
5–24 n. C.: Ausbildung durch den gleichnamigen Vater, der Rhetoriklehrer war, und den Philosophenkreis um den Stoiker Sextius. Selbstmordabsichten, vermutlich wegen Tuberkulose.
25–31: Kuraufenthalt in Ägypten und Kontakt mit der dortigen Kultur.
32–40: Anwaltstätigkeit in Rom und Aufstieg zum Quästor und Senator.
41–49: Wegen Teilnahme an einer Intrige Verbannung nach Korsika. Er behält Status und Vermögen.
49–54: Berufung zum Erzieher Neros, dem Adoptivsohn von Kaiser Claudius, und Aufstieg zum Prätor.
54–59: Seneca leitet als Konsul zusammen mit Burrus und als engster Berater Kaiser Neros die Reichspolitik.
59–64: Nero wendet sich von Seneca ab, der sich auf seine Güter zurückzieht.
65: Wegen angeblicher Verschwörung begeht Seneca auf Befehl Neros Selbstmord.

Die drei größten Stärken:

- Berücksichtigung des Erwartungsmanagements als Erfolgsfaktor.
- Erkennen der Zeitdauer als der eigentlichen Erfolgsmesslatte für die Zielerreichung.
- Einbeziehen der Kreativität: Gezielte, flexible Suche nach Zielalternativen.

Die drei größten Schwächen:

- Übertriebenes Erwartungsmanagement: Wer zu wenig erwartet, ist zwar schnell erfolgreich, doch bedeutet ihm Erfolg dann zu wenig, was demotiviert.
- Logischer Widerspruch: Seneca übersieht seine Abhängigkeit von seinem höchsten Ziel, nämlich der Unabhängigkeit (innere Gelassenheit).
- Vernachlässigung des optimalen Zeitpunkts zur Zielerreichung: Seneca übersieht, dass man manchmal durch verzögerte Aktion schneller zum Ziel kommt.

Schnittstellen mit anderen Schulen und Lehren:

- Vereinnahmung Senecas durch die christliche Kirche (angebliche Briefe Senecas an Paulus), weil sein Ideal gleichberechtigter Menschen zum Christentum passte.
- Inhaltlich Parallelen zum »Hagakure« in Bezug auf Gelassenheit und Askese.

Wissen

Seneca (der Jüngere) wurde um 4 v. Chr. im spanischen Córdoba geboren. Sein Vater, Seneca der Ältere, war römischer Rhetor. Über seine Mutter Helvia ist wenig bekannt, Seneca verfasste an sie ein sehr emotionales Schreiben über seine Verbannung (»Trostschrift an Helvia«).

Er war noch ein Kleinkind, als seine Familie mit ihm zurück nach Rom zog. Sein Vater bildete ihn gründlich in Philosophie und Rhetorik aus. Die Lehre der griechischen Stoiker übte starken Einfluss auf ihn aus, und er wurde später deren prominentester Vertreter. Die Lehre, »Stoa« (deutsch »Säule«), auch Stoizismus genannt, entstand um 300 v. Chr. in Athen und wurde zur einer der einflussreichsten Philosophien des Römischen Reiches in vorchristlicher Zeit. Grundidee des Stoizimus war, dass die Wirklichkeit des Kosmos nach einem »Logos« geschaffen ist, der je nach Auslegung als göttliche Vernunft oder alles durchdringender Atem beschrieben wird. Es ist deshalb das oberste Ideal der Stoiker, in Einklang mit diesem Logos zu leben. Ihre Grundtugenden sind: Weisheit, Gerechtigkeit, Mäßigung und Mut.

Seneca schlug die Beamtenlaufbahn ein: Er wurde Quästor[10] und später Senator und genoss trotz seiner revolutionären Ideen hohes Ansehen. Anlässlich einer Hofintrige bezichtigte man ihn im Jahr 41 des Ehebruchs und verbannte ihn nach Korsika, wobei er weder sein Vermögen noch seinen Status einbüßte. 49 wieder zurückgerufen und mit der Erziehung Kaiser Neros beauftragt, stieg er zum Prätor und schließlich zum Konsul[11] auf. Damit wurde ein Mann, der öffentlich über die Gleichheit der Sklaven mit allen anderen Menschen sprach und Freigiebigkeit predigte, zu einem der mächtigsten Männer der antiken Welt.

Nach Claudius' Tod bestieg Nero im Jahr 54 den Kaiserthron. Seneca gehörte zu seinen engsten Beratern. Sein Wirken und das seines Kollegen Sextus Afranius Burrus wird heute als Grund für Neros moralisches und maßvolles Verhalten während der ersten fünf Herrschaftsjahre gesehen: Gemeinsam lenkten sie bis 59 die Geschicke des Reiches. Im Jahr 65 wurde

Seneca der Beteiligung an der von Gaius Calpurnius Piso angeführten Verschwörung gegen Nero bezichtigt. Nero befahl Seneca daraufhin den Selbstmord, und Seneca gehorchte.

Bereits zu seinen Lebzeiten wiesen Kritiker immer wieder auf den Widerspruch zwischen Senecas Lehren, die Unabhängigkeit von Macht und Besitz predigten, und seinem ausufernden Lebensstil hin. Seneca hatte Besitzungen in Spanien und war als Konsul und Mitregent einer der reichsten und mächtigsten Männer des Römischen Reiches. Eine seiner wichtigen Schriften, »Vom glückseligen Leben«, nimmt ausführlich zu diesem Vorwurf Stellung und mutet wie eine Rechtfertigungsschrift an. (S. 19 ff.)

»Von der Gemütsruhe« handelt von seiner geistigen Unabhängigkeit vom Tod. (S. 53 ff.) Daher ist nicht auszuschließen, dass Nero als allmächtiger und psychopathischer Herrscher seinen Lehrer auf eine Art makabre Probe stellen wollte: Wenn Seneca sich nicht umgebracht hätte, wäre sein gesamtes philosophisches Lebenswerk ad absurdum geführt worden, und Seneca hätte letztlich seinen Kritikern Recht gegeben. Natürlich wäre er dann wegen Befehlsverweigerung auf kaiserlichen Befehl getötet worden. Da das Ergebnis also ohnehin dasselbe gewesen wäre und Seneca mit 69 Jahren auch nicht mehr der Jüngste war, erscheint sein Selbstmord in dieser Situation eher vernünftig und logisch als überraschend, konnte er doch so wenigstens sein philosophisches Lebenswerk retten und sogar seine Kritiker zum Verstummen bringen. Wer würde schließlich jemanden zu kritisieren wagen, der zur Bestätigung seiner Lehre in den Tod gegangen war?

Doch obwohl dies eine logische Erklärung sein mag und im antiken Rom der Selbstmord vielleicht auch einen anderen Stellenwert hatte als in unserer heutigen Gesellschaft, bleibt die gefühlte Hürde vor so einem radikalen, unumkehrbaren und endgültigen Schritt menschlich sicher hoch. So hoch, dass man Seneca in diesem Sinne auch als radikalen Macher bezeichnen kann, da er diese Hürde überschritten und die Tat bewusst begangen hat.

Seneca schrieb äußerst knapp und scharf pointiert. Dieser Stil ist in einer ganzen Reihe von Werken überliefert:

- »Die Verkürbissung des Kaisers Claudius« (»Apocolocyntosis Divi Claudi«, um 54 n. Chr.) ist eine Satire auf den Kaiser Claudius;
- die »Quaestiones Naturales« widmen sich der Untersuchung von Naturerscheinungen;
- die »Epistulae morales ad Lucilium« (An Lucilius. Briefe über Ethik) sind eine Sammlung von 124 moralphilosophischen Briefen;
- hinzu kommen mehrere, von der stoischen Philosophie geprägte Abhandlungen über Themen wie Zorn, Gelassenheit und Unerschütterlichkeit (»De ira«, 41–44 n. Chr.);
- die sieben Bücher umfassende Schrift über Wohltaten (»De beneficiis«, nach 54 n. Chr.);
- die für Nero verfasste Schrift über die Milde (»De clementia«, 56 n. Chr.) sowie
- neun Tragödien in Versform, die Seneca zugeschrieben werden, darunter »Agamemno«, »Oedipus« und »Phaedra«.

Aus Verweisen in diesen Texten wissen wir, dass eine ganze Reihe weiterer Schriften verloren gegangen ist. Der Kern von Senecas Philosophie wird jedoch aus seinen überlieferten Werken sichtbar. Neben dem Pragmatismus und der Umsetzbarkeit seiner Lehre sind es seine revolutionäre und unvoreingenommene Denkweise, seine systematische Strukturierung sowie seine metaphorische Sprache, die den Reiz und den anhaltenden Erfolg seiner Werke ausmachen.

Dennoch erkennt man auch bei diesem Meister eine Reihe von Schwächen. Die gravierendste ist sicher die fragwürdige Logik seines gesamten Zielsystems: Senecas höchstes Ziel war es, glücklich und unabhängig von äußeren Einflüssen zu leben (S. 19, 69). Wer aber von äußeren Einflüssen unabhängig sein will, macht sich doch wiederum abhängig von der Unabhängigkeit. Seneca tauscht damit also in Wirklichkeit nur eine Art von Abhängigkeit gegen eine andere, anstatt unabhängig zu werden (was er ja angestrebt hatte).

Wirklich unabhängig kann nämlich nur sein, wer keinen Willen und kein Ziel hat, das er erreichen möchte, denn das würde ja wieder Abhängigkeit bedeuten. Wer aber weder Wille noch Ziel hat, dem fehlt es buchstäblich an allem, letztlich sogar am Grund zu leben.

Diese Unlogik bezieht sich allerdings lediglich auf das konkrete Oberziel Senecas und damit weder auf seine Strategielehre noch seine Erfolgsmethodik, die er zur Zielerreichung anwendet. Da uns ausschließlich an Letzteren gelegen ist, mindert dieser Widerspruch nicht den Wert seiner systematischen Strategieschule.

Dasselbe gilt für weitere, nachgeordnete Kritikpunkte: Bereits Senecas Zeitgenossen warfen ihm eine bigotte Lebenshaltung vor, weil er Unabhängigkeit von Besitz und Macht predigte und zugleich selbst zu den reichsten und mächtigsten Menschen seiner Zeit gehörte. Dem höchsten Ziel »Glückseligkeit« wird ein Hungernder wenig Verständnis entgegenbringen, und so machten Senecas Lebensumstände ihn vielleicht blind gegenüber diesen Schwachpunkten seiner Lehre. Viele seiner moralischen Aussagen stehen denn auch auf dem weichen Fundament schwammiger Definitionen der Begriffe Tugend oder Glück: »Glückselig und naturgemäß leben, sind ein und dasselbe.« (S. 26) Oder: »Also in der Tugend liegt die wahre Glückseligkeit.« (S. 36)

Neben diesen inhaltlichen Anmerkungen möchte ich Sie noch auf einen methodischen Fauxpas aufmerksam machen: Obwohl Seneca erkennt, dass die Zeitdauer ein Erfolgsfaktor bei der Zielerreichung ist, vergisst er, die Bedeutung des *richtigen Zeitpunkts* herauszuarbeiten. Folgerichtig betont er den kurzfristigen Erfolg zu sehr und vernachlässigt dabei mittel- und langfristige Perspektiven. In einem sehr drastischen und skurrilen Beispiel wird die Konsequenz dieses Versäumnisses deutlich: Der Athener Cynaegyrus packte nach der Sage ein fliehendes feindliches Boot erst mit beiden Händen, um es aufzuhalten. Die Bootsinsassen schlugen ihm dieser blutrünstigen Geschichte nach die Hände ab. Anstatt aufzugeben, benutzte Cynaegyrus daraufhin seine Zähne, um das Boot aufzuhalten. (Wie die Geschichte ausgeht, ist nicht überliefert, aber die Situation klingt nicht aussichtsreich für Cynaegyrus ...) Seneca bezieht sich auf dieses Beispiel lobend mit den Worten: »Auch nachdem ihm die Hände abgehauen sind, findet einer noch Mittel, seiner Partei im Treffen zu nützen.« (S. 64) Seneca will damit offenbar ausdrücken, dass man alles versuchen muss, um das angestrebte Ziel zu erreichen. Vielleicht wäre es aber erfolgversprechender gewesen, weniger kurzfristig zu denken und stattdessen ein Schiff zu suchen, mit dem man das fliehende Boot noch hätte einholen können? Wenn der Erfolg so aussichtslos ist wie in diesem Beispiel, ist eine mittelfristige Perspektive immer vorzuziehen. Schlimmer noch: Die Hauruck-Methode führt dazu, dass sogar zukünftige Erfolge noch negativ beeinflusst werden, denn, um im Bild zu bleiben: Ohne Hände kann man im Krieg weniger ausrichten als mit.

Vielleicht spiegelt diese Textstelle aber auch nur Senecas Bestreben, seine Rhetorik der aktuellen Argumentation anzupassen, und sollte deshalb nicht überbewertet werden. An anderer Stelle widerspricht er sich nämlich, indem er betont, dass Erfolgschancen handlungsentscheidend sind: »Nur da muss man Hand anlegen, wo man das Ende entweder herbeiführen oder wenigstens hoffen kann.« (S. 67) Auf die Bedeutung der Erfolgswahrscheinlichkeit werden wir später noch einmal zurückkommen.

Abgesehen von diesen Schwachpunkten wies Senecas Werk in beispielloser Form neue Wege und Strategien zum Erfolg. Vielleicht bedurfte er dazu auch der aufgezeigten Schwächen: Wäre er nämlich weniger radikal und pragmatisch gewesen, hätte er vermutlich auch nicht die Kraft gefunden, derart losgelöst von den Konventionen seiner Zeit zu denken und Konzepte zu entwickeln.

So vertrat er beispielsweise in seiner Welt, in der Sklaverei zum Alltag gehörte und körperliche Stärke den Mann vor der Frau auszeichnete, die Gleichheit aller Menschen: »›*Sie sind Sklaven!* – Vielmehr sind sie Freunde aus einem niedrigen Stand. *Sie sind Sklaven!* – Vielmehr Mitsklaven, wenn du bedenkst, dass dem Schicksal ebenso viel erlaubt ist gegenüber beiden Ständen.‹ – ›Ich übergehe inzwischen andere Grausamkeiten und Unmenschlichkeiten, nämlich dass wir sie nicht einmal wie Menschen behandeln sondern wie Lasttiere ausbeuten.‹« (S. 224 f.) In seinen »Epistulae morales« schreibt er dazu: »Du sollst so mit deinem Untergebenen leben, wie du möchtest, dass ein Höhergestellter mit dir lebt! – Lebe sanftmütig mit deinem Sklaven, auch zuvorkommend, und lasse ihn zu zum Gespräch, zu einer Beratung und zum gemeinsamen Essen!« (S. 1–18)

Darüber hinaus trat Seneca für Nächstenliebe und Freizügigkeit ein und propagierte die Wohltätigkeit, was ihn später in die Nähe der christlichen Religion rückte: »Allen Menschen zu nützen, befiehlt die Natur; ob es Sklaven oder Freie sind, Freigeborene oder Freigelassene, von gesetzlich erworbener oder geschenkter Freiheit, welchen Unterschied macht das? Wo immer ein Mensch sich findet, da hat eine Wohltat ihre Stelle.« (S. 45)

Trotz seines revolutionären und radikalen Widerstands gegen gesellschaftliche Dogmen absolvierte Seneca eine steile Karriere. Was könnte die Wirksamkeit seiner Strategien überzeugender belegen?

Obwohl er keine explizite »Strategielehre« formulierte, schrieb Seneca doch sehr systematisch über Ziele und ihre Erreichung. Fast sein gesamtes lebensphilosophisches Werk beschäftigt sich damit, wie das Oberziel des »glückseligen Lebens« in Unterziele zerlegt und für jedermann erreichbar werden kann.

Wenn man Strategie als effizienten Plan zur Zielerreichung definiert, wie wir es eingangs getan haben, dann enthalten Senecas Werke – sieht man einmal von den moralisierenden Inhalten ab – eine unvergleichliche Strategielehre, die in der westlichen Welt ihresgleichen sucht.

Genau aus dieser Perspektive werden wir im Folgenden Senecas Thesen analysieren, um seine Weisheit für unsere moderne Welt zu erschließen. Dem Pragmatiker Seneca hätte dieser Ansatz sicher gefallen: Alle seine Ideen und Beispiele sind stark an der Praxis ausgerichtet und zielen auf die konkrete Umsetzung ab.

Verstehen

Ziel dieser Analyse ist es nicht, Seneca umfassend oder gar völlig neu zu interpretieren, sondern es geht darum, seine Strategien und Erfolgsregeln zu identifizieren und als methodische Essenz für unsere heutige Anwendung nutzbar zu machen.

Dabei ist dieser Ansatz überfällig: In zahlreichen Brevieren und Büchlein kann man Kommentare zu Senecas Lebensweisheiten finden, doch keiner dieser Texte arbeitet Senecas zentrale Strategien heraus. Stattdessen erhält der Leser Tipps zur Entspannung und zum Stressabbau sowie schablonenhafte, oberflächliche und nicht weiter hinterfragte Schönwetterweisheiten für alltägliche Problemsituationen, die den Blick eher vernebeln und wenig zum Abbau von Alltagssorgen beitragen. Der Erkenntniswert und die Umsetzbarkeit solcher Breviere folgten der Weisheit: »Nach Regen folgt Sonnenschein«. Wenn man bedenkt, dass Senecas Strategielehre ausgesprochen übersichtlich, logisch und systematisch aufgebaut ist und sich im Kern in wenigen Sätzen referieren lässt, ist dieser Umstand umso bedauerlicher. Seneca selbst formuliert es folgendermaßen: »Man muss daher zuerst wissen, worauf das Streben zu richten ist; sodann ist der Weg aufzusuchen, der am raschesten ans Ziel führt. Einmal auf dem rechten Weg, wird man sehen, wie groß die Strecke ist, die man täglich zurückgelegt hat, und wie weit noch das Ziel …« (S. 19)

Diese Systematik lässt sich auch grafisch darstellen:

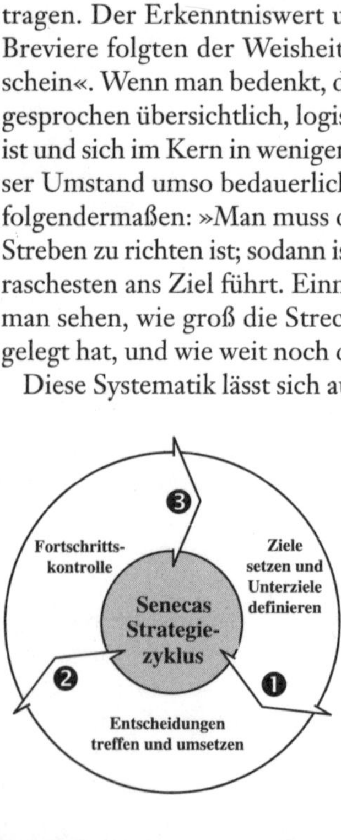

Abb. 4: Senecas Strategiezyklus in der Grundform

Lektion 4.1: Senecas Strategiezyklus in drei Schritten

1. Setzen Sie sich Ziele und zerlegen Sie sie (wenn nötig) in Unterziele.
2. Treffen Sie Entscheidungen und setzen Sie sie um.
3. Kontrollieren Sie den Fortschritt und nehmen Sie gegebenenfalls Anpassungen vor.

Setzen Sie sich Ziele und zerlegen Sie sie in Unterziele

Zunächst einmal definiert Seneca verbindliche **Zielkriterien:** »Das Nächste nun wird sein, dass wir uns mit nichts Überflüssigem oder nicht unnützerweise abmühen, das heißt, dass wir nicht entweder nach etwas trachten, was wir nicht erlangen können, oder dass wir, wenn wir es erlangt haben, die Eitelkeit unserer heißen Wünsche zu spät nach vieler Scham erkennen; ich meine, dass unsere Mühe nicht umsonst oder der Erfolg nicht der Mühe wert sei.« (S. 79)

Darin kommt zum Ausdruck, dass ein Ziel auch wirklich das bringen muss, was man anstrebt, und dass man es auch realistisch erreichen kann: »Vor allem aber ist es nötig, sich selbst zu prüfen, weil wir gewöhnlich mehr zu können glauben, als wir wirklich können.« (S. 67) Neben dem Wollen und dem Können ist es noch der Mut zur Handlung, das »Wagen«, das zur Zielerreichung erforderlich ist: »[Unzufriedenheit] entspringt aus Mangel an Selbstbeherrschung und aus ängstlichen oder nicht befriedigten Begierden, wo sie entweder nicht wagen, was sie wünschen, oder es nicht erreichen und sich ganz der Hoffnung hingeben, und stets unbeständig und wankelmütig sind, was notwendig denen begegnen muss, die ihren Wünschen nachhängen.« (S. 59)

Daraus lässt sich folgende Systematik der Zielkriterien ableiten:

- **Wollen:** Das Ziel muss tatsächlich angestrebt werden.
- **Können:** Das Ziel muss prinzipiell erreichbar sein.
- **Wagen:** Die Zielverfolgung und die dazu notwendigen Aktionen müssen durchgeführt werden.

Diese Systematik fügen wir unserer Grafik zu Senecas Strategiezyklus an:

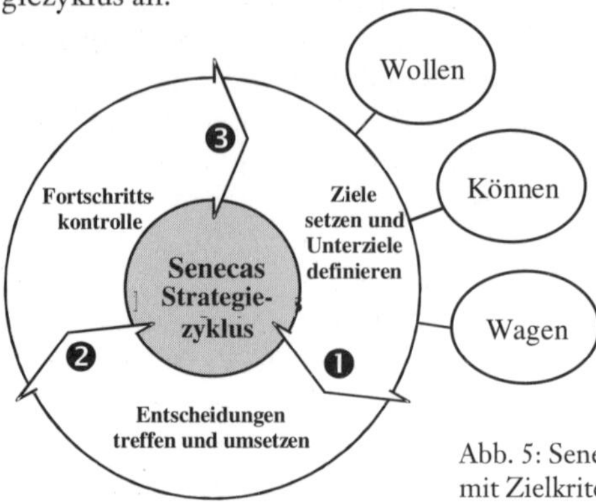

Abb. 5: Senecas Strategiezyklus mit Zielkriterien

Lektion 4.2: Wollen – Können – Wagen

Überlegen Sie 1., was Sie **wollen,** und definieren Sie damit Ihr Ziel. Prüfen Sie 2., ob Sie das Ziel auch erreichen **können**. Wenn nein, überlegen Sie Alternativen. Falls ja, überlegen Sie sich 3., ob Sie es auch **wagen** werden, das Ziel zu verfolgen. Bleiben Sie dabei unbedingt ehrlich gegen sich selbst. Falls Ihre Antwort nein ist, fahren Sie bei Lektion 4. 3. fort. Falls ja, verfolgen Sie das Ziel.

Insbesondere der dritte Punkt ist dabei interessant, weil er doch gern übersehen wird. Aus meiner Beratungspraxis weiß ich, dass genau dieser Punkt viele intelligente und talentierte Manager an einem weiteren Aufstieg hindert! Warum? Weil es hier unangenehm wird. Viel arbeiten ist gut. Dabei zuverlässig und kreativ sein, ist noch besser. Aber ab einer bestimmten Position kann Arbeit ganz schön unangenehm werden. Obwohl viele Presseberichte etwas anderes suggerieren, ist mir noch kein Geschäftsführer oder Vorstand begegnet, der *gern* Leute entlässt. Wie viel schöner ist es, Menschen einzustellen und seinen eigenen Machtbereich damit auszubauen!

Warum entlassen aber auch (und gerade) gute Chefs dennoch bisweilen sogar viele ihrer Mitarbeiter, und das *gegen* den massiven Protest der Gewerkschaften, *gegen* Anfeindungen von Kollegen und zum Schaden der eigenen Macht (die dadurch verringert wird)? Weil sie erkannt haben, dass sie nur so noch größeren Schaden abwenden können. Schlechte Chefs erkennen dies vielleicht auch, wagen es aber nicht, sich dem massiven Gegenwind auszusetzen. Und so entscheiden sie vielleicht nicht – und bringen die Firma in Gefahr oder verlieren ihren Posten und lassen andere an ihrer Stelle entscheiden. Genau hier liegt die Aufgabe der Sanierungsberater: Sie öffnen schlechten Chefs die Augen und übernehmen schwierige Entscheidungen.

Lektion 4.3: Zielverfolgung wagen

Falls Sie feststellen, dass Sie ein Ziel verfolgen wollen und es auch prinzipiell können, es aber bisher noch nicht durchgeführt haben: Fragen Sie sich in aller Offenheit, ob Sie es nicht wagen, weil Sie die Konsequenzen fürchten. Wenn Ihr Problem hier liegt, dann überlegen Sie, was passieren wird, wenn Sie das Ziel *nicht* verfolgen.

Wenn Sie sich jetzt vor Augen führen, dass die Konsequenzen des Nicht-Handelns weitaus schlimmer sein werden als die Zielverfolgung, dann wird es Ihnen leichter fallen, den Mut aufzubringen.

Vielleicht erwerben sich Top-Manager auf diese Weise ihren Ruf als »harte Knochen« oder »verkappte Kriminelle«. Dabei machen sich nur wenige klar, dass gerade in dieser Position manchmal nur noch die Wahl zwischen zwei Übeln bleibt. Dann ist es die Aufgabe von Top-Managern, das kleinere zu identifizieren und umzusetzen, auch wenn sie dafür die Prügel einstecken müssen. Bei der Wahl einer Top-Führungskraft sollte daher dieses Kriterium im Vordergrund stehen, um folgenreichen Fehlentscheidungen vorzubeugen (siehe Anwendung 4.1).

Häufig ist ein Ziel aber noch nicht konkret genug, um es sofort zu verfolgen: »Man wird schon bei gehöriger Auswahl etwas finden, worin man dem Staate nützen kann. Ist einem nicht gestattet, Kriegsdienst zu tun, so sehe er sich nach Ehrenstellen um. Muss einer als Privatmann leben, so sei er ein Redner. Ist ihm Schweigen auferlegt, so helfe er seinen Mitbürgern als stummer Anwalt. Erscheint ihm selbst das Betreten des Forums gefährlich, so sei er in Häusern, in Theatern, bei Gastmählern ein guter Kamerad, ein treuer Freund, ein maßhaltender Tischgenosse. Hat er die Wirksamkeit des Bürgers verloren, so übe er die des Menschen.« (S. 64)

Natürlich ist das Ziel »dem Staate nützen« viel zu unkonkret, um es sofort zu verfolgen. Seneca empfiehlt daher, es in Unterziele zu zerlegen, die die Frage nach dem »Wie« beantworten. Sein Konzept, das Können und Wagen zu prüfen, führt automatisch zu pragmatischen, durchführbaren Zielen.

Lektion 4.4: Unterziele definieren

Können Sie die Frage nach dem Können und Wagen in Bezug auf Ihr Ziel nicht beantworten, so müssen Sie Ihr Ziel zunächst in Unterziele zerlegen. Fragen Sie so lange nach dem »Wie«, bis Sie sich über die konkrete Zielerreichung klar werden.

Dazu ein wichtiger Hinweis: Ein Ziel nicht zu wagen bedeutet weder, ein schlechterer Mensch zu sein, noch, weniger Erfolgschancen zu haben. Hier hat sich vielmehr die Erkenntnis durchgesetzt, dass das Ziel falsch gesetzt wurde. Der oben stehende Exkurs verdeutlicht, dass bestimmte Aufgaben auch an bestimmte Voraussetzungen geknüpft sind. Wer spürt, dass er dies nicht wagen wird, muss konsequenterweise nach anderen – geeigneten – Zielen Ausschau halten: »Auch das ist zu erwägen, ob deine Natur fürs Geschäftsleben oder für ruhiges Studium und Nachdenken geeigneter ist, und dahin musst du dich neigen, wohin dich die Kraft deines Talents führen wird.« (S. 68)

Lektion 4.5: Ziele den eigenen Neigungen anpassen

Wenn Sie merken, dass die Verfolgung eines Zieles nicht Ihren Neigungen entspricht, dann überlegen Sie sich ein anderes. Ansonsten besteht die Gefahr, dass Sie entweder nicht erfolgreich sein werden oder dass Sie die Zielerreichung nicht befriedigen wird, weil sie nicht Ihren Neigungen entspricht und Sie sich selbst »verbiegen« müssten.

Treffen Sie Entscheidungen und setzen Sie sie um

Wenn Sie Ihr Ziel festgelegt haben, müssen Sie immer dann Entscheidungen treffen, wenn es mehrere Zielerreichungsalternativen gibt, die den Kriterien Wollen – Können – Wagen entsprechen. Dabei gilt es, sich für diejenige Alternative zu entscheiden, die mit der größten Wahrscheinlichkeit, das heißt mit maximalen Chancen und minimalem Risiko (Effektivität) und geringstem Aufwand (Effizienz) zum Erfolg führt. Wie bereits erwähnt, unterschätzte Seneca die Bedeutung der Effektivität bisweilen. In »Von der Gemütsruhe« hebt er diese jedoch klar hervor: »Auch muss man nichts anfangen, wovon der Rücktritt nicht freisteht; nur da muss man Hand anlegen, wo man das Ende entweder herbeiführen oder wenigstens hoffen kann. Was sich während der Arbeit weiter ausdehnt und nicht aufhören will, wo das Ende bestimmt war, das lass gehen.« (S. 67)

Seneca empfiehlt also, die Wirkung des eigenen Handelns im Hinblick auf die Zielerreichung abzuschätzen: »Sodann muss man das prüfen, worauf man sich einlässt, und seine Kräfte mit den Gegenständen vergleichen, an die man sich wagen will. Denn immer muss der Bewegende mehr Kraft haben als die Last.« (S. 67)

Lektion 4.6: Effektivität

Sortieren Sie die möglichen Zielalternativen nach folgenden Kriterien:

- Der Erfolg dieser Zielalternative ist sicher.

- Bei dieser Zielalternative steht im Fall des Misserfolgs ein neuerlicher Versuch beziehungsweise der Rückweg offen.

Sortieren Sie die Zielalternativen anschließend innerhalb dieser Kriterien absteigend nach ihrer Wahrscheinlichkeit. Falls Sie später bei der Durchführung bemerken, dass Ihre Erfolgschancen nicht eintreten oder sich verschlechtern und die Zielalternative Ihnen einen Rückweg offen lässt, nutzen Sie diese Möglichkeit und versuchen Sie es mit einer anderen.

Interessant ist in diesem Zusammenhang die Bedeutung, die Seneca dem Rückweg beimisst. Tatsächlich sind wir es gewohnt, unsere Aktionen nach den zu erwartenden Erfolgen zu bewerten. Was wir für wenig aussichtsreich halten, beginnen wir erst gar nicht. Seneca aber zeigt, dass es nicht immer effektiv sein muss, eine Zielalternative mit guten Erfolgsaussichten einer mit mittleren vorzuziehen. Eröffnet nämlich die Alternative mit den guten (keineswegs sicheren!) Chancen keinen Rückweg, die mit mittleren Erfolgschancen aber wohl, dann ist die vordergründig schlechtere Wahl durch den Faktor Wiederholbarkeit die bessere.

Bei den Börsianern gibt es eine bewährte Regel bei fallenden Kursen: »Wirf schlechtem Geld kein gutes hinterher.« Gemeint ist: Wenn sich eine Investition als schlechte Entscheidung herausgestellt hat, dann sollte man keinesfalls weiteres Geld investieren, auch wenn der Wert dann billig zu sein scheint. Besser ist es, sich zurückzuziehen, also die Aktien zu verkaufen, und sich anderen Investitionen zuzuwenden. Dies geschieht ganz in Einklang mit Seneca, der auch davor warnt, bei nicht erfüllten Erwartungen weiter zu investieren, und rät, besser neue Alternativen zu versuchen.

In einem umfassenden Simulationsmodell habe ich selbst alle DAX-Werte über viele Jahre analysiert und verschiedene Strategien verglichen. Dabei bestätigte sich eindrucksvoll: In mehr als 50 Prozent aller Fälle sinken Aktien nach signifikanten Kurseinbrüchen weiter ab, statt wieder anzusteigen. Es ist also sinnvoll, nach überraschenden Kurseinbrüchen auszusteigen und neue Anlagen zu suchen, auch wenn dies schmerzhafte Verluste bedeutet.

Viele meiner Kollegen hatten in der Internet-Boomzeit in Aktien des Neuen Marktes investiert. Wochenlang kamen sie breit grinsend ins Büro und berechneten morgens zuallererst den Wert ihres aktuellen Depots. Kommentare wie »Schon wieder 10 000 Euro gewonnen!« waren damals häufig zu hören. Doch dann brach der Markt ein und die Enttäuschung war groß. Auf einmal wollte keiner mehr etwas über seinen aktuellen Depotwert wissen. »Jetzt ist es auch egal. Mein investiertes Kapital ist nur noch die Hälfte wert, und schlimmer kann es ja kaum noch werden. Ich sitze das jetzt aus.« – So oder so ähnlich waren die Kommentare. Aber das war ein Irrtum, denn es sollte noch viel schlimmer kommen. Manche Papiere wurden ganz aus dem Handel genommen: Totalverlust! Andere sind inzwischen auf zehn Prozent oder weniger ihres ursprünglichen Wertes gefallen.

Mit Senecas Lektion hätten diese Kollegen einen großen Teil ihres Kapitals gerettet und in andere Anlageformen investiert, vielleicht sogar inzwischen wieder Gewinne realisiert. Die Regel vom »antizyklischen Verhalten«, also dem Kauf bei fallenden Kursen und dem Verkauf bei steigenden Kursen, ist eine Mär! Das mussten viele am eigenen Depot erleben. Und dabei ist nicht nur zu beachten, dass es nach Kursstürzen meist nicht wieder rasant aufwärts geht, sondern auch, dass niemand wissen kann, wie lange und wie tief die Kurse fallen werden.

Die erfolgreichen Investmentbanker verhalten sich in solchen Situationen denn auch anders: Ihre Regel lautet: »schnell handeln«. Das bedeutet: Bezogen auf Aktien ist es effektiv, bei steigenden Kursen zu kaufen und bei fallenden zu verkaufen, allerdings **so schnell wie möglich**! Am besten, Sie sind schneller als die anderen! Ein direkter Draht zum Börsenparkett ist unerlässlich, weil im Extremfall Sekunden darüber entscheiden können, ob Sie ein gutes Geschäft machen oder nicht. Und insgeheim wissen wir es doch alle: Die meisten erfolgreichen Investoren sind Profis – das gilt besonders für Zeiten, die keine ausgesprochenen Boomphasen sind.

Und hier sind wir schon beim nächsten Punkt. Ein Ziel zu erreichen ist immer mit einem gewissen Aufwand verbunden – ökonomisch formuliert: Kosten.

Seneca hat dazu einen ganz bemerkenswerten Standpunkt. Sein Hauptfokus liegt nämlich keineswegs auf dem Geld, sondern auf der (investierten) **Lebenszeit:** »Genau sind sie im Zusammenhalten ihres Vermögens; sobald es sich aber um Zeit handelt, sind sie die größten Verschwender mit dem, wobei allein der Geiz eine Tugend ist.« (S. 92) An anderer Stelle sagt er: »Wir haben nicht zu wenig Zeit, wir verschwenden zu viel davon. Auch zur Vollbringung der größten Dinge ist das Leben lang genug, wenn es nur gut angewendet wird.« (S. 90)

So einleuchtend diese Einsichten auch sind: Seltsamerweise richten wir uns im Leben selten danach. Wer denkt schon daran, wie viele Stunden er oder sie jede Woche im Auto verschwendet? Wie viele tolle Gelegenheiten man im Schlaf verpasst? Wie viele nutzlose Stunden durch Höflichkeiten und Floskeln verrinnen, die uns in Wirklichkeit nicht interessieren? Wie viele schöne Momente wir versäumen, weil wir bei tollem Wetter arbeiten und am natürlich verregneten Wochenende zu Hause die Tropfen am Fenster zählen?

Eine kleine Beispielrechnung mag dies verdeutlichen: Auf dem Weg zu meinem früheren Büro gab es insgesamt acht Ampeln mit durchschnittlichen Rot- und Grünphasen von jeweils 60 Sekunden (ich habe nachgemessen). Die durchschnittliche Wartezeit liegt also bei 15 Sekunden[12] je Ampel und Anfahrt. Für meinen Hin- und Rückweg bedeutete dies 30 Sekunden pro Tag und Ampel, also vier Minuten für alle acht Ampeln. Bei 220 Arbeitstagen pro Jahr, war dies (110 Minuten x 8 Ampeln = 880 Minuten oder 14 Stunden und 40 Minuten) mehr als ein kompletter Arbeitstag! Nun sollen Ampeln den Verkehr regeln und man kann auf sie nicht ganz verzichten. Aber sehr häufig lassen sie sich durch Kreisverkehre ersetzen. Diese sind wesentlich effizienter, denn gegenüber der Ampel wartet man dort nur etwa 1/3 der Zeit. Für unser Rechenbeispiel bedeutet dies durchschnittlich fünf Sekunden Zeitverlust. Aufs Jahr gerechnet läge die Ersparnis so bei fast 10 Stunden. Hinzu kommen noch weitere wie der Strom, den man für den Betrieb von Ampeln braucht, und die Tonnen von Abgasen und Hektoliter von Sprit, die die Umwelt nicht belasten, weil die Wartezeit verkürzt wird.

Und einmal angenommen, 1000 Autos befahren besagte Ampelkreuzungen pro Tag, dann stehlen diese acht Ampeln (bei einer Person pro Wagen) 14 667 Stunden oder 611 Tage an Zeit. Rechnet man dies in Geld um, so erkennt man, dass die Entscheidung für oder gegen einen Kreisverkehr statt einer Ampel erhebliche volkswirtschaftliche Konsequenzen hat: Bei einem durchschnittlichen Arbeitslohn von 20 Euro pro Stunde summiert sich die Wartezeit der 1000 Personen auf einen Produktivitätsverlust von 293 340 Euro für die acht Ampeln aus unserem Beispiel. Das macht also über 36 000 Euro pro Ampel und Jahr!

Eine unglaubliche Zahl? Keineswegs! Und sie sollte uns ein Anstoß sein, denn: Wir haben verlernt, unser Leben nach dem Sein zu bewerten, sondern schauen nur auf das Haben. Uns interessiert, was wir pro Stunde verdienen, aber wir beachten zu wenig, wie viele Stunden wir arbeiten müssen und welche Qualität diese Stunden für uns haben. Ich meine, wir sollten unser Augenmerk viel stärker darauf richten, ob uns durch unseren Alltag Lebensqualität entgeht und wie wir das verhindern können.

Lektion 4.7: Aufwand und Lebenszeit

Vermeiden Sie alle Aktivitäten, bei denen der Zeitbedarf schwerer wiegt als der resultierende Nutzen. Beispiele: Müssen Sie ans Handy gehen, wenn Sie dadurch eine Gewinn bringende andere Aktivität unterbrechen? Fragen Sie sich: Lohnt es sich wirklich, lange Fahrt- oder Wartezeiten in Kauf zu nehmen? Wo liegt der Gewinn, wenn man ziellos durch die Fernsehsender zappt? Wenn Sie etwas kaufen möchten: Wie viel Geld (und Zeit) müssen Sie investieren und ist es Ihnen das wert?

Wenn wir Zeit losgelöst vom Geld betrachten und sie aus der Perspektive des Nutzens für den Einzelnen bewerten, so erhält sie einen ganz anderen Stellenwert. Ein Beispiel aus der Antike: Alexander der Große besuchte den griechischen Philosophen Diogenes[13], um diesen klugen und bescheidenen Mann kennen zu lernen: »Sag, was du begehrst, und ich will es dir geben!« Darauf Diogenes: »Geh mir aus der Sonne!« Wessen Lebenszeit hat hier den größeren Nutzen? Die des Weltherrschers, der, von Äußerlichkeiten getrieben, Sieg auf Sieg türmte? Oder die des Philosophen, der selbst im Angesicht des Übermächtigen frei von äußeren Zwängen so entschied, dass es ihm möglich war, seine Lebenszeit optimal zu nutzen?

Gerade unter Bekannten und Freunden veranschlagt Seneca den Stellenwert der sinnvoll genutzten Lebenszeit besonders hoch: »Jedenfalls ist auch eine Auswahl der Personen zu treffen und zu fragen, ob sie es wert sind, dass wir ihnen einen Teil unseres Lebens opfern, ob ihnen der Verlust unserer Zeit auch wirklich zugute kommt.« (S. 67)

Lektion 4.8: Beziehungsmanagement

- Wenn Sie den Eindruck haben, dass Sie bei einem Gespräch Ihre Zeit verschwenden, dann verhalten Sie sich entsprechend: Entschuldigen Sie sich höflich und beenden Sie die Unterhaltung: »Entschuldigen Sie, ich habe noch einen dringenden Termin.«
- Wenn Ihr Gesprächspartner allzu ausschweifend ist, dann bitten Sie ihn, auf den Punkt zu kommen.
- Geizen Sie konsequent mit Ihrer Zeit und geben Sie Ihrem Gegenüber zu verstehen, dass Ihnen der Faktor Zeit wichtig ist.

Worauf es letztlich ankommt, ist ein ausgewogenes Verhältnis zwischen genutzter und investierter Lebenszeit. Statt »Dem Leben mehr Jahre geben« könnte es bei Seneca heißen: »Den

Jahren mehr Leben geben«, denn: »Was zu viel ist, ist immer von Übel.« (S. 73)

Lektion 4.9: Balance der Lebenszeit

Sie haben das Optimum erreicht, wenn Ihre investierte Lebenszeit (alle Tätigkeiten ohne Selbstzweck) ein Maximum an genutzter Lebenszeit (Tätigkeiten mit Selbstzweck) ermöglicht. Es wäre demnach also folgerichtig, kein größeres Einkommen anzustreben, wenn Ihr jetziges den Sie zufriedenstellenden Lebensstandard gewährleistet. Das Ziel muss dann lauten: Verkürzung der Zeitinvestition, also weniger zu arbeiten statt mehr zu verdienen.

Grafisch umgesetzt, sieht Senecas nunmehr vollständiger Strategiezyklus folgendermaßen aus:

Abb. 6: Senecas Strategiezyklus mit Ziel- und Entscheidungskriterien

Kontrollieren Sie den Fortschritt und nehmen Sie gegebenenfalls Anpassungen vor

Mit dem dritten und letzten Schritt von Senecas Strategiesystematik schließt sich der Kreis. Seneca fordert uns auf, ständig die Effektivität und Effizienz unserer Vorgehensweise zu prüfen. Wenn diese Fortschrittskontrolle einmal zu der Erkenntnis führt, dass der Erfolg nicht erwartungsgemäß eingetreten oder näher gerückt ist, sollten wir schnellstens Konsequenzen ziehen – denken Sie etwa an das Beispiel mit den fallenden Aktienkursen. Seneca formuliert das so: »Einmal auf dem rechten Weg, wird man sehen, wie groß die Strecke ist, die man täglich zurückgelegt hat, und wie weit noch das Ziel …« (S. 19) Und noch einmal an einer anderen Stelle: »Was sich während der Arbeit weiter ausdehnt und nicht aufhören will, wo das Ende bestimmt war, das lass gehen.« (S. 67)

Diese Einsicht gilt es nun noch in einer Lektion festzuhalten:

Lektion 4.10: Fortschrittskontrolle

Prüfen Sie regelmäßig, ob Ihre Erwartungen erfüllt wurden. Sollte dies einmal nicht der Fall sein, ziehen Sie schnell und ohne Bedauern Konsequenzen. Ihr Maßstab sollte dabei nie der entgangene Erfolg sein, sondern die Vermeidung künftiger Misserfolge.

Seneca beantwortet aber nicht nur die Frage: »*Was* muss ich tun, um erfolgreich zu sein?«, sondern er bietet auch konkrete Handlungsanweisungen an, klärt also das *Wie*. Die nachfolgenden neun Methoden stellt Seneca in einer Art »Werkzeugkasten« zur Zielerreichung bereit, denen ich die dazu passenden Eigenschaften vorangestellt habe:

- **Kommunikationskraft:** Gute Beziehungen suchen und schlechte Gesellschaft meiden.
- **Anpassungsfähigkeit:** Flexibilität und Mobilität bieten.
- **Wissen:** Experten befragen.
- **Zukunftssinn:** Pläne vorbereiten und alle Eventualitäten berücksichtigen.
- **Kreativität:** selbst neue Wege finden.
- **Rationalität:** Emotionen abweisen und streng nach Vernunftprinzipien handeln.
- **Objektivität:** Ziele kritisch hinterfragen und auch die Kosten des Erfolgs sehen.

- **Selbstkritik:** Fehler beseitigen und dem Ziel schrittweise näher kommen.
- **Realitätssinn:** realistische Erwartungen hegen.

Das Besondere an diesen Methoden ist, dass sie universell einsetzbar sind und (neben der individuellen Vorgehensweise) die Wahrscheinlichkeit der Zielerreichung erhöhen.

Darüber hinaus gibt es natürlich immer auch spezielle Methoden, die auf den jeweiligen Anwendungsfall abgestimmt sind. Sie erhöhen zwar die Wahrscheinlichkeit der Zielerreichung und des Erfolgs, erfüllen aber nicht das Kriterium der universellen Einsetzbarkeit und sind für unsere eher allgemein gehaltenen Überlegungen daher von geringerer Bedeutung. Dass sie aber ebenfalls ihren Stellenwert für die Zielerreichung besitzen, erkannte schon Seneca: »… hier hält uns ein Fußpfad, ein Hinweis anwohnender Leute auf dem rechten Weg; dort täuscht gerade der betretenste Weg am meisten. Folgen wir nicht, wie das Herdenvieh, der Schar der Vorangehenden! … Immer glaubt man nur andern, und ein von Hand zu Hand fortgegebener Irrtum lenkt uns und stürzt uns ins Verderben.« (S. 19 f.)

Lektion 4.11: Individuelle Lösungen

Neben den universellen Lösungsmethoden gibt es eine ganze Reihe von individuellen Lösungswegen. Zwar sind sie nur auf einen speziellen Fall anwendbar, können die Erfolgswahrscheinlichkeit jedoch entscheidend erhöhen.

Solche Lösungswege müssen kreativ vom Anwender erarbeitet und neben geeigneten universellen Methoden umgesetzt werden.

Neun Methoden zur Zielerreichung

Kommunikationskraft – Gute Beziehungen suchen und schlechte Gesellschaft meiden: Für Seneca hat das eigene »strategische Netzwerk« eine zentrale Bedeutung: »Wie man daher bei der Pest dafür sorgen muss, dass man sich nicht zu Personen setzt, die schon von der Krankheit ergriffen sind, weil wir da Gefahr laufen und durch das bloße Anhauchen leiden können: So müssen wir uns auch bei der Wahl unserer Freunde Mühe geben, dass wir nur solche nehmen, die so wenig wie möglich mit Lastern behaftet sind.« (S. 68)

Unsere Erfahrungen in der Businesswelt bestätigen die zentrale Bedeutung positiver Beziehungen Tag für Tag. Sehen Sie sich nur einmal an, welche Menschen in der Regel im Vorstand großer Konzerne sitzen: Selten werden Sie hier analytische Denker oder Spezialisten finden. Die meisten Vorstände sind große Kommunikatoren mit einem hervorragenden Netzwerk: Beziehungen zu Personalberatern, zu anderen Konzernchefs, zu Banken und zu Experten.

In einzelnen Bereichen im Unternehmen wird es Experten geben, die einem solchen Vorstandschef überlegen sind, doch betrifft das niemals *alle* Themen. Ein guter Geschäftsführer *macht* nicht das Geschäft, sondern er *führt* es, wie der Name schon sagt (sonst hieße es ja »Geschäftsmacher«).

Manchmal treten so genannte »Macher« sehr stark in der Öffentlichkeit hervor. Sie fallen gern auf und sonnen sich im (oft genug) kurzfristigen Erfolg. Doch schneller Erfolg verwöhnt und macht viele überheblich: Sie beginnen zu glauben, dass sie alles (besser) können, und das ist bereits der Anfang vom Ende. Denken Sie zum Beispiel an den ehemaligen Mobilcom-Chef Manfred Schmidt oder die Haffa-Brüder von EM.TV. Sie alle waren zunächst sensationell erfolgreich und wurden in der Presse entsprechend hoch gelobt.

Vielleicht haben sie sich selbst überschätzt – das Ende der Erfolgsgeschichte war jedenfalls ein ebenso sensationeller Misserfolg, der den betreffenden Unternehmen schwer zusetzte. Und genau hier liegt der Unterschied zwischen systematischen Strategien (eher langsamere, dafür nachhaltige Erfolge) und unsystematischen, situationsbedingten Erfolgen (schnelle und auffällige Erfolge auf wackeligem Fundament).

Anpassungsfähigkeit – Flexibilität und Mobilität bieten: Es ist leicht nachvollziehbar, dass ein flexiblerer und mobilerer Mensch schneller und leichter Erfolge verzeichnet als ein unbeweglicher, weil er schlicht mehr Möglichkeiten hat. Wer das Ziel hat, eine Sechs zu würfeln, wird dieses Ziel mit sechs Würfen eher erreichen als mit zwei. Seneca hebt insbesondere die Bedeutung der räumlichen Flexibilität hervor – beinahe so, als hätte er die aktuellen Pressemeldungen über unflexible Arbeitnehmer gelesen hätte: »Es spielt mehr eine Rolle, als wer du kommst, als wohin du kommst, und daher dürfen wir keinem Ort unsere Seele zusprechen. Mit folgender Überzeugung muss man leben: ich bin nicht nur für einen Winkel geboren, meine Heimat ist die ganze Welt!« – »Magst du auch in die entferntesten Länder fortgetrieben werden, [magst du] in irgendeinem Winkel des Barbarenlandes angesiedelt werden, jener Wohnsitz wird dir gastfreundlich sein, wie auch immer er beschaffen sein mag. Wichtiger ist, als wer du gekommen bist, als wohin [du gekommen bist], und deswegen dürfen wir [unsere] Seele keinem Ort überantworten.« (Epistulae moralis ad Lucilium. Nr. 16, 4–6)

Übrigens zeigt sich im Internet und speziell bei eBay die Kraft dieser Methode: Nie war es einfacher, selbst ausgefallene Dinge zu kaufen und zu verkaufen. Früher musste man monatelang nach Sammlerstücken suchen, heute genügen ein Suchbegriff und ein Mausklick – eBay hebt die regionalen Grenzen der Zeitungsinserate auf und macht eine deutschland- oder sogar weltweite Suche zum Kinderspiel. Logische Konsequenz: Die Anzahl der Angebote nimmt zu und damit auch die Wahrscheinlichkeit, das Geeignete zu finden.

Wissen – Experten befragen: Als erfolgreicher Manager muss man nicht notwendigerweise selbst in der Lage sein, Urteile über zentrale Fragen des Unternehmens abzugeben. Viel entscheidender ist es, diejenigen zu kennen, die dies können, und sich von ihnen helfen zu lassen. Frei nach dem Motto: »Ich muss es nicht selbst wissen, ich muss nur wissen, wo es steht oder wer es weiß.« Dazu Seneca: »Daher entscheide man sich über das Ziel und den Weg und sehe sich nach einem kundigen Führer um, der Ziel und Weg bereits erforscht hat.« (S. 19) Diese Strategie ist insofern richtig, weil niemand alles wissen kann und niemand alle Fragen im Zusammenhang mit einem Konzern wirklich kompetent entscheiden kann. Eine Eier legende Wollmilchsau gibt es eben nicht. Aber es gibt Hühner, Schafe, Kühe und Schweine.

Bei einem der größten Telekommunikationskonzerne in Deutschland begegnete mir einmal »Jo der Schweiger« – ein besonders drastisches Fallbeispiel: Jo war Vorstand dieses Unternehmens und dafür bekannt, dass er in den Sitzungen kaum etwas sagte. (Kommunikationskraft muss nicht bedeuten, dass man andauernd redet oder Witze reißt.) Jo war ein Zuhörer und das war derart ausgeprägt, dass er seine Gesprächspartner damit verunsicherte und sie mitunter dazu brachte, mehr zu sagen, als sie eigentlich beabsichtigt hatten. Stand eine Entscheidung an, so stellte er einige wenige Fragen an die Experten und fällte anschließend seine Entscheidung.

ZUKUNFTSSINN – PLÄNE VORBEREITEN UND ALLE EVENTUALITÄTEN BERÜCKSICHTIGEN: Grundsätzlich ist die Zukunft nie genau vorherzusagen – auch wenn Heerscharen von Wahrsagern, Astrologen und Propheten das Gegenteil behaupten und augenscheinlich gut davon leben. Selbst wenn es uns manche Entscheidung erleichtern würde, ist es doch nicht unbedingt notwendig, die Zukunft zu kennen, wenn alle möglichen Optionen berücksichtigt werden, sodass das Ziel in jedem Fall erreicht werden kann. Bereits Seneca erkannte dies: »Zu spät wird der Geist zum Bestehen der Gefahr erst nach der Gefahr gerüstet. ... Wenn du bei einem so großen Wechsel der auf- und abflutenden Ereignisse nicht alles, was geschehen kann, als einst wirklich geschehend annimmst, so gibst du dem Schicksal eine Gewalt über dich, die derjenige bricht, der das Zukünftige voraussieht.« (S. 77 f.)

In anderen Worten: Bereiten Sie immer einen »Plan B« vor und setzen Sie diesen nötigenfalls um. Eines ist dabei aber wichtig: Seien Sie kreativ und werden Sie nicht zum Nachahmer.

KREATIVITÄT – SELBST NEUE WEGE FINDEN: Es ist so einfach wie erfolglos, andere nachzuahmen. Im Marketing nennt man das übrigens »me-too« (dt. »ich auch«). Doch bereits Seneca warnte davor: »Jeder will lieber glauben als nachdenken, und so wird nie über das Leben nachgedacht. Immer glaubt man nur anderen, und ein von Hand zu Hand fortgegebener Irrtum lenkt uns und stürzt uns ins Verderben; durch fremde Beispiele gehen wir zugrunde.« (S. 20) Und: »Dort täuscht gerade der betretenste Weg am meisten. Folgen wir nicht, wie das Herdenvieh, der Schar der Vorangehenden! Wandern wir nicht, wo gegangen wird, anstatt auf dem Wege, den man gehen soll! Nichts bringt uns in größere Übel, als wenn wir uns nach dem Gerede der Leute richten, für das Beste halten, was ›allgemein angenommen‹ ist, nicht nach Vernunftgründen, sondern nach Beispielen leben.« (S. 19) Wer andere nachahmt, kann bestenfalls der Zweite sein und wird schlimmstenfalls in die falsche Richtung gehen und nie sein Ziel erreichen. Wer aber Erster werden möchte, muss neue Wege beschreiten, und um die zu finden, ist Kreativität unerlässlich.

Falls Ihnen keine spontanen, kreativen Lösungen zur Zielerreichung einfallen, können Sie sich mit so genannten Kreativitätstechniken behelfen, die ich Ihnen weiter unten vorstellen werde.

Rationalität – Emotionen abweisen und streng nach Vernunftprinzipien handeln: Diese einfachste aller Methoden bedeutet nicht mehr und nicht weniger, als sich bei jeder Aktion darüber im Klaren zu sein, wie hoch der Beitrag der Handlung zur Zielerreichung ist: »Nichts bringt uns in größere Übel, als wenn wir … nicht nach Vernunftgründen … leben.« (S. 19)

Es geht darum, rationale Entscheidungen zu treffen und die Vernunft über die Gefühle zu stellen. Gefühle und Genuss sind Seneca also nicht fremd, sondern sie sind untergeordnet: »Bei mir nimmt der Reichtum allerdings einen gewissen Rang ein, bei dir aber den höchsten und bedeutendsten; ich bin im Besitz des Reichtums, dich aber hat der Reichtum in Besitz.« (S. 43) Dieselbe Aussage finden wir noch einmal in einer anderen Formulierung: »Bei dem Weisen nämlich steht der Reichtum in Dienstbarkeit, bei den Toren übt er die Herrschaft.« (S. 48)

Objektivität – Ziele kritisch hinterfragen und auch die Kosten des Erfolgs sehen: Diese Methode enthält zwei Aspekte: Erstens die Frage, ob das verfolgte Ziel überhaupt den Erwartungen entspricht, und zweitens, ob ein anderes Ziel diesen Erwartungen nicht *besser* entspricht.

Ein Fallbeispiel für die erste Frage: Stellen Sie sich vor, Ihr Ziel ist eine Beförderung und nach einiger Zeit erreichen Sie es. Sie verfügen über ein größeres Budget und leiten ein größeres Team. Plötzlich stellen Sie fest, dass diese Beförderung nicht nur mehr Geld und Status mit sich bringt, sondern dass Ihr Chef von Ihnen im Gegenzug auch etwas anderes verlangt: Sie tragen mehr Verantwortung, kümmern sich um andere Aufgaben und müssen jetzt auch mehr arbeiten. Wenn Sie sich im Vorfeld nicht klar gemacht haben, dass Sie jetzt weniger Zeit für Ihre Familie oder Ihre Hobbys haben werden und dass in Ihrer Firma jetzt mehr auf Ihren Schultern lastet als je zuvor, wenn es Ihnen also an der nötigen Objektivität gemangelt hat, dann erleben Sie am eigenen Leib, dass Ihr Ziel nicht Ihren Erwartungen entspricht.

Seneca führt Beispiele an, in denen Menschen sich Ziele setzten, deren Erreichung mit größerer gesellschaftlicher Anerkennung verbunden war, und die einen hohen Preis dafür zahlen mussten: die Selbstaufgabe. Sein Fazit: »So will ich lieber etwas suchen, was als gut erprobt ist und wovon ich einen Genuss habe, nicht etwas, womit ich prunken kann; was man anschaut, wovor man stehen bleibt, was einer dem andern mit Erstaunen zeigt; das glänzt von außen, inwendig aber ist's elend.« (S. 21)

Sich diese Erkenntnis deutlich zu machen bedeutet, eben auch immer die Vorteile den Nachteilen gegenüberzustellen. Die Unzufriedenheit über sich selbst und die Nachteile des eigenen Lebens kann dann im Vergleich plötzlich zur Zufriedenheit werden. So werden in jedem Boulevardblatt Prominente, Reiche und Adlige bewundert. Wer denkt schon daran, dass diese Menschen oft kaum noch ein Privatleben haben, auf Schritt und Tritt verfolgt werden und oft Gefangene ihrer Rollen sind? So erklärt sich auch, warum so viele Prominente ins Ausland gehen: Sie können dort wieder einigermaßen »normal« leben. Sie fliehen also vor ihrem Leben zu Hause. Eigentlich doch keine erstrebenswerte Situation, finden Sie nicht?

Das sieht auch Seneca so: »Zugleich wirst du einsehen, wie viel weniger Not dir dein Missfallen an dir selbst macht als denen, die, an einen glänzenden Posten gebunden und unter der Last eines großen Namens seufzend, mehr aus Ehrgefühl als aus Neigung in ihrer Vorstellung beharren.« (S. 58)

Jede erfolgreiche Strategie hat also auch eine negative Seite. Ich nenne diese Seite die »Kosten« des Erfolgs. Und weil diese Erfolgskosten manchmal höher werden können als der Nutzen, sind immer beide Seiten der Zielerreichung selbstkritisch und möglichst objektiv abzuwägen.

SELBSTKRITIK – FEHLER BESEITIGEN UND DEM ZIEL SCHRITTWEISE NÄHER KOMMEN: Seneca zufolge erreichen wir unser Ziel, wenn wir die eigenen Fähigkeiten und Möglichkeiten kritisch einschätzen und jeden Tag versuchen, ein Stückchen besser zu werden: »... der nicht weiß, dass er einen Fehler begeht, will sich nicht bessern; es ist notwendig, dass du dich selbst tadelst, bevor du dich besserst; gewisse Leute rühmen sich ihrer Laster – glaubst du, dass diejenigen, die ihre Fehler zu den Tugenden zählen, überhaupt über ein Heilmittel nachdenken? Daher, so viel du kannst, beschuldige dich selbst und erforsche dich! Übernimm zuerst die Rolle des Anklägers, dann die des Richters und zuletzt die eines Fürsprechers. Gib dir mal einen Ruck!« (»Reisen und innerer Friede«. In: »Epistulae moralis ad Lucilium«, Nr. 28)

Und: »Fordere also von mir nicht, dass ich den Besten gleich sei, sondern nur besser als die Schlechten. Das ist mir schon genug, wenn ich täglich etwas von meinen Fehlern ablege und mir meine Verirrungen vorwerfe.« (S. 37)

Fast scheint es, als hätte Seneca den Spruch »Nobody is perfect« gekannt und ihn noch ergänzt: »... and I don't even try to be, but I'm simply *better than you* ...«. Wer jetzt meint, Seneca habe keinen Ehrgeiz gehabt, der irrt. Ihm ging es nur nicht darum, der Beste zu sein, sondern er wollte einfach »nur« besser sein als die anderen.

Eine kleine Geschichte bringt es auf den Punkt: Zwei Touristen auf Safari sitzen beim Frühstück und unterhalten sich darüber, wie groß die Gefahr sei, einem Löwen zu begegnen, und was in diesem Fall zu tun sei. Keiner der beiden besitzt eine Waffe, sodass Kreativität bei der Verteidigung gefragt ist. »Ich nehme eine Eisenstange mit, um mich zu verteidigen«, sagt der eine. Darauf der andere: »Ich ziehe heute meine Sportschuhe an.« – »Wieso? Du glaubst doch nicht, dass du damit schneller bist als der Löwe?«, entgegnet der Erste. Darauf der andere: »Nein, aber schneller als du mit deiner Eisenstange ...«

Realitätssinn – realistische Erwartungen hegen: »Als Kind wollte ich immer Astronaut werden und zum Mond fliegen. Heute möchte ich viel lieber zum Mars ...« Träume inspirieren unser Leben und unseren Alltag. Häufig sind sie auch eine Quelle für Kreativität, Musik, Bücher und Filme, und sie können eine wesentliche Ursache für ein Ziel sein. Doch wenn es darum geht, erfolgreich zu sein, muss man Traum und Ziel scharf trennen: Ein Traum muss nicht der Realität standhalten (deshalb ist es ja ein Traum, eine Vorstellung), ein Ziel schon. Ein Traum kann unerreichbar sein, ein Ziel nicht. Diese Trennung fällt jedoch oft schwer. Besonders Kinder unterscheiden meist gar nicht zwischen Traum und Ziel. Sie wollen eben Astronaut werden.

Das Gute daran ist, dass wir so Hinweise für sinnvolle Ziele bekommen. Nur selbst belügen sollten wir uns nicht, weil wir dann enttäuscht werden und unsere Kraft für die Zielverfolgung verschwendet haben: »Denn du darfst nicht glauben, dass wir mehr durch fremde als durch eigene Schmeichelei zugrunde gehen. Wer wagt es, sich selbst die Wahrheit zu sagen?« (S. 57) Was erstrebenswert ist, was wir uns wünschen und wovon wir träumen, das würden wir doch so gern erreichen. Und der Wunsch verführt uns leicht dazu, uns zu überschätzen: »Vor allem aber ist es nötig, sich selbst zu prüfen, weil wir gewöhnlich mehr zu können glauben, als wir wirklich können.« (S. 67)

Stattdessen sollten wir jeden noch so schönen Traum an den Möglichkeiten messen, die uns geboten sind, bevor wir uns den Traum zum Ziel setzen: »Sodann muss man das prüfen, worauf man sich einlässt, und seine Kräfte mit den Gegenständen vergleichen, an die man sich wagen will. Denn immer muss der Bewegende mehr Kraft haben als die Last.« (S. 67)

Wenn Sie allerdings feststellen, dass sich ein Traum (noch) nicht als Ziel eignet, müssen Sie ihn nicht aufgeben. Er bleibt eben ein Traum, und vielleicht verändert die Zukunft Ihre Möglichkeiten, sodass Sie sich den Traum zum Ziel setzen können, oder Sie verändern den Traum, damit er realistisch erreichbar wird.

Anwenden

Um die wichtigsten Lektionen von Senecas Strategielehre praktisch anzuwenden, habe ich für Sie fünf Übungen entwickelt, die sich mit folgenden Fragestellungen beschäftigen:

1. Die Auswahl von exzellentem Führungspersonal
2. Risikoarme Aktienanlagestrategie
3. Mehr Zeit für sich selbst
4. Kreativität verbessern
5. Ziele hartnäckig verfolgen

Die Auswahl von exzellentem Führungspersonal: Exzellente Führungskräfte sind selten. Daher sollte man auf ihre Auswahl besondere Sorgfalt verwenden. Eine Fehlbesetzung bei einer Vorstands- oder Geschäftsführungsposition kann nicht nur teuer werden, sondern auch verheerende Konsequenzen für die Firma haben.

Ein sehr wichtiges, jedoch meist übersehenes oder nicht berücksichtigtes Kriterium bei der Auswahl ist der Mut und die Bereitschaft, (für sich selbst oder für andere) nachteilige Entscheidungen zu treffen. In der folgenden Anwendung sehen Sie, wie dieses Kriterium geprüft werden kann. Fragen Sie sich auch selbst, wie Sie in der beschriebenen Situation handeln würden.

Anwendung 4.1: Führungspersonal auswählen

- Wenn Sie sich für einen oder zwischen mehreren Kandidaten für eine Führungsposition entscheiden müssen, dann sollten Sie die folgende Frage mit einbeziehen: Findet der Kandidat den Mut, Entscheidungen zu treffen, die für ihn selbst unangenehm oder nachteilig sind?
- Entwerfen Sie ein Szenario, in dem sich der Kandidat zwischen zwei Optionen entscheiden muss, die beide keinen Vorteil versprechen, bringen Sie ihn also in eine Zwickmühle. (Bevor Sie weiterlesen, fragen Sie sich: Wie würden Sie hier entscheiden?)

- Kann sich der Kandidat nicht festlegen, ist er durchgefallen.
- Entscheidet er sich dagegen für eine Option, dann fragen Sie ihn nach dem Grund. Sagt er, dass er das kleinere Übel gewählt hat, hat er den Test bestanden.

Sehr beliebt ist die Schelte von Managern und Unternehmern in der Presse, die solche Entscheidungen treffen. Aber wer fragt jemals, welche Alternative es denn gegeben hätte? Niemand. Weil in der Wahrnehmung der meisten Menschen nur Fakten Realitätswert besitzen und Möglichkeiten bedeutungslos sind, wenn sie nicht zu Realitäten werden. Dass diese Sichtweise falsch ist, werden wir später bei Clausewitz noch ausführlich sehen.

Risikoarme Aktienanlagestrategie: Exzellente Aktienanlage ist genauso schwierig wie gewinnträchtig. Die letzten Jahre haben gezeigt, wie viel Geld gewonnen und verloren werden kann. Die hochgelobte »Volksaktie Telekom« war ein katastrophaler Flop, und irgendein unbekanntes Randunternehmen mag ein Renner werden. Das Problem ist: Niemand weiß es! Egal, was Ihnen selbst ernannte Experten erzählen, egal, wie viele Kostolany-Bücher Sie lesen: Niemand weiß, welche Anlage in der Zukunft mehr wert sein wird als heute.

Das viel zitierte antizyklische Verhalten ist undurchführbar, weil erst ex post, also nachträglich, sichtbar wird, ob das Verhalten (also der Kauf oder Verkauf) zyklisch oder antizyklisch war! Dazu eine Grafik:

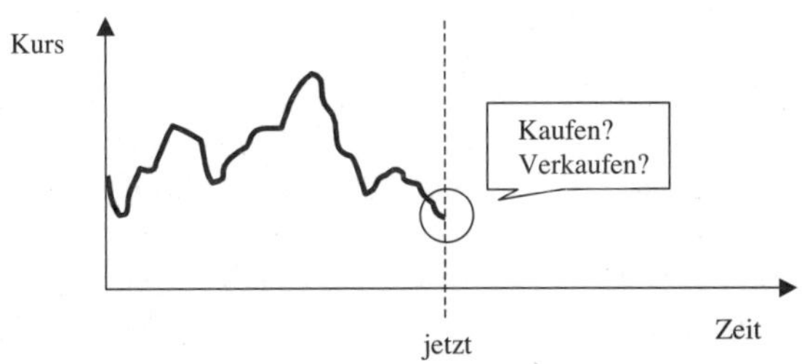

Abb. 7: Eine typische Entscheidungssituation an der Börse

Würden Sie kaufen oder verkaufen? Was sagt Ihnen die Regel des antizyklischen Verhaltens – nämlich bei fallenden Kursen kaufen und bei steigenden Kursen verkaufen – bei dieser ganz typischen Anlagesituation? Antwort: nichts. Man könnte meinen, dass in der Grafik eine Kaufsituation dargestellt ist, denn die Kurse sind ja aus dieser Perspektive in der unmittelbaren Vergangenheit gefallen, und demnach wäre jetzt »Kaufen« das propagierte, antizyklische Verhalten. Dumm ist nur, dass sich ein Verhalten immer nur im Vorher-Nachher-Vergleich als zyklisch oder antizyklisch herausstellt! Und die Wahrscheinlichkeit, dass die Kurse in Zukunft steigen oder fallen werden, ist genau 50 : 50 (außer Sie besitzen Insider-Informationen, was wir einmal ausschließen wollen).

Wie wir schon im Kapitel »Verstehen« gesehen haben, ist es statistisch nicht so, dass ein seit längerem fallender Kurs mit größerer Wahrscheinlichkeit wieder steigen wird. Genau wie beim Lotto: Wenn seit zwei Jahren keine 17 mehr gezogen wurde, so ist die Wahrscheinlichkeit, dass die 17 bei der nächsten Ziehung kommt, trotzdem genauso hoch oder niedrig wie die aller anderen Zahlen!

Hier hilft Ihnen die Regel des »blitzzyklischen« Verhaltens:

Anwendung 4.2: »Blitzzyklisches« Verhalten bei Aktienanlagen

Wenn Sie mit Aktien spekulieren, vergessen Sie die Regel des »antizyklischen Verhaltens«. Es ist analytisch nachgewiesen, dass die Regel des schnelleren oder, wie ich es gern nenne, »blitzzyklischen« Verhaltens die Erfolgsaussichten verbessert:

- Wenn die Kurse zu steigen beginnen, kaufen Sie so schnell wie möglich mit einem Limit nicht weit oberhalb der laufenden Kurse.
- Wenn die Kurse zu sinken beginnen, verkaufen Sie so schnell wie möglich mit einem Limit so weit unterhalb der laufenden Kurse, dass das zu verkaufende Paket mit großer Wahrscheinlichkeit auch komplett verkauft wird. (Das Limit setzen Sie, weil Sie damit vermeiden, beim Verkauf am Ende

der langen Schlange von Verkäufern zu stehen. Jeder Broker hat das Ziel, möglichst viele Aufträge auszuführen, und kombiniert sie so, dass er sein Ziel weitgehend erreicht.)[14]

Blitzzyklisches Verhalten bedeutet einfach, dass Sie schneller bzw. früher als die meisten anderen eine Kursentwicklung sehen und darauf deshalb auch früher reagieren können. Damit verschaffen Sie sich einen geldwerten Vorteil, der ausnahmsweise einmal nicht zu versteuern ist. In unserer Grafik sieht das dann so aus:

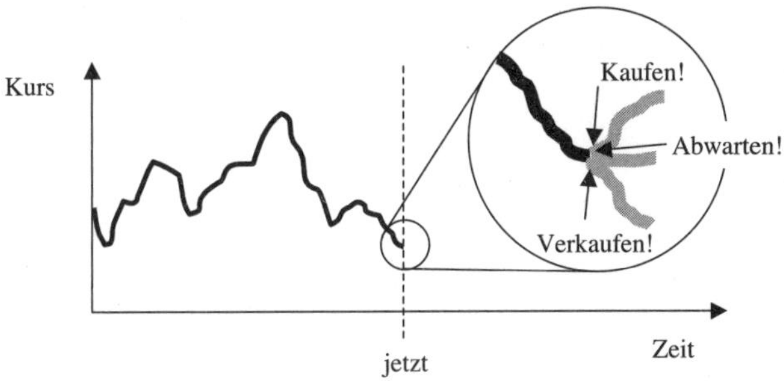

Abb. 8: Dieselbe Entscheidungssituation wie eben, diesmal mit blitzzyklischem Verhalten

Sie kennen durch Ihre frühe Information etwas (nämlich die aktuelle Kurstendenz), von dem Sie wissen, dass es andere erst später erfahren werden und daher auch erst später reagieren können. Wenn Sie also sehen, dass der Kurs mit den ersten Käufern zu steigen beginnt, kaufen Sie auch schnell und warten dann auf die Masse der Käufer, die den Kurswert weiter in die Höhe treiben und Ihren Kauf damit lukrativ machen wird. Eines muss dazu allerdings noch gesagt werden: Diese Taktik funktioniert nur mit Werten, von denen hohe Volumina kleiner und meist langsamer Anleger gehandelt werden (damit Sie von der langsamen Masse profitieren können, muss es natürlich eine solche Masse überhaupt geben), und außerdem kann man mit solchem »Daytrading« nicht mal eben nebenbei spekulieren, sondern muss sich intensiv um Kurse und schnelle Reaktionen bemühen. Ein Tipp dazu: Erkundigen Sie sich über den Anteil der Kleinaktionäre und bei Onlinebanken über die jeweiligen Reaktionszeiten. Einige ermöglichen inzwischen den Handel in Profigeschwindigkeit.

Mehr Zeit für sich selbst: Gehören Sie auch zu den Menschen, die sich immer wieder ärgern, dass sie achtlos ihre Zeit vor dem Fernseher, im Internet, am Telefon etc. vergeudet haben? Bei Seneca finden Sie Abhilfe:

Anwendung 4.3: Zeitgeiz Teil 1

- Erstellen Sie eine Liste mit allen Tätigkeiten, die Sie regelmäßig ausführen (zum Beispiel essen, fernsehen, zur Arbeit fahren, Einkaufen gehen, telefonieren, in den Urlaub fahren etc.).
- Notieren Sie dann auf einem eigenen Blatt die Details zu diesen Tätigkeiten, zerlegen Sie also jede Tätigkeit in einzelne Schritte.
- Überlegen Sie, welche dieser Einzeltätigkeiten Sie gern tun und welche ungern. Bei jedem »ungern«, das Sie vergeben, überlegen Sie anschließend, ob und wie Sie daraus eine angenehme Aktion machen können oder wie Sie ihre Dauer zumindest verkürzen können.

Anwendung 4.4: Zeitgeiz Teil 2

Führen Sie für einige Wochen ein Ritual ein:

- Denken Sie immer abends über den Tag nach und überlegen Sie, was Sie gern gemacht hätten, wozu Sie aber nicht gekommen sind (Wunschliste).
- Dann überlegen Sie weiter, was Sie tatsächlich gemacht haben, und wozu Sie besonders lange gebraucht haben (Ist-Liste).

- Vergleichen Sie die beiden Listen und legen Sie für den folgenden Tag fest, was Sie nicht mehr tun möchten und was Sie stattdessen tun werden.

Beispiele für erfolgreichen Zeitgeiz:

- Nutzen Sie lange Autofahrten, um Hörbücher, Sprachkurse oder Ähnliches anzuhören und sich so weiterzubilden.
- Sofern Sie flexible Arbeitszeiten haben oder andere Aktivitäten vor oder nach der Arbeit erledigen können (z. B. Sportstudio): Verkürzen Sie Ihren Weg zur Arbeit, indem Sie außerhalb der Stoßzeiten fahren und damit Wartezeit im Stau vermeiden.
- Fahren Sie morgens so spät wie möglich ins Büro: Abends kann man Sie spontan aufhalten (»Lassen Sie uns das doch noch mal durchgehen …«), aber morgens kann Sie niemand zwingen, früher als üblich zu kommen, weil Sie noch nicht erreichbar sind (schalten Sie deshalb morgens lieber Ihr Telefon aus, wenn Sie einen rücksichtslosen Chef haben …). Und wer Sie sprechen möchte, kann dies eine Stunde später auch noch tun. So minimieren Sie Ihren Zeiteinsatz! Allerdings bleibt eines natürlich klar: Ihre Arbeit muss getan sein. Es ist sicher keine gute Idee, morgens spät zu kommen und abends nicht fertig zu werden. Das hängt davon ab, welche Arbeit Sie haben und wie Sie sie einteilen können. Jedenfalls kommt ein guter Chef mit diesem Prinzip auch gut klar, weil er weiß, dass seine Mitarbeiter die Möglichkeit, sich Zeit herauszuarbeiten, als Motivation empfinden und deshalb besonders schnell arbeiten werden, und das wiederum ist gut für die Firma oder den Kunden.
- Gewöhnen Sie sich an, einen (systematischen) Einkaufszettel zu schreiben und sich im Geschäft strikt daran zu halten. Sie werden sich wundern, wie viel Zeit (und Geld) Sie sparen!
- Parallelisieren Sie Tätigkeiten, essen Sie zum Beispiel beim Nachrichtenschauen (wenn Sie das sowieso tun wollten), dann sparen Sie Zeit und haben mehr übrig für andere

Dinge. Ausnahme: Das Essen selbst wird zelebriert, dann ist es ja der Selbstzweck.

- Lassen Sie sich nicht von anderen Zeit stehlen. Nehmen Sie zum Beispiel Filme von Privatsendern auf Video auf und schauen Sie sie später an, sodass Sie in den Werbepausen einfach vorspulen können, um pro Film eine gute halbe Stunde Zeit zu sparen!

Vor einiger Zeit fuhr ich zu IKEA, um dort günstig eine Büroausstattung zu kaufen. Weil ich dank Katalog schon vorher genau wusste, was ich brauchte, war mein Wagen schnell voll geladen. Als ich zur Kasse kam, traf mich der Schlag: endlos lange Schlagen und die Aussicht auf eine lange Wartezeit. Ich ließ den Wagen stehen und ging zum Informationsstand, wo ich dem Mitarbeiter mitteilte, dass ich nicht bereit wäre, wegen der Personalpolitik dieses Möbelhauses meine Freizeit zu opfern. Durch diesen Umstand hatte IKEA nicht nur einen Kunden verloren, sondern es war auch zusätzliche Arbeitskraft nötig, um die ausgesuchten Waren wieder an ihren Platz zu räumen. Würden alle Kunden so reagieren, wären solche unzumutbar langen Warteschlangen schnell Vergangenheit.

Interessant ist übrigens: Meine Lektorin hat diese Passage gelesen und kommentierte, dass dies doch eine Folge der günstigen Preise von IKEA sei und man dies demnach als Kunde quasi hinnehmen müsse als Ausgleich für die hohen Einsparungen beim Einkauf. Diese Vorstellung ist allgemein verbreitet, und die Geschäfte mit »Billigimage« zelebrieren das natürlich, weil es das gewünschte Image ja noch verstärkt. Aber dazu passt die Tatsache nicht, dass die Gewinnspanne bei typischen Billiggeschäften (wie z. B. Aldi, Lidl oder eben auch IKEA) um das Zwei- bis Dreifache über der von Normalgeschäften liegt. (Die Fachleute unterscheiden hier Lebensmittel und Nicht-Lebensmittel, also »Food« und »Non-Food«. Die Gewinnspannen bei Lebensmitteln liegen bei Billiganbietern bei fünf bis acht Prozent, bei normalen Einzelhändlern bei zwei bis vier Prozent. Bei Nicht-Lebensmitteln ist die Gewinnspanne noch viel höher.)

Deshalb sind die Aldi-Brüder ja auch die reichsten Menschen Deutschlands! Fazit: Die Billigpreise werden durch hohe Einkaufsmengen (Verhandlungsmacht), durch billige Produktionsstandorte, durch hohen Umsatz und manchmal auch durch reduzierte Qualität erreicht. Der schlechte Kundenservice ist überwiegend Billigimage und hat nichts mit den Preisen zu tun. (Übrigens: Bei Aldi werden Sie so etwas auch eher nicht erleben, denn sobald die Schlange eine gewisse Länge erreicht hat, wird eine weitere Kasse geöffnet. Aldi weiß eben: Wenn es etwas zu kassieren gibt, bedeutet dies Umsatz und damit Gewinn, und das kann ja eigentlich gar nicht schnell genug gehen.)

KREATIVITÄT VERBESSERN: Für das Management-Coaching wurden Methoden entwickelt, um Kreativität zu fördern und die vielfältigen Ideen, die in Gruppen entstehen, auf ein Ziel zu fokussieren. Nach wie vor ist die wohl beste Methode das Brainstorming. Versuchen Sie es selbst:

Anwendung 4.5: Kreativitätstechnik Brainstorming

Formulieren Sie eine Fragestellung zu Ihrem Ziel und bitten Sie ein paar gute Freunde, Ihnen bei der Beantwortung zu helfen. Gehen Sie dabei folgendermaßen vor:

- Erläutern Sie genau, worum es Ihnen geht.
- Bitten Sie anschließend alle, ihren Gedanken auf der Suche nach einer Antwort freien Lauf zu lassen.
- Schreiben Sie alle Vorschläge mit, ohne sie zu bewerten.
- Wenn niemandem mehr etwas zu Ihrem Problem einfällt, beginnen Sie, die Vorschläge nach dem Prinzip der Ähnlichkeit zu ordnen.
- Anschließend besprechen Sie gemeinsam, welche Idee unter welchen Bedingungen zum Ziel führen wird.
- Damit haben Sie ein gutes Fundament zur Auswahl der besten Strategie. Sie werden sehen, dass einige der Ideen ungewöhnlich und kreativ sind und Sie selbst allein vielleicht nicht so viele Ideen gehabt hätten.

Ziele hartnäckig verfolgen: Auf den ersten Blick scheint es kein Problem zu sein, dass man sein Ziel stets im Auge behält: »Warum sollte das auch schwer sein?«, könnten Sie jetzt fragen. »Wenn ich reich werden will, denke ich doch ständig daran, mehr Geld zu verdienen. Das kann ich dann ja gar nicht aus den Augen verlieren.« Aber beim näheren Hinsehen wird die Sache schnell kompliziert: Denken Sie nur an den Geizkragen Dagobert Duck, der zwar (stink-)reich geworden ist, der aber gar nicht mehr weiß, weshalb er so viel Geld haben wollte. Das Bad im Geldspeicher war wohl nicht sein Ziel, auch wenn er es jetzt genießt.

In den wenigsten Fällen ist es der Selbstzweck des Geldes, der die Menschen antreibt, mehr und mehr davon zu besitzen. Die meisten haben mit ihrem zukünftigen Reichtum etwas vor, zum Beispiel möchten sie finanziell unabhängig leben oder bestimmte Dinge kaufen etc. Wenn sie erfolgreich ein Vermögen aufgebaut haben, sind viele nur noch damit beschäftigt, es zu verwalten und zu mehren. Und dann war das zwar ursprünglich nur der Weg zum Ziel, plötzlich wurde es dann aber so wichtig, dass das eigentliche Ziel in den Hintergrund getreten ist.

Mit einem ganz einfachen Trick können Sie sich allerdings überlisten und so immer Ihr Ziel im Auge behalten: Bilden Sie eine Kette aus Warum-Fragen und sorgen Sie dafür, dass diese nie abreißt:

Anwendung 4.6: Dreimal Warum

Geben Sie sich zu keiner Zeit damit zufrieden, Ihre Ziel nur zu kennen. Fragen Sie sich, warum Ihr Ziel Ihr Ziel ist und was genau Sie damit bezwecken. Dringen Sie in drei Schritten bis zur Quelle Ihrer Motivation vor:

1. Fragen Sie »warum?« und geben Sie sich eine Antwort.
2. Hinterfragen Sie diese Antwort mit einem weiteren »Warum?«
3. Hinterfragen Sie die zweite Antwort ebenfalls.

Durch dieses Vorgehen werden Sie vieles über sich selbst und den eigentlichen Sinn Ihres Lebens erfahren. Diesen Sinn, in dem sich die Quelle Ihrer Ziele befindet, dürfen Sie niemals aus den Augen verlieren! Wiederholen Sie diese Übung daher regelmäßig.

Die Methode »Dreimal Warum« stammt übrigens vom japanischen Management-Coach Masaaki Imai, der in den 90er Jahren mit seiner Lehre »Kaizen« berühmt wurde. Wieder einmal ist es überraschend, wie sich östliche und westliche Lehren ergänzen, doch dazu mehr am Ende dieses Buches.

5 Machiavelli: Der Fürst

Steckbrief

Kurzbeschreibung: »Der Fürst« ist ein recht kompaktes Werk von 124 Seiten, in dem der Kleinadlige Machiavelli Empfehlungen zur Gewinnung und Erhaltung der Alleinherrschaft systematisch formuliert. Dabei werden Mord, Gewalt, Wortbruch und Opportunismus als Mittel empfohlen, was den hohen Bekanntheitsgrad des Buches und den Begriff »Machiavellismus« begründet hat. Das Buch ist irreführend, weil unkritische Nachahmung zum Misserfolg führen muss. Eine heute anwendbare, sinnvolle Strategieschule erschließt sich daher erst nach kritischer Interpretation.

Zielsystem: Oberstes Ziel sind die Machtgewinnung und der Machterhalt (»Alleinherrschaft«).

Zahlen, Daten, Fakten:
3. 5. 1469: Niccolò Machiavelli wird in Florenz geboren.
1492–1502: Tätigkeit in der florentinischen Staatskanzlei.
1503–1513: Politische und militärische Erfolge (unter anderem im Jahr 1509 militärische Leitung der Belagerung Pisas); Vertrauter von Papst Julius II.
1513: (Fälschlicherweise) Beschuldigung der Verschwörung gegen die mächtigen Medici, Machiavelli wird festgenommen und gefoltert, jedoch auf Anweisung des Kardinals freigelassen.
1513–1527: Schriftstellerische Tätigkeit, Tod am 22. 6. 1527 in Florenz.

Die drei größten Stärken:
- Machiavellis Thesen lassen sich heute auf folgende Bereiche übertragen: Aktien und Beteiligungen, Management und Führung sowie der Konkurrenzkampf im Markt (nur aus der Machtperspektive!).
- Systematischer Aufbau.

- Ungeschminkte Denkansätze und Formulierungen, keine »politisch korrekte« Schreibe.

Die drei größten Schwächen:

- Macht wird als Selbstzweck und nicht als Mittel zur Zielerreichung gesehen.
- »Der Fürst« differenziert nicht zwischen kurzlebigem und dauerhaftem Erfolg.
- Die Lehre bezieht sich nur auf Erfolge, die durch Macht erreicht werden können.

Schnittstellen mit anderen Schulen und Lehren:

- Seneca lehrt als Ziel, keiner Macht unterworfen zu sein (passiver Ansatz). Machiavellis Ziel dagegen ist es, Macht aktiv auszuüben (aktiver Ansatz). Senecas Lehre ist umfassender, denn sie lässt auch »machtlose« Erfolge zu.
- Ähnlichkeiten mit Sun-Tsu: Beide waren Militärführer im Dienst eines Herrschers, beide teilen das Verständnis über die Rolle des Herrschers (»Moral ist, was der Herrscher will«) und empfehlen den Opportunismus.

Wissen

Italien um 1500 war eine Ansammlung militärisch schwächelnder, aber kulturell glänzender Stadtstaaten, die von untereinander zerstrittenen Adelshäusern regiert wurden. Meist führten sie ihren Herrschaftsanspruch auf Geld und Beziehungen zurück statt auf das Erbrecht oder Gott. Im übrigen Europa streckten unterdessen erstarkende Monarchien – allen voran Frankreich und Spanien – nach dem kulturell und machtpolitisch bedeutenden Italien ihre Hände aus.

In dieser Welt lebte Niccolò Machiavelli als Angehöriger des niederen Adels in Florenz, wo er 1469 geboren wurde, 1502 heiratete und 1527 im Alter von 58 Jahren auch starb. Er empfand die Kleinstaaterei seiner Heimat zeitlebens als Nachteil, den zerstörerischen Zugriff auf die hoch stehende Kultur seiner Heimat durch die »Barbaren« im Norden und Westen als Qual. So ist »Der Fürst«, ab 1513 entstanden, in erster Linie als Appell an die italienischen Herrscher gedacht, sich endlich zu einigen und unter einem gemeinsamen Führer gegen fremde Besatzer vorzugehen. Vor diesem Hintergrund ist auch der Begriff »Alleinherrschaft« zu verstehen: Machiavelli ging es keinesfalls um die Diktatur eines Einzelnen, sondern vielmehr um eine von außen unabhängige, autonome und in diesem Sinn mächtige Regierung. Doch »Der Fürst« verfehlte seinen Zweck.

Das Buch wurde erst 1532, rund 18 Jahre nach seiner Vollendung, gedruckt. Machiavelli war zu diesen Zeitpunkt bereits gestorben. Bekannt geworden ist es nicht wegen seines patriotischen Inhalts, und es fand auch unter den Fürsten und ambitionierten Herrschern keine Verbreitung. Stattdessen rüttelten Machiavellis Thesen das einfache Volk wach, weil sie durch Beispiele und Empfehlungen belegt werden, die die Niedertracht von Herrschern dokumentierten: Sie logen, betrogen, mordeten, hängten ihr Fähnchen in den Wind, wurden wortbrüchig und leisteten der Gewalt Vorschub. Dies war der eigentliche Skandal, den das Buch heraufbeschwor, denn die Menschen erfuhren, wer sie regierte – eine Bande von Kriminellen: »Denn oft muss er [der Fürst], um seine Stellung zu behaupten, gegen Treu und Glauben, gegen Barmherzigkeit, Menschlichkeit und Religion verstoßen. Daher muss er ein Gemüt besitzen, das sich nach den Winden und dem wechselnden Glück zu drehen vermag ...« (S. 88) Und: »Ein kluger Herrscher kann und soll daher sein Wort nicht halten, wenn ihm dies zum Schaden gereicht und die Gründe, aus denen er es gab, hinfällig geworden sind.« (S. 87) An anderer Stelle heißt es quasi zusammenfassend: »Woraus sich ergibt, dass der, welcher einen Staat an sich reißen will, alle notwendigen Gewalttaten vorher bedenken und sie auf einen Schlag ausführen soll, um nicht jeden Tag wieder anfangen zu müssen.« (S. 53)

Krasser könnte der Gegensatz zur Selbstdarstellung der Herrscher nicht gewesen sein, und Machiavelli entlarvte sie allesamt: die von Gottes Gnaden Eingesetzten, Heiligen, Barmherzigen, Wohltätigen, Gnädigen, Ehrlichen und Gerechten. Welten prallten aufeinander, und »Der Fürst« zerstörte alle Klischees. Freilich erhöhte das auch den Bekanntheitsgrad, oder es war verkaufsfördernd, wie man heute sagen würde.

Der Nachteil dieser Streitschrift zeigte sich allerdings dort, wo sie auf unkritische Leser stieß. Machiavellis Abhandlung animierte viele, seine Regeln einfach anzuwenden, sich die Herrschenden zum Vorbild zu nehmen und damit fast zielsicher auf den Misserfolg zuzusteuern. Es gibt wohl nur wenige Texte, die – missverstanden – so gefährlich sind und dabei so leicht misszuverstehen sind. Und das gilt auch heute noch. »Der Fürst« ist die wohl schwierigste und gefährlichste (weil irreführende) Lehre unserer Auswahl der großen Strategieschulen.

Was passiert, wenn man Machiavelli unkritisch umsetzt, soll Ihnen das folgende (konstruierte) Beispiel illustrieren:

Paul Kowalski braucht Geld. Seine Frau hat ihn verlassen und er hat seinen Job verloren. Geld ist nunmehr sein Hauptproblem und damit sein oberstes Ziel. Weil er sich für besonders schlau hält, beschließt er, die Sache strategisch anzugehen. Mit seinen letzten Euros geht er in eine Buchhandlung und kauft Machiavellis »Der Fürst« (im Internet hätte er den Text kostenfrei herunterladen können). Er liest das Buch und beschließt, sich genau an alle Empfehlungen zu halten.

Kowalski geht also dorthin, wo es Geld gibt: in eine Bank. Dort fragt er den Filialleiter nach einem Kredit und dieser möchte einen Nachweis von Kowalskis Bonität. »Machiavelli sagt, man soll sein Gemüt nach dem Wind drehen«, denkt Kowalski und sagt: »Ich habe ein sehr gutes Einkommen.« Der Filialleiter bittet um Kopien seiner Verdienstbescheinigungen; Kowalski fälscht sie und händigt sie dem Filialleiter aus, ganz nach dem Motto: »Machiavelli sagt, man solle gegen Treu und Glauben verstoßen.« Kowalski ist erst einmal erfolgreich: Er bekommt seinen Kredit! Nur ist das Geld dummerweise bald ausgegeben, von Rückzahlung keine Spur. Kowalski weiß auch jetzt, wie es weitergeht: »Machiavelli sagt, man darf Wortbruch begehen, wenn die Gründe hinfällig geworden sind. – Und die Gründe waren ja, dass ich den Kredit wollte, und den habe ich ja bekommen.«

Nur der Filialleiter sieht das nicht so. Als Kowalski um einen weiteren Kredit bittet, lehnt dieser strikt ab. Doch Kowalski erinnert sich an eine andere Strategie Machiavellis: »Man darf gegen die Menschlichkeit verstoßen, und ein Herrscher muss grausam sein.« Also zieht er eine Waffe, erschießt den Filialleiter kurzerhand und nimmt sich das Geld aus der Kasse. Jetzt hat Kowalski wieder Geld, nur kommt er nicht mehr dazu, es auszugeben, weil man ihn auf der Flucht verhaftet.

Seine Verteidigung bei Gericht: »Ich habe mich doch streng nach Machiavelli gerichtet, sehen Sie hier …«, und zeigt dem Richter die Passagen.

Daraufhin der Richter: »Ja, das stimmt. Ich verurteile Sie deshalb zur Folter bis zum Tod.«

Kowalski schreit auf und verlangt nach Gnade.

Der Richter: »Machiavelli sagt auch, man solle gegen Barmherzigkeit und Religion verstoßen.« Kowalski wird abgeführt.

Auch wenn das jetzt etwas skurril erscheinen mag, so folgt der Ablauf dieser Geschichte doch streng der Machiavelli'schen Logik. Ja, könnte man einwenden, aber Machiavelli hat seinen »Fürsten« doch für Herrscher und nicht für Kriminelle verfasst. Aber verwischt bei der Lektüre nicht der Unterschied? Doch wie, wenn nicht wie im Beispiel, ist die Lehre dann auf andere Lebensbereiche anzuwenden?

Hat Kowalski Ihrer Meinung nach Erfolg gehabt? Sie sagen nein? Ganz im Gegenteil! Machiavelli zufolge war er sogar zu 100 Prozent erfolgreich: Er hat sein Ziel erreicht, sogar in mehrfacher Hinsicht – er ist zu Geld gekommen, und das sehr schnell! Dummerweise war dieser Erfolg aber nur von geringer Dauer. Und genau hierin besteht eine wesentliche Schwäche von Machiavellis Lehre: Sie differenziert nicht zwischen kurz- und mittelfristiger Zielerreichung.

Hier wird auf drastische Weise deutlich, wie gefährlich es sein kann, den »Fürsten« naiv zu lesen und für sich umzusetzen. Machiavellis Lehre war zwar ausdrücklich auf die Position des Alleinherrschers zugeschnitten – vor dem Hintergrund der erwähnten historischen Umstände sicher eine Extremsituation, ein Ausnahmefall. Auf der anderen Seite muss man aber auch berücksichtigen, dass das Buch auch eine Anleitung für all jene darstellt, die allein nach irgendeiner Art von Macht streben – und das könnte letztlich jeder sein! Also könnte sich im Prinzip jeder berufen fühlen, den Vorschlägen Machiavellis unüberlegt zu folgen. Nur durch sorgfältige Interpretation und Ableitung der Prinzipien hinter den Ausführungen von Machiavelli lässt sich eine wirklich nachhaltig zielführende Strategie erkennen.

Auch Machiavelli ist sich darüber im Klaren, dass seine Äußerungen in moralischer Hinsicht von keinem großen Wert sind, schreibt er doch: »Man kann es nicht Tugend nennen, seine Mitbürger zu ermorden, die Freunde zu verraten, ohne Treu und Glauben, ohne Menschlichkeit und Religion zu sein. Auf diese Art kann man wohl die Herrschaft, doch keinen Ruhm erwerben.« (S. 50) Vielleicht ist diese Passage sogar als zaghafter Versuch zu verstehen, die Leser vor unkritischer Nachahmung zu warnen. Jedenfalls sind alle Empfehlungen im »Fürsten« kritisch zu hinterfragen, wenn man sie auf heutige Verhältnisse anwenden und erfolgreiche Strategien daraus ableiten möchte. Das betrifft auch die Beispiele, die der Autor zur Illustration überall in den Text eingestreut hat. Viele stammen aus der Antike und man kann davon ausgehen, dass sie einseitig uminterpretiert wurden, sodass sie sicher nicht als Beleg herangezogen werden können.

Und in einem weiteren Aspekt greift Machiavelli zu kurz: Sein Verständnis von Macht als Mittel und Zweck zum obersten Ziel, der Alleinherrschaft, ist zu eng gefasst, denn es lässt mindestens die notwendige Nebenbedingung »Handlungsfreiheit« außer Acht. Wer nämlich sein »Gemüt immer nach den wechselnden Winden« richten soll, hat kein eigenes mehr und ordnet sich nur sklavisch den vermeintlichen Notwendigkeiten der Machtgewinnung und des Machterhalts unter. Macht verkehrt sich damit zur Gier nach Macht, und der gemäß Machiavellis Empfehlungen Handelnde – ob Herrscher oder nicht – wird zu deren willenlosem Instrument.

Dabei betont Machiavelli die Bedeutung der Zeitumstände und formuliert zugleich eine weitere Warnung, seine Thesen unkritisch umzusetzen: »Denn wenn einer sich mit Vorsicht und Geduld benimmt und die Zeitumstände derart sind, dass seine Handlungsweise gut ist, so gelingt ihm sein Vorhaben; ändern sich aber die Verhältnisse, so geht er zugrunde, weil er seine Handlungsweise nicht ändert.« (S. 119)

Dennoch hat Machiavellis »Der Fürst« für unsere Untersuchung als Strategielehre ihren Stellenwert. Um die einzelnen Lektionen destillieren zu können, müssen wir uns zunächst über Zielsetzung und Anwendungsbereich der Lehre Klarheit verschaffen. Machiavelli schreibt zu Beginn seiner Ausführungen: »Über die Republiken [d. h. nicht-autoritäre Systeme] will ich hier schweigen, da ich an anderer Stelle lang und breit darüber gesprochen habe. Ich wende mich zur Alleinherrschaft und werde … erörtern, wie diese erworben und erhalten werden kann.« Dem Autor geht es also ausschließlich um autoritäre Strukturen mit dem Ziel der Machtgewinnung und des Machterhalts. Dabei versteht er unter autoritären Strukturen (Macht-)Systeme, in denen der Wille eines Einzelnen oberstes Prinzip ist, das durch keine andere Instanz infrage gestellt wird.

Im Unterschied zur Anarchie beruht diese autoritäre Struktur auf einer gesetzlichen Grundlage. Diese jedoch gilt nur für das Volk und nicht für den Alleinherrscher, der sie nach Belieben setzt und wieder aufhebt. Es gibt also einen, der über dem

Gesetz steht – den Alleinherrscher –, der alle anderen seiner Willkür unterwirft.

Eine einfache Regel entscheidet darüber, wer in diese Machtposition gelangen kann: Wer gewinnt, überlebt. Er wird zur Autorität, die neue Regeln schaffen kann. Ob der Verlierer mit dem Leben davonkommt, hängt von der Entscheidung des Siegers ab.

Strukturen dieser Art finden wir nun nicht nur im feudalen, mittelalterlichen Italien, sondern ebenso an der Börse, bei Unternehmensbeteiligungen, im Management und in der Selbständigkeit. Für uns von Interesse sind folgende Anwendungsbereiche:

- Unternehmen aus Sicht von Investoren (Aktien, Beteiligungen);
- Unternehmen aus interner Sicht (Management, Führung);
- Unternehmen im Markt (Konkurrenzkampf um Marktanteile).

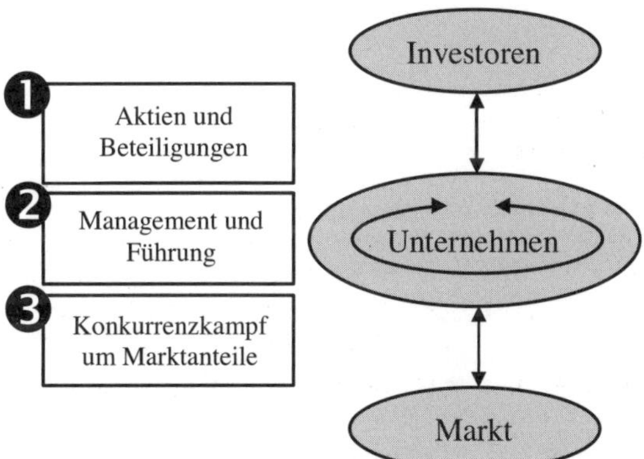

Abb. 9: Die Anwendungsgebiete von Machiavelli

Zum Abschluss dieses Kapitels möchte ich eine Textstelle zitieren, die etwas über Machiavellis Haltung gegenüber Frauen aussagt: »Fortuna ist ein Weib, und wer es bezwingen will, muss es schlagen und stoßen; und man sieht, dass es sich leichter von diesen besiegen lässt als von solchen, die kaltblütig zu Werke gehen. Darum ist es, wie ein Weib, auch den Jünglingen gewogen, weil diese weniger bedächtig und gewalttätiger sind und ihm dreister befehlen.« (S. 120)

Was für ein Unterschied zu Seneca, der rund 1500 Jahre früher lebte und dennoch ein ungleich moderneres Weltbild hatte! Man bedenke nur, wie viele Möglichkeiten und Potenziale Machiavelli hier übersieht, indem er die halbe Menschheit (die Frauen nämlich) als minderwertig versteht.

Verstehen

Der Fokus von »Der Fürst« wird gleich zu Beginn des Textes klar: »Ich wende mich zur Alleinherrschaft und werde … erörtern, wie diese erworben und erhalten werden kann.« (S. 19)

Wie bereits erwähnt, lassen sich Machiavellis Empfehlungen auf mindestens drei Bereiche des Wirtschaftslebens anwenden:

1. Aktien und Beteiligungen
2. Management und Führung
3. Konkurrenzkampf um Marktanteile

In all diesen Fällen handelt es sich um Systeme, die zumindest teilweise nach Machiavellis Grundregel funktionieren: Wer gewinnt, setzt die neuen Regeln, und wer verliert, ist dem Sieger ausgeliefert. Allerdings besitzen sie für diese Bereiche keine umfassende Gültigkeit. Konkret bedeutet das für die einzelnen Bereiche:

Aktien und Beteiligungen
Machiavellis Empfehlungen sind für Kleinanleger ohne Wert, weil sie sich auf Macht- und Herrschaftsfragen beziehen. Um ein Unternehmen zu beherrschen, muss man nach den Regeln des Beteiligungsmarktes eine Mehrheit der (stimmrechtsfähigen) Aktien besitzen, und ein Kleinanleger kann sich hier mangels ausreichender Finanzmittel nicht betätigen.

Typischerweise kommt Machiavelli daher bei Unternehmensübernahmen zur Anwendung, entweder durch Erwerb der Aktien- beziehungsweise Anteilsmehrheit oder durch den Erwerb der mehrheitlichen Stimmrechte. In beiden Fällen stellt sich danach die Frage nach der künftigen Unternehmensleitung. Grundsätzlich gibt es zwei Möglichkeiten:

1. Der neue Mehrheitseigner behält den bisherigen Geschäftsführer bei oder übergibt an den designierten Nachfolger (Kontinuität).
2. Die Unternehmensleitung wird vom Eigentümer neu besetzt (Diskontinuität).

Machiavelli empfiehlt hier ganz klar eine kontinuierliche Lösung: »Ich sage also, dass bei den erblichen Fürstentümern, die an das Geschlecht ihres Herrschers gewöhnt sind, die Schwierigkeit, sich zu behaupten, viel geringer ist als bei den neuen. Genug, wenn man die Einrichtungen der Vorfahren unangetastet lässt und bei allen Ereignissen sich in die Verhältnisse schickt; also dass mancher Fürst von durchschnittlichem Geschick sich stets auf seinem Throne erhalten kann, wenn dieser nicht durch eine ungewöhnliche und außerordentliche Gewalt entrissen wird; geschieht dies aber, so erlangt er ihn wieder, sobald das Glück des Eroberers sich wendet.« (S. 20)

Ein Falbeispiel für Kontinuität ist die Übernahme von Aral durch BP. Dabei war die Bereitschaft der BP-Gruppe zu einer kontinuierlichen Lösung sogar so groß, dass das BP-Logo zugunsten des Aral-Logos im Markt aufgegeben wurde. Wenngleich Aral der »unterlegene«, weil übernommene Partner war, so wurden sein Management und seine Marke dominant im deutschen Markt.

In manchen Fällen gibt es jedoch Gründe, das bisherige Management abzulösen. Zwei davon kommen sogar relativ häufig vor:

- Die alte Führung opponierte aktiv gegen die Übernahme (und verlor). Dadurch besteht tiefes Misstrauen des neuen Eigentümers. Fallbeispiel: Die Übernahme von Mannesmann durch vodafone.
- Das Unternehmen konnte in einer wirtschaftlich schwachen Situation zu einem relativ günstigen Preis übernommen werden. Nachdem es dem bisherigen Management im Vorfeld der Übernahme nicht gelungen war, die wirtschaftlichen Probleme zu beseitigen, bestehen jetzt große Zweifel an seiner Kompetenz. Ein Sanierungsmanagement ist gefragt. Fallbeispiel: AEG Haushaltsgeräte, die inzwischen nur noch als »Markenlizenzgeber« existieren und zur DaimlerChrysler-Gruppe gehören.

Gelingt eine kontinuierliche Lösung nicht, ist es oft schwierig, eine positive Lösung herbeizuführen: »In den neuen Herrschaften liegen die Schwierigkeiten. ... Hier entstehen die Umwälzungen zunächst aus einer allen neuen Herrschaften gemeinsamen Schwierigkeit, dass nämlich die Menschen gern ihren Herrn wechseln, in der Hoffnung, einen besseren zu bekommen, und in diesem Glauben zu den Waffen gegen den Herrscher greifen; darin aber täuschen sie sich, denn sie erfahren bald, dass sie einen schlechteren bekommen haben. Das liegt gleichfalls an einer natürlichen und gewöhnlichen Notwendigkeit, denn der neue Herrscher ist stets genötigt, seine Untertanen mit Besatzung und mancherlei anderen Gewaltmitteln zu bedrücken, wie sie die Eroberung mit sich bringt. Du wirst also alle die zu Feinden haben, die du bei der Eroberung der Herrschaft bedrückt hast, und kannst doch nicht die zu Freunden behalten, die dir dazu verholfen haben, weil du sie nicht so zu befriedigen vermagst, wie sie erwartet haben, noch auch kräftige Mittel gegen sie anwenden darfst, da du ihnen Dank schuldest. Denn auch, wenn man über das mächtigste Heer gebietet, bedarf man der Gunst der Einwohner, um in ein Land einzudringen.« (S. 20 f.)

Machiavelli beschreibt hier eine psychologische Zwickmühle, die sich auch in der Diskontinuität gegenüber den Mitarbeitern ergibt: Der neue Eigentümer muss an stabilen Verhältnissen interessiert sein. Daher kann er die Mitarbeiter und Manager, die ihn bei der Übernahme unterstützt haben, nicht besser behandeln als die anderen, sonst käme es zu Spannungen unter den Mitarbeitern, was sich wiederum negativ auf die Produktionsleistung des Unternehmens auswirken würde. Richtet sich der neue Eigentümer aber nach diesen Überlegungen, hat er zum einen Rachegefühle seitens der enttäuschten Unterstützer zu befürchten und zum anderen muss er es dann hinnehmen, wenn Widerständler einflussreiche Entscheidungspositionen besetzen, woran ihm eigentlich nicht gelegen sein kann.

Als Lösung dieses Dilemmas schlägt Machiavelli eine sehr clevere Strategie vor: Er empfiehlt, das Konfliktpotenzial der widerstreitenden Interessen zu beseitigen, indem man die kulturellen Gemeinsamkeiten beider Gruppen betont. Zudem soll jedem Wiederaufflammen alter Konflikte durch die vollständige Beseitigung des bisherigen Managements vorgebeugt werden: »Wenngleich einiger Unterschied in der Sprache besteht, so stimmen doch die Sitten überein, und so können sie sich leicht miteinander vertragen. Und wer sie erobert hat und sie behalten will, der achte auf zweierlei: Erstens, dass ihr altes Fürstengeschlecht ausstirbt, zweitens, ihre Gesetze und Steuern nicht zu verändern, sodass die neuen Provinzen mit den alten binnen kurzem ein einziges Ganzes bilden.« (S. 22)

In manchen Fällen sind die Unterschiede aber so offensichtlich, dass sich nur schwer genügend Gemeinsamkeiten finden lassen. Dieses Problem tritt regelmäßig bei multinationalen Übernahmen auf, bei denen weder in Sprache noch in Kultur Gemeinsamkeiten zu finden sind. Machiavelli bietet zwei Lösungswege an:

»Werden aber Staaten eines Landes erobert, das in Sprache, Sitten und Gesetzen verschieden ist, so entstehen Schwierigkeiten, und es gehört viel Glück und großes Geschick dazu, diese Eroberungen zu behaupten. Eines der besten und kräftigsten Mittel besteht darin, dass der Eroberer seinen eigenen Wohnsitz dort aufschlägt. Dadurch wird der Besitz gesichert und dauerhaft.« (S. 23) So übernahm zum Beispiel die Daimler-Benz AG die Chrysler AG und fusionierte zur DaimlerChrysler AG. Dieser multinationale Konzern erhielt neben Stuttgart ein zweites Hauptquartier in Michigan, das ständig mit einem Teil des Vorstands besetzt ist. Diese Maßnahme deckt sich exakt mit der Empfehlung Machiavellis. Dabei stellt ein solches geteiltes Hauptquartier hohe Anforderungen an die Unternehmenskommunikation, vor denen viele zurückschrecken. In diesem Fall schlägt Machiavelli die Gründung von so genannten Kolonien vor – übertragen auf die Wirtschaft hieße dies die Gründung von überwiegend selbständigen Tochtergesellschaften:

»Das zweitbeste Mittel ist, Kolonien an ein oder zwei Orten zu gründen, die gleichsam das Rückgrat des Landes bilden. Dies ist notwendig, sofern man dort keine hinreichende Besatzung halten will. Die Kolonien kosten den Fürsten nicht viel. Er gründet und behauptet sie kostenlos oder mit geringem Aufwand und schädigt nur die, welche er von Haus und Hof vertreibt, um neue Bewohner darauf anzusiedeln, also nur einen geringen Bruchteil des Staates. Die Vertriebenen bleiben zerstreut und arm und können ihm nicht schaden, und alle Übrigen beruhigen sich rasch, da sie ja nicht geschädigt sind, oder sie fürchten sich, dass es ihnen ebenso ergehen möchte wie jenen, sobald sie sich auflehnen.« (S. 24) Diese zweite Variante praktizieren die meisten asiatischen Firmen, die in Europa aktiv sind. So hat zum Beispiel Sony die Europazentrale in Köln, von wo aus operativ unabhängig die europäischen Geschäfte gelenkt werden. Lediglich in strategischen Fragen und was das Produktsortiment anbelangt, kommen Vorgaben aus Japan.

Wie richtig diese Vorgehensweise ist, zeigt auch das Negativbeispiel Opel: General Motors versucht seit vielen Jahren, von den USA aus die Geschäfte in Europa wesentlich zu bestimmen. Dies ist so wenig praktikabel, dass sich Opel inzwischen gezwungen sieht, die größte Sanierung seiner Geschichte in Angriff zu nehmen. Die Erklärung ist einfach: Amerikanisches Management führt zu amerikanischen Produkten, und diese sind nicht optimal auf den europäischen Kunden zugeschnitten. Das Ergebnis ist ein ständiger Image- und Bewertungsnachteil der Automobile von Opel gegenüber den Wettbewerbern im europäischen Markt, sogar gegenüber Ford. Ford hat übrigens – im Gegensatz zu Opel – den amerikanischen Markennamen beibehalten, produziert seine Autos jedoch viel individueller für den europäischen Markt.

Lektion 5.1: Übernahme anderer Unternehmen

1. Bei einer Unternehmensübernahme sollte als Erstes die Möglichkeit einer **kontinuierlichen** Nachfolgeregelung in der Unternehmensleitung geprüft werden. Falls dem nichts entgegensteht, ist diese Lösung die beste.
2. Falls eine **diskontinuierliche** Lösung unvermeidbar ist, weil zum Beispiel das bisherige Management gegen die Übernahmen opponiert hat oder das Unternehmen sich in wirtschaftlichen Turbulenzen befindet, kann das übernehmende Unternehmen entweder die Leitung des gesamten

fusionierten Unternehmens ganz oder teilweise in das Gebiet des übernommenen Unternehmens verlegen oder aber beim übernommenen Unternehmen ein weitgehend selbständiges Tochterunternehmen mit eigenem, ortskundigem Management etablieren. Die Vorgaben an das Tochterunternehmen beschränken sich dann auf strategische Themen und natürlich Steueroptimierung (cleveres Management der Gewinnabführung).

Nicht erwähnt wurde bisher eine andere Variante bei Unternehmensübernahmen: die der Zerschlagung, um die Einzelteile weiterzuverkaufen. Auf diese Möglichkeit geht Machiavelli ebenfalls ein, ohne allerdings Empfehlungen dafür abzugeben, und fasst dabei noch einmal alle Optionen zusammen: »Wenn Staaten, welche in der besagten Art erobert worden sind, gewohnt waren, nach eigenen Gesetzen in Freiheit zu leben, so gibt es drei Arten, sie zu behandeln. Die erste ist, sie zu zerstören, die zweite, dort selbst zu residieren, die dritte, sie nach ihren eigenen Gesetzen weiterleben zu lassen, wobei man sich mit einem Tribut begnügt und in ihnen eine Oligarchie schafft, die das Land in Botmäßigkeit erhält.« (S. 34)

Management und Führung

Betrachtet man Machiavellis Empfehlungen im Hinblick auf ihre Übertragbarkeit auf die heutige Zeit, so liegen seine Stärken klar im Bereich Management und Führung. Einiges davon ist wirklich überraschend und gleichzeitig überzeugend. So ist es beispielsweise allgemein üblich, Mitarbeiter für gute Arbeit zu loben und für weniger gute zu tadeln. Machiavelli empfiehlt dagegen einen anderen Führungsstil: »Denn es ist wohl festzustellen, dass die Menschen entweder gütlich behandelt oder vernichtet werden müssen. Wegen geringer Unbill rächen sie sich, wegen großer vermögen sie es nicht; jede Unbill muss also so zugefügt werden, dass man keine Rache zu befürchten hat.« (S. 24) Kurz gesagt, meint Machiavelli, Mitarbeiter seien entweder zu loben oder zu entlassen.

Lektion 5.2: Mitarbeiterführung Teil 1

- Loben Sie Ihre Mitarbeiter für gute Arbeit.
- Tadeln Sie Ihre Mitarbeiter aber nicht für weniger gute oder gar schlechte Arbeit. Wenn Ihre Unzufriedenheit als Vorgesetzter mit der Arbeit des Mitarbeiters so groß ist, dass Sie seinen Nutzen für die Firma nicht mehr hoch genug schätzen, so sollten Sie den Mitarbeiter entlassen.

Dabei legt Machiavelli die Messlatte sehr hoch. Gut führt seiner Ansicht nach, wer seine Ziele gegenüber den Mitarbeitern höher steckt, als er sie tatsächlich anstrebt: »Er muss es den klugen Schützen gleichtun, welche in der Einsicht, dass das Ziel zu weit und die Kraft ihres Bogens zu gering ist, über den Treffpunkt hinauszielen, nicht um mit der Kraft ihres Pfeiles so weit zu gelangen, sondern um das Ziel selbst zu erreichen.« (S. 36)

Machiavelli empfiehlt also eine Art »Sicherheitspolster« bei der Zielerreichung, um das Risiko der Zielverfehlung zu minimieren. Diese Einstellung finden wir auch heute, beispielsweise in den »Grundsätzen ordnungsgemäßer Buchführung«, die jeden Kaufmann dazu anhalten, nur sichere Erlöse zu verbuchen und für drohende Risiken hohe Rücklagen als »Sicherheitspolster« zu bilden, um es auch im schlimmsten Fall nicht zur Überschuldung kommen zu lassen.

Lektion 5.3: Mitarbeiterführung Teil 2

Fordern Sie von Ihren Mitarbeitern mehr, als Sie tatsächlich erreichen wollen.

Interessant und überraschend sind Machiavellis Äußerungen zum Thema Beförderungen, die auch seine Haltung gegenüber Hierarchien spiegeln. Seit vielen Jahren ist in Europa die »flache Hierarchie« ein Leitbild der Management-Literatur. Im Gegensatz dazu findet man in asiatischen Ländern viel ausgeprägtere Hierarchien. Dort werden nicht nur große Leistungen, sondern auch kleine durch Beförderungen honoriert. Weil bei uns die Beförderung als Instrument eher den Ausnahmefall darstellt, bleibt ihre Motivationskraft entsprechend gering.

Machiavelli kannte unsere heutige Tendenz zur Gleichmacherei noch nicht und betonte die Vorteile, häufig zu loben und auch bei scheinbar »unwichtigen« Gelegenheiten zu befördern: »Die Wohltaten aber müssen nach und nach erwiesen werden, damit sie sich besser einprägen. Vor allem aber muss sich ein Fürst mit seinen Untertanen so stellen, dass kein guter oder schlimmer Zufall sein Verhalten ändert; denn wenn widrige Zeiten kommen, so ist die Härte unangebracht, und Wohltaten helfen dir auch nichts, denn man hält sie für erzwungen und weiß dir keinen Dank dafür.« (S. 53 f.)

Lektion 5.4: Motivation und Beförderung

- Befördern Sie Mitarbeiter eher häufiger und in kleinen Schritten als selten in großen.
- Befördern Sie Ihre Mitarbeiter, wenn sie dies nicht erwarten.

Befördern meint dabei nicht unbedingt den Aufstieg auf eine andere Unternehmensebene, sondern umfasst auch kleinere Schritte, etwa eine Gehaltserhöhung, ein Lob vor allen Mitarbeitern oder die Erweiterung von Kompetenzen (Vollmachten, Prokura, Führungsverantwortung etc.). Es gibt eine ganze Reihe von Möglichkeiten, gute Leistungen zu honorieren, Sie müssen sie nur nutzen.

Die Kehrseite von Beförderungen spricht Machiavelli ebenfalls an: Der Machtzuwachs, der einen Mitarbeiter schrittweise zu einer ernsten Gefahr werden lassen kann: »Hieraus ergibt sich eine allgemeine Regel, die nie oder selten trügt: Der, welcher einem anderen zur Macht verhilft, geht selbst zugrunde;

denn er macht ihn stark mit Geschick oder durch Gewalt, und beides ist dem, der zur Macht gelangt ist, verdächtig.« (S. 30)

Hat also beispielsweise ein Geschäftsführer einen Mitarbeiter mehrfach befördert, und ist dieser schließlich zu seinem Stellvertreter geworden, so wertet dies die Arbeit des Beförderten zwar enorm auf. Doch könnten die Gesellschafter gleichzeitig den Eindruck gewinnen, dass der Stellvertreter vielleicht sogar eine (noch) billigere Alternative zum derzeitigen Geschäftsführer sei, was dessen Kündigung zur Folge hätte.

Ob ein Mitarbeiter gefährlich werden kann oder nicht, lässt sich anhand der folgenden Systematik herausfinden: »Um diesen Punkt klarzustellen, sage ich, dass es zwei Arten gibt, die Großen zu behandeln. Sie betragen sich nämlich entweder so, dass sie sich ganz deinem Glücke anvertrauen oder gar nicht. Die, welche ganz zu dir halten und nicht habgierig sind, musst du ehren und lieben; die, welche sich nicht an dich binden, müssen auf zwei Arten betrachtet werden. Entweder sie tun dies aus Feigheit und Mangel an natürlichem Mut; dann musst du dich ihrer bedienen, insbesondere, wenn sie klug sind, denn im Glück wirst du von ihnen geehrt und im Unglück hast du von ihnen nichts zu fürchten. Wenn sie sich aber aus ehrgeizigen Absichten nicht an dich binden, so beweisen sie, dass sie mehr an sich als an dich denken; und vor diesen muss der Fürst sich hüten und sie als heimliche Feinde fürchten, denn sie werden im Unglück stets behilflich sein, ihn zu stürzen.« (S. 56)

Lektion 5.5: Selbstschutz bei Beförderungen

- Unmittelbare Kollegen (Mitarbeiter, Konkurrenten) sind entweder selbstlos beziehungsweise ambitionslos oder aber gefährlich für Ihre eigene Karriere.
- Achten Sie deshalb darauf, dass Sie Beförderungen immer nur so lange aussprechen, wie die Beförderten Ihnen nicht gefährlich werden können.
- Darüber hinaus sollten Sie die Beförderten an sich binden.
- Erfolgt diese Bindung nicht, so versuchen Sie abzuschätzen,

ob der Kollege ehrgeizig und ambitioniert ist. Falls nein, können Sie weiter zusammenarbeiten. Falls ja, sollten Sie hohe Vorsicht walten lassen und den Kollegen im Zweifel meiden oder sich sogar von ihm trennen.

Die Bindung von Mitarbeitern kann auf unterschiedliche Weise erfolgen. Bei Unternehmensberatungen gibt es zum Beispiel Beteiligungsmodelle, so genannte Partnerschaften: Hier wird ein (guter und naturgemäß ehrgeiziger) Berater dadurch gebunden, dass das Unternehmen ihm Anteile zum Kauf anbietet. Diese werden bei guter Geschäftsentwicklung zwar auch gut verzinst, doch muss der Berater zunächst einmal das Geld dafür aufbringen. Da er dies in aller Regel nicht »in der Portokasse« hat, bietet ihm die Beratungsfirma eine Bürgschaft für ein Darlehen an, das er zeichnet. Dabei wird vertraglich vereinbart, dass der volle Darlehensrestbetrag beim Ausstieg des Beraters sofort zur Zahlung fällig wird – eine nicht zu unterschätzende Hürde für einen Wechsel zu einem anderen Unternehmen.

Kein Zweifel: Prävention ist wichtig, sie darf aber nicht dazu führen, dass sich ein Manager nur mit »schlechten« Mitarbeitern umgibt, um selbst nicht gefährdet zu sein. Gute Mitarbeiter sind nämlich eine unverzichtbare Quelle des Erfolgs: »Die Wahl der Minister ist für einen Fürsten von nicht geringer Bedeutung; sie sind je nach seinem Scharfblick gut oder schlecht. Das erste Urteil, das man sich über einen Herrscher und über seinen Verstand bildet, beruht auf den Personen, die ihn umgeben. Sind sie tüchtig und treu, so wird er stets für weise gelten, weil er sie als tüchtig erkannt hat und sie sich treu zu erhalten wusste. Ist das nicht der Fall, so kann man über ihn kein gutes Urteil fällen, da er den ersten Missgriff in ihrer Wahl getan hat.« (S. 111)

Idealerweise leisten die wichtigsten und engsten Mitarbeiter also gute Arbeit, dies jedoch ambitionslos oder in selbstloser Absicht. Solche Mitarbeiter gilt es zu finden und zu binden!

Hier stellt sich die Frage, ob denn ambitionierte Mitarbeiter wirklich so gefährlich sind. Ein ambitionierter Mitarbeiter hat Wissen, Talent und eben auch die Motivation oder Ambition, aus seinen Fähigkeiten das Maximum herauszuholen. Irgendwann kommt der Punkt, an dem dieser Mitarbeiter von einem anderen Unternehmen (sagen wir einem Wettbewerber) oder aber durch eine Selbständigkeit mehr Geld verdienen könnte und/oder mehr persönliche Lebenszeit gewinnen könnte als bisher. Und dieser ambitionierte Mitarbeiter wird die damit immer verbundenen Risiken in Kauf nehmen und seine Chance nutzen. Und genau das ist gefährlich für das Unternehmen! Selbst wenn nur wenige solcher Fälle auftreten: Nur ein einziger Fall kann mittel- und langfristig zu einer Riesengefahr werden.

Die Unternehmensberatung Roland Berger Strategy Consultants ist übrigens ein schönes Fallbeispiel dafür. Roland Berger war nämlich Berater bei der amerikanischen Beratung Boston Consulting Group (BCG). Nachdem er dort das Handwerkszeug gelernt hatte, entschied er sich zur Gründung einer eigenen Beratung. Heute hat Roland Berger mit seiner Beratung rund 2000 Mitarbeiter und in Europa den ehemaligen Arbeitgeber überholt. BCG hat hier seinen eigenen Wettbewerber großgezogen …

Lektion 5.6: Gute Mitarbeiter

Gute Mitarbeiter sind eine Quelle des Erfolgs. Wer erfolgreich sein will, muss sich mit guten Mitarbeitern umgeben oder sich mit guten Kollegen verbünden. Allerdings ist es wichtig, zur Erreichung der eigenen Ziele nur solche Kollegen und Mitarbeiter auszuwählen, die selbstlos oder ambitionslos sind.

Ein Nachtrag hierzu: Es gibt bestimmte Aufgaben, die kann ein ambitionierter Mitarbeiter einfach besser lösen als ein ambitionsloser. Es sind dies insbesondere die unternehmerischen

Aufgaben, wie sie sich zum Beispiel in einer Geschäftsführungs- oder einer Vorstandsposition automatisch ergeben. In solchen Fällen muss ein ambitionierter Mitarbeiter gewonnen werden, um das Unternehmen im Wettbewerb nach vorn zu bringen. Die einzige Möglichkeit, solche Mitarbeiter zu gewinnen und zu halten, ist die Erfüllung ihrer Ambitionen. Das bedeutet konkret: Dieser Mitarbeiter darf nirgendwo anders bessere Rahmenbedingungen für seine Arbeit haben. Die Bezahlung und die Anerkennung müssen »spitze« sein. So erklären sich auch die oftmals extrem hohen Gehälter in dieser Liga – das mag zwar aus Sicht von Otto Normalverbraucher kritisiert werden, ist aber mit der oben erläuterten Argumentation erklärbar und sogar rational richtig. Denn nur wenn es einem Unternehmen durch einen hervorragenden, ambitionierten und unternehmerisch agierenden Geschäftsführer gut geht, geht es auch den Mitarbeitern gut!

Übrigens widerspricht diese Argumentation auch nicht der Sichtweise von Machiavelli, denn dieser hat ja ausdrücklich von der »Wahl der Minister durch einen Fürsten« gesprochen, und die Rolle des Unternehmers, des Geschäftsführers oder Vorstands entspricht eher der Fürstenrolle selbst als der des Ministers oder Mitarbeiters, obwohl ein (angestellter) Geschäftsführer vielleicht juristisch gesehen auch ein »Mitarbeiter« sein mag. Von unserem Rechtssystem mit Aufsichtsrat, Vorstand und Mitbestimmung konnte Machiavelli natürlich noch nichts wissen und insofern konnte er da auch nicht differenzieren.

Nach der Auswahl der richtigen Mitarbeiter bleibt noch die Frage nach dem besten Führungsstil. Obwohl es hierzu viele Regalmeter an Büchern in den Bibliotheken der Wirtschaftsuniversitäten gibt, fehlt bisher doch eine alle zufrieden stellende Antwort.

Inzwischen spricht man verbreitet von einer »situationsspezifischen Führung«, doch damit ist auch schon das Ende des Konsenses erreicht. Im Grundsatz sagen die modernen Führungsschulen, dass in schwierigen unternehmerischen Zeiten (also etwa in Krisen) die autoritäre Führung richtig sei, während in normalen Phasen eine partizipative Führung vorzuziehen sei.

Auch bei dieser Frage beweist Machiavelli ein weiteres Mal, dass er jenseits aller vorgegebenen Schemata denkt. Nach allem, was Sie bisher über ihn erfahren haben, würden Sie sicher vermuten, dass er für einen äußerst autoritären Führungsstil plädiert. Stattdessen schlägt Machiavelli eine Art wechselseitigen Kuschelkurs vor: »Wenn du merkst, dass der Minister mehr an sich als an dich denkt und bei allem, was er tut, seinen eignen Vorteil betreibt, so wird er nie ein guter Minister werden, noch ist je Verlass auf ihn. Denn wer die Regierungsgeschäfte in Händen hat, darf nie an sich, sondern muss stets an den Fürsten denken und ihm nie mit etwas anliegen, was nicht den Staat betrifft. Andererseits soll der Fürst, um ihn redlich zu erhalten, an den Minister denken, ihm Ehre und Reichtum zuwenden, ihn sich verbinden, damit er sehe, dass er ohne den Fürsten nicht bestehen kann. Er soll ihn so mit Ehren überhäufen, dass er nicht nach Höherem trachtet, und ihn reich genug machen, dass er nicht noch mehr begehrt, ihm Ämter genug verleihen, dass er jede Umwälzung fürchten muss.« (S. 112)

Das Motto ist also klar: »Ich tue dir Gutes, solange du mir Gutes tust!« Übertragen auf das Verhältnis zwischen Chef und Mitarbeiter erstrecken sich diese guten Taten auf Gehalt, Vergütung, Arbeitsleistung etc. Stellt sich allerdings die Frage, ob diese Vorstellung realistisch ist, denn wer wäre jemals reich genug, dass er seine Ambitionen verlöre? Wahrscheinlich gehört ein solcher Führungsstil also in den Bereich der Utopie.

Anders sieht es da schon mit zwei weiteren Ideen Machiavellis zum Führungsverhalten aus. Sie sind nicht nur realistisch, sondern räumen auch mit Klischees auf. Zum Beispiel mit dem, dass es besser sei, nicht negativ aufzufallen und überall beliebt zu sein: »Auch verschafft es einem Fürsten Ansehen, wenn er sich als echter Freund oder Feind erweist, das heißt, wenn er ohne jede Rücksicht die Partei des einen oder des anderen nimmt, was stets nützlicher ist, als neutral zu bleiben. Denn wenn zwei mächtige Nachbarn von dir handgemein werden, so hast du von dem Sieger entweder etwas zu befürchten oder nicht. Hier wie dort wird es stets nützlicher für dich sein, Farbe zu bekennen und ehrlich Partei zu ergreifen;

denn im ersten Falle wirst du, wenn du neutral bleibst, stets die Beute des Siegers, zur Genugtuung und Freude des Besiegten, und du findest nichts, was dich rettet, keinen, der dir Zuflucht bieten kann; denn der Sieger will keine verdächtigen Freunde, die ihm im Unglück nicht beistehen können, und der Besiegte bietet dir keine Zuflucht, da du sein Schicksal nicht mit bewaffneter Hand teilen wolltest.« (S. 108)

Lektion 5.7: Führungsverhalten

Gutes Führungsverhalten bedeutet, Profil zu zeigen und keine Angst vor Konfrontationen zu haben.

Das ist doch eine sehr interessante Feststellung: Entgegen der verbreiteten Meinung, dass es besser sei, nicht anzuecken und keinen Anlass zu Kritik zu geben, empfiehlt Machiavelli das Gegenteil! Ist das rational? Und führt es besser zum Ziel als eine neutrale Rolle? Tatsächlich kann man bei näherer Überlegung die Weisheit dieser Empfehlung erkennen.

Fallbeispiel Politik: Ein Politiker, der sich nicht festlegt und es allen recht machen will, wird unglaubwürdig. Dennoch haben dies einige Politiker versucht und Schiffbruch damit erlitten, zum Beispiel der Präsidentschaftskandidat John Kerry in der US-Wahl 2004. Denn warum soll ein Wähler eine andere Regierung wählen, wenn die Opposition unglaubwürdig ist? Kerry selbst hatte im Kongress für den umstrittenen Irak-Einsatz gestimmt, und so war seine Kritik an diesem Krieg als Wahlargument ziemlich zahnlos.

Vielleicht ist dieses Profil, diese klare Position zu beziehen und zu vertreten, auch in ungünstigem Umfeld genau das, was man gemeinhin »Charisma« nennt.

Dasselbe Prinzip ist auch auf Produkte und Marken übertragbar: Zwar würde ein Öko-Orientierter vermutlich keinen BMW kaufen, weil der für Benzinverbrauch und Leistungsgesellschaft steht, aber auch keinen Opel, weil der für gar nichts steht. Dann würde er doch eher den VW Lupo 3L vorziehen – das klare Öko-Auto. Ein Jung-Manager würde dagegen keinen VW kaufen, der steht für Wirtschaftlichkeit mit wenig Fahrspaß, aber auch keinen Opel, denn der steht für gar nichts. Stattdessen würde er klar den BMW bevorzugen. In der Produktwelt ist es also ebenso wichtig, klar Position zu beziehen und auch in Kauf zu nehmen, nicht immer im Vorteil zu sein. Denn nur so lassen sich die Vorteile glaubwürdig machen!

Doch was macht optimale Entscheidungsfindung aus? Machiavelli schreibt, dass gute Informationen die Grundvoraussetzung für gute Entscheidungen bilden. Idealerweise werden diese durch gute Ideen ergänzt, die auch von Dritten beigesteuert werden können. Zum Einsatz von beratenden Experten heißt es: »Daher wird ein kluger Fürst einen … Weg einschlagen, indem er weise Männer beruft und ihnen allein gestattet, ihm die Wahrheit zu sagen, aber nur über die Dinge, nach denen er fragt, und nicht über andere. Er muss sie aber über alles befragen, ihre Meinung anhören und dann seinen eigenen Entschluss fassen. Mit diesen Ratgebern muss er es so halten, dass jeder von ihnen weiß, dass er ihm desto lieber ist, je freimütiger er spricht.« (S. 113)

Und gerade in diesem letzten Satz spiegelt sich die große Führungskompetenz Machiavellis: Aus meiner eigenen Erfahrung als Berater weiß ich, dass die Ergebnisse eines Beratungsprojektes gelegentlich indirekt vorgegeben werden. Dies zeigt sich bereits an der Aufgabenstellung. In solchen Fällen kann die Beratung keine echte Entscheidungshilfe sein, sondern allenfalls bereits feststehende Beschlüsse rechtfertigen, zum Beispiel gegenüber Gewerkschaften oder der Öffentlichkeit. Bleibt der gewünschte Erfolg dann aber aus, kann man dem Berater die Schuld geben, während Erfolge auf das Konto des Vorstands gehen. Ein legitimes Vorgehen zwar, doch alles andere als eine Unterstützung bei anstehenden Entscheidungen.

Lektion 5.8: Zum Einsatz von Beratern

- Setzen Sie zur Vorbereitung wichtiger Entscheidungen Experten als Berater ein.

- Lassen Sie den Beratern größtmögliche Freiheit und geben Sie vor allem die Ergebnisse nicht vor. Verlangen Sie die »volle Wahrheit«, denn nur so erfahren Sie, wo Sie stehen. Ob Sie die Beratungsergebnisse veröffentlichen oder nicht, bleibt schließlich Ihnen überlassen.

Konkurrenzkampf um Marktanteile

Eines der Standardwerke der modernen strategischen Wettbewerbslehre ist »Wettbewerbsstrategie« von Michael Porter, später ergänzt durch den Nachfolgeband »Wettbewerbsvorteile«. Dort entwickelt der Harvard-Professor die »Fünf-Felder-Matrix«, die die Beziehungen der fünf Einflussgrößen im Wettbewerb – Kunde, Lieferant, Substitute, Wettbewerber und das eigene Unternehmen – veranschaulicht (S. 239).

Aus diesem Modell leitet Porter die Empfehlung ab, innerhalb der eigenen Branche die Wettbewerber freundschaftlich zu behandeln und kooperativ zu sein. Dies widerspricht deutlich dem Klischee des Wettbewerbers als »Feind«, den man auf (wirtschaftliches) Leben und (wirtschaftlichen) Tod bekämpft. Fast scheint es so, als habe Michael Porter Machiavelli gelesen, denn auch er empfiehlt ein kooperatives Verhalten gegenüber bestimmten Wettbewerbern: »Ferner muss der Herr einer fremdländischen Provinz sich zum Oberhaupt und Beschützer der schwächeren Nachbarn machen und die Mächtigsten unter diesen zu schwächen suchen; auch muss er verhüten, dass ein Fremder, der so mächtig ist wie er selbst, bei irgendeinem Anlass ins Land dringt; denn immer werden solche von Unzufriedenen aus Ehrgeiz oder aus Furcht hereingelassen.« (S. 24)

Es geht also nicht darum, *alle* Wettbewerber freundschaftlich zu behandeln, sondern zu differenzieren: So empfiehlt Machiavelli, die schwächeren Wettbewerber (nennen wir sie der Einfachheit halber ab hier Mitbewerber) zu **schützen**! Das klingt unerhört, zumal aus Machiavellis Feder, könnte man doch meinen, dass dies, auf heute übertragen, jeder marktwirtschaftlichen Überlegung zuwiderläuft. Doch weit gefehlt! Dieser Rat erweist sich dann als klug, wenn man weiterliest:

Gleichzeitig soll nämlich mit allen Mitteln verhindert werden, dass ein gleichermaßen mächtiger Wettbewerber »bei irgendeinem Anlass ins Land dringt«. Porter nennt diese Strategie »Eintrittsbarrieren erhöhen«. Gemeint ist, dass durch kooperativ agierende Mitbewerber der Markteintritt neuer Wettbewerber vermieden werden kann.

Nehmen wir zur Veranschaulichung das Beispiel eines cleveren Heizungsinstallateurs und seines Wettbewerbers in einer mitteldeutschen Kleinstadt. Für den Umgang der beiden Konkurrenten gibt es zwei Szenarien:

SZENARIO 1 – BEKÄMPFUNG BIS ZUR GESCHÄFTSAUFGABE: Die einzige wirksame Art, den Wettbewerber zu bekämpfen, ist, ihm Kunden abzunehmen. Wenn beide die gleiche Qualität anbieten, gelingt dies nur durch niedrigere Preise. Dies setzt jedoch eine Spirale in Gang, bei der im Ergebnis der Gewinn beider Unternehmen drastisch einbrechen wird. Im schlimmsten Fall müssen beide Konkurs anmelden und den Platz einem Dritten räumen. Geht das Konzept aber auf, wird einer der Wettbewerber zur Aufgabe gezwungen, der andere überlebt. Doch unter welchen Umständen? Zwar ist er der »Sieger«, aber die Preise sind kaputt und die Reserven der Firma reduziert oder sogar verbraucht. Das überlebende Unternehmen ist in einer schlechten Verfassung, sodass ein außen stehendes leichtes Spiel hat: Es kann zum Beispiel das in Konkurs gegangene Unternehmen günstig aufkaufen und dann das siegreiche erneut zum Preiskampf fordern. Porter nennt dieses Szenario ein »schlechtes Branchenumfeld«, denn unterm Strich kann so kein Player im Markt noch gutes Geld verdienen.

SZENARIO 2 – KOOPERATION: Zwar finden zwischen den Wettbewerbern keine direkten Preisabsprachen statt – das wäre verboten –, doch unterbietet keiner den anderen. Jedes der Unternehmen bietet die Listenpreise an (die der Wettbewerber kennt), und der Kunde kann nach Leistung, Qualität und vielleicht persönlichem Gefühl entscheiden. Beide verdienen auf diese Weise gut. Wenn ein Unternehmen einen Kunden kurzfristig nicht bedienen kann, springt das andere gern ein.

Die Wettbewerber helfen sich bei Ersatzteilen und vielleicht gelingt ihnen sogar eine Kosten senkende Einkaufsgemeinschaft oder ein gemeinsames Call-Center mit Notdienst. Die Kunden sind zufrieden und ein Versuch von Dritten, sich neu in diesem Markt zu etablieren, wäre vermutlich erfolglos.

Schöne Theorie, denn dummerweise haben wir es hier mit einer asymmetrischen Situation zu tun: Wenn sich nämlich einer der beiden für den Konflikt entscheidet, ist es vorbei mit dem Traum vom »Paradies«. Untersucht wurden die daraus resultierenden Konstellationen – die so genannte Spieltheorie – von den Wirtschaftswissenschaftlern John Nash und John Harsanyi, die dafür 1994 den Nobelpreis bekamen. Verkürzt lässt sich das Problem in der folgenden Tabelle (hier: Nash-Tabelle) veranschaulichen:

Variante	**Unternehmer A**	**Unternehmer B**	**Gewinn von A**	**Gewinn von B**	**Stabilität**
1	Feindlich	Feindlich	Verlust!	Verlust!	Hoch
2	Feindlich	Kooperativ	Sehr hoch!	Verlust!	Niedrig
3	Kooperativ	Feindlich	Verlust!	Sehr hoch!	Niedrig
4	Kooperativ	Kooperativ	Hoch!	Hoch!	Mittel

Unterschiedliche Verhaltensweisen und ihre Konsequenzen

Im Markt kommt Variante 1 recht häufig vor, weil es die stabilste Verhaltensweise ist: Keiner kann allein eine Änderung der Gewinnsituation herbeiführen. Das ginge nur gemeinsam, aber da man ja verfeindet ist, kommt eine Zusammenarbeit nicht infrage. Im Ergebnis bedeutet dies jedoch Selbstzerstörung!

Variante 4 kommt aber auch vor, wie Hermann Simon in seinem Buch »Hidden Champions« zeigt: Den meisten Erfolg in Deutschland haben kleine mittelständische Unternehmen mit geringem Bekanntheitsgrad, weil sie häufig ein äußerst kooperatives Geschäftsmodell anwenden. Dabei bezieht sich die Kooperation nicht nur auf Mitbewerber, sondern meist auch auf Lieferanten und Kunden. Denkt man nämlich das Kooperationsmodell weiter, ist die Folge häufig ein Zusammenschluss der ehemals kooperierenden Wettbewerber, sodass das neue Unternehmen als Monopolist seine Kooperationsstrategie auf weitere Beziehungsebenen ausdehnen kann.

Ich habe mehrere Jahre als Key Account Manager bei einem solchen »Hidden Champion« gearbeitet, der Hille & Müller GmbH in Düsseldorf. Das Unternehmen ist beim Verbraucher völlig unbekannt, obwohl Hille & Müller wohl mehr mit der Produktion der Alkaline-Batterien von Duracell, Energizer und Varta zu tun hat, als die Markenträger selbst. Hille & Müller stellt alle vernickelten Stahlhülsen für diese Batterien her und ermöglicht so erst deren überlegene Leistung. Früher boten zwei Unternehmen, eines in den USA und Hille & Müller, diese Technologie an, dann entschieden sie sich zur Kooperation, um eine optimale Auslastung und gegenseitige Unterstützung in Spitzenzeiten zu gewährleisten. Dies beeindruckte besonders die großen Hersteller von Batterien, und sie entschieden sich, das benötigte Material ausschließlich von diesen beiden Firmen zu beziehen. Logische Folge war der Zusammenschluss der beiden Lieferanten, der auch noch in anderer Hinsicht von Vorteil war: Es konnten wertvolle Patente ausgetauscht und damit die Technologieführung erreicht werden. Durch die Erhöhung der Produktionsmengen war eine Kostensenkung möglich, sodass sich außerordentlich lukrative Gewinne ergeben.

Diese Art der Kooperation funktioniert allerdings nur bei einer gleichbleibenden Anzahl von Anbietern. Drängen neue in den Markt, wie von Porter oder Machiavelli beschrieben, dann passiert etwas Verheerendes: Die Angebotsmenge steigt. Und das zieht fallende Preise auf breiter Front nach sich. In der Folge brechen bei allen Anbietern die Gewinne ein. Und dann steigt der Druck der Kapitalgeber auf das Management, weil auch deren Rendite in Gefahr ist.

Dabei ist es äußerst unwahrscheinlich, dass alle diesem Druck standhalten werden. Man kann also fast sicher davon ausgehen, dass mindestens ein Anbieter – in der Regel ist es der neue – mit feindlichem Verhalten den Preiskampf eröffnet. Und jetzt beginnt das fatale Spiel: Die anderen ziehen nach, um ihre Gewinnposition nicht zu verschlechtern, und statt mehr Gewinn zu machen, steigen die Verluste der Player. Ein Ende ist dann nur noch möglich, wenn einer der Anbieter zusammenbricht oder aber alle ihre Angebotsmengen absenken (sofern dies nicht aus kartellrechtlichen Gründen untersagt ist), um die Preise über die Nachfrage zu regeln. Ein bekanntes Beispiel ist die OPEC.

Dabei ist der Weg vom (verbotenen) Kartell zum (erlaubten) Monopol nicht mehr weit. Für den Kunden besteht ohnehin kaum ein Unterschied. Beim Monopol hat er es mit einer Firma zu tun, die den Markt beherrscht, während das Kartell aus mehreren – theoretisch unabhängigen – Unternehmen besteht. Machiavelli lehnte das Monopol zwar als Extremform des Kartells einerseits ab, weil er die Blockade jeder Entwicklung darin erkannte, konnte andererseits seinen Neid auf die Monopolisten aber nicht ganz verbergen: »Es bleibt uns nur noch von den geistlichen Herrschaften zu reden, bei welchen alle Schwierigkeiten vor ihrer Gewinnung liegen; denn wenn man sie entweder durch Tüchtigkeit oder durch Glück erlangt, so behauptet man sie in der Folge ohne das eine wie das andere. Beruhen sie doch auf alten religiösen Einrichtungen, welche mächtig genug und so beschaffen sind, dass sie ihre Häupter in ihrer Stellung erhalten, mögen sie sich aufführen und leben, wie sie wollen. Nur sie haben Staaten und verteidigen sie nicht, nur sie haben Untertanen und regieren sie nicht. Ihre Staaten werden ihnen auch unverteidigt nicht entrissen, und ihre Untertanen bekümmert es nicht, dass sie nicht regiert werden, denn sie haben weder die Absicht noch die Möglichkeit, sich ihnen zu entziehen. Diese Fürsten sind also allein sicher und glücklich. Da sie aber von höheren Ursachen abhängen, an die der menschliche Verstand nicht reicht, so lasse ich dies unerörtert; denn da sie von Gott erhoben und beschirmt werden, so wäre es vorwitzig und vermessen, wenn der Mensch hierüber reden wollte.« (S. 61)

Übertragen wir das einmal auf unseren Marktzusammenhang: Wir nehmen Machiavellis Staat als Spielfeld, das wir »Markt« nennen. Demnach wäre der Untertan der »Kunde«, aus regieren würde »umwerben« und die geistliche Herrschaft ist das »Monopol«, aus religiös schließlich wird »gesetzlich« und der Fürst beziehungsweise das Haupt heißen in unserer Übertragung »Manager«. Dann würde sich das oben stehende Zitat folgendermaßen lesen (Änderungen kursiv):

»Es bleibt uns nur noch von den *Monopolen* zu reden, bei welchen alle Schwierigkeiten vor ihrer Gewinnung liegen; denn wenn man sie entweder durch Tüchtigkeit oder durch Glück erlangt, so behauptet man sie in der Folge ohne das eine wie das andere. Beruhen sie doch auf alten *gesetzlichen* Einrichtungen, welche mächtig genug und so beschaffen sind, dass sie ihre *Manager* in ihrer Stellung erhalten, mögen sie sich aufführen und leben, wie sie wollen. Nur sie haben *Märkte* und verteidigen sie nicht, nur sie haben *Kunden* und *umwerben* sie nicht. Ihre *Märkte* werden ihnen auch unverteidigt nicht entrissen, und ihre *Kunden* bekümmert es nicht, dass sie nicht *umworben* werden, denn sie haben weder die Absicht noch die Möglichkeit, sich ihnen zu entziehen. Diese *Manager* sind also allein sicher und glücklich.« (S. 61)

Doch das Monopol ist nichts anderes als ein Fels in der Brandung und damit auf Dauer nicht überlebensfähig. Sein entscheidender Nachteil ist es, unflexibel zu sein, was bedeutet, dass es sich selbst zu wenig verändert. Betrachtet man es im Meer des gesamten Wirtschaftsumfeldes – um im Bild zu bleiben –, also im Zusammenhang mit allen anderen Produkten und Dienstleistungen, so wird dieser Nachteil besonders deutlich: Diese verändern sich nämlich weitaus schneller und passen sich veränderten Marktbedingungen und Bedürfnissen der Kunden an. Es ist also nur eine Frage der Zeit, bis der Abstand zwischen Kunden und Monopol so angewachsen ist, dass das Monopol zerreißt: dann nämlich, wenn entweder das Produkt nicht mehr nachgefragt wird oder wenn die Nachfrage mit einer anderen Lösung besser gedeckt wird. Fassen wir also zusammen:

Lektion 5.9: Kooperation statt Konfrontation

1. Bekämpfen Sie nur mächtigere Wettbewerber.
2. Gehen Sie mit weniger mächtigen Wettbewerbern eine Kooperation ein, falls diese sich dazu bereit erklären.
3. Feindseliges Wettbewerbsverhalten zerstört die Gewinnchancen aller Akteure in einem Markt. Daher müssen diese Wettbewerber zur Räson gebracht werden, eventuell mithilfe der kooperativen Wettbewerber.

Ist eine Branche lukrativ für alle Beteiligten und kooperieren diese, so muss diese Situation natürlich nicht ewig anhalten. Wie aus der Nash-Tabelle hervorgeht, ist die Stabilität dieser Situation ja auch nur als »mittel« einzustufen. Wenn lediglich ein Wettbewerber zu feindlichem Verhalten wechselt oder wenn ein neuer Wettbewerber mit feindlichem Verhalten auftritt, rutscht die gesamte Branche in die Verlustsituation. Deshalb ist es für die langfristige Existenzfähigkeit eines Unternehmens so wichtig, ein Sicherheitspolster aufzubauen, mit dem die Verlustsituation eine Zeit lang überbrückt werden kann. Dies genau empfiehlt auch Machiavelli: »Unsere Fürsten hingegen, die eine lange besessene Herrschaft verloren haben, mögen nicht das Schicksal anklagen, sondern ihre eigene Feigheit; denn sie haben in ruhigen Zeiten nie daran gedacht, dass diese sich ändern können (der gewöhnliche Fehler der Menschen, bei gutem Wetter nicht an den Sturm zu denken), und dann, als schlimme Zeiten kamen, haben sie statt an Verteidigung an Flucht gedacht und sich eingebildet, die Völker würden sie aus Überdruss an der Unverschämtheit der Sieger zurückrufen.« (S. 116)

Neben diesen defensiven und konservativen Ansätzen gibt es eine Alternative. Sie beantwortet die Frage, wie vorzugehen ist, wenn man in eine bestehende Marktsituation einbrechen möchte, also in der Position des Angreifers ist. Machiavelli unterscheidet hier zwei verschiedene Betätigungsfelder: »Beispiele beider Regierungsarten bieten gegenwärtig die Türkei und das Königreich Frankreich. Das ganze türkische Heer wird von einem Herrn regiert, die andern sind seine Diener. Es zerfällt in Sandschaks, die er mit verschiedenen Verwaltern besetzt, welche er nach Gutdünken ernennt und absetzt. Der König von Frankreich hingegen steht inmitten einer großen Zahl alter Herrengeschlechter, die von ihren Untertanen anerkannt und geliebt werden. Sie besitzen ihre Vorrechte, die der König nicht ohne Gefahr antasten darf. Wer diese beiden Regierungsformen betrachtet, wird es schwer finden, das türkische Reich zu erobern; sobald es aber erobert ist, wäre es leicht zu behaupten. ... Das Gegenteil findet statt bei Reichen, die wie Frankreich regiert werden. Du kannst leicht eindringen, nachdem du einen der Großen gewonnen hast ... Nach dem Sieg aber hast du unendliche Schwierigkeiten, dich zu behaupten ... Es genügt dann nicht, das Herrschergeschlecht auszurotten, denn es bleiben die Großen, die sich zu Häuptern der Neugestaltung aufwerfen, und da du sie weder zu vertilgen noch zufrieden zu stellen vermagst, so verlierst du diesen Staat bei der ersten Gelegenheit, die sich bietet.« (S. 31 ff.)

Machiavelli unterscheidet zwischen zwei Herrschaftsformen, deren Merkmale sich mühelos auf unseren Wirtschaftskontext übertragen lassen:

- Türkei: autoritäre Herrschaft, Diktat der Bedingungen, zentrale Entscheidungen, rationale Willensbildung, schnelle und einheitliche Aktionen;
- Frankreich: partizipative Führung, Diskussion der Bedingungen, dezentrale Entscheidungen, emotionale (weil unterschiedlich motivierte) Willensbildung, langsame und uneinheitliche Aktionen.

Im Vergleich erscheint die Türkei als das überlegene System. Jedoch trügt der Schein, denn ihre Stärke ist zugleich eine große Schwäche: Wer die Herrschaft übernehmen möchte, muss lediglich den zentralen Herrscher überwinden. Und trifft der Herrscher schlechte oder keine Entscheidungen, ist das gesamte System in Gefahr. Eine vergleichbare Situation kennen wir aus der Planwirtschaft: Schlechte Entscheidungen, die nie auszuschließen sind, führen schließlich zum Versagen des Systems.

Dieses Szenario ist übertragbar auf Märkte, in denen nur ein Kaufkriterium dominiert: der Preis. Wenn die Preisfrage im Zentrum der Kaufentscheidung steht, fehlt die emotionale Bindung der Kunden an Marken oder Unternehmen (im Fachjargon »Commodity-Markt« genannt). Wer einen solchen Markt erobern will, muss nur der günstigste Anbieter sein. Wer ihn aber verteidigen möchte, hat es schwer, denn er ist immer davon bedroht, von einem Wettbewerber unterboten zu werden. Gefragt ist also die Kostenführerschaft, was uns wieder zu Michael Porter zurückbringt. Denn nur der Kostenführer kann dauerhaft günstigste Preise anbieten, ohne bankrott zu gehen.

Wer in einen preisorientierten, rationalen Markt eindringen möchte, sollte sich zuvor darüber klar werden, ob er dauerhaft die Kostenführerschaft wird übernehmen können, denn nur dann ist ein Markteintritt Erfolg versprechend. Beispiele für solche Märkte sind der Mineralölhandel und die Call-by-Call-Telefondienste: Wer billig ist, macht das Geschäft.

Wenn der Markt allerdings emotionalisiert ist, dann achten die Kunden weniger auf den Preis als auf andere Werte wie (vermutete) Qualität, Image oder Serviceleistungen. In diesem Fall ist ein Markteintritt wesentlich schwieriger. Der Kunde wird beispielsweise nur dann den Anbieter wechseln, wenn er von der besseren Qualität des neuen Marktteilnehmers überzeugt ist. Doch dies ist erst das Ergebnis eines längeren, subjektiven Erfahrungsprozesses. Demgegenüber ist der bessere Preis eine Tatsache, die schnell kommuniziert werden kann.

Wer also in einen qualitätsorientierten, emotionalen Markt eindringen möchte, sollte sich zuvor über dreierlei klar werden: Besteht Qualitätsführerschaft? Kann diese Position dauerhaft gehalten und gegebenenfalls verteidigt werden? Ist das finanzielle Durchhaltevermögen für einen Marken- und Imageaufbau gegeben? Der Markteintritt ist nur dann Erfolg versprechend. Er muss sehr langsam vollzogen werden, hat dann aber sehr gute Erfolgsaussichten und ist von hoher Nachhaltigkeit. Beispiele sind der Automobilmarkt und der für Luxusartikel: Wer bekannt dafür ist, dass er gut ist, macht das Geschäft.

Lektion 5.10: Markteintritt

Es gibt zwei Arten von Märkten:
- **Überwiegend preisgetriebene Märkte,** in denen die Kunden nach dem Preis kaufen und daher wenig subjektive Qualitätsunterschiede aufgebaut werden können. Diese Märkte erfordern nur eine Stärke: die allen Wettbewerbern überlegene Kostenstruktur.
- **Überwiegend qualitätsgetriebene Märkte,** in denen die Kunden subjektiv nach ihrem Qualitätsempfinden entscheiden. Diese Märkte erfordern eine Reihe von aufeinander aufbauenden Stärken: überlegene Qualität, Kommunizierbarkeit und Nachhaltigkeit dieser Überlegenheit, Schutz dieser Qualität vor Nachahmung und finanzielle Stärke, um diese Qualität bekannt zu machen.

Es gibt in jeder Branche nur ein einziges preisgetriebenes Marktsegment, aber unbegrenzt viele qualitätsgetriebene Marktsegmente. Die Definition eines sinnvollen Marktsegments hängt nur von der Anzahl der diesem Segment noch zuzuordnenden Kunden ab und davon, ob mit diesen Kunden der erforderliche Mindestumsatz des anbietenden Unternehmens erzielt werden kann.

Die meisten Märkte befinden sich irgendwo zwischen diesen Extremen. Das liegt daran, dass nicht alle Menschen gleich denken: Einige bevorzugen billige No-Name-Produkte, wogegen andere sehr viel Wert auf Marke oder Zusatzservice wie Garantiezeit etc. legen.

Manchmal verändern sich Märkte auch. Daher ist es wichtig, einen Markt genau zu kennen, um mit der richtigen Strategie zu operieren: »Darüber hinaus muss er die Gestaltung seines Landes kennen lernen und sehen, wie die Berge sich erheben, die Täler verlaufen, die Ebenen sich dehnen, wie die Flüsse und Sümpfe beschaffen sind, und dabei die größte Sorgfalt aufwenden. Solche Kenntnis hat zweierlei Nutzen; erstens lernt er sein Land besser kennen und wie es zu verteidigen sei, und zweitens vermag er durch die praktische Kenntnis dieser Gegenden leicht jede andere Gegend zu verstehen ...« (S. 75 f.)

Kann ein Markt nicht zugeordnet werden, so ist er meist noch nicht ausreichend segmentiert. Die Definition des Marktes hat nämlich hohen Einfluss darauf, wie er zu positionieren ist. Manchmal hilft zum Beispiel eine Nischenstrategie, mit der die Zielkundschaft verändert wird, um bessere Bedingungen zu schaffen.

Dazu ein Fallbeispiel: Die Firma Würth stellt unter anderem Schrauben her. Zwar hat sie keine Kostenführerschaft, doch führt sie in Sachen Qualität. Darüber hinaus verfügt sie über ein umfassendes Sortiment – ein weiterer Qualitätsaspekt. Nehmen wir einmal an, Würth hätte in einer Marktanalyse festgestellt, dass es sich in einer ungünstigen Mittelsituation zwischen Preis- und Qualitätsorientierung seitens der Kunden befindet. Da Würth die Kunden mit Qualitätsorientierung als Erfolg versprechende Zielgruppe ansieht, beschließt das Unternehmen, eine Nischenstrategie zu fahren und nur noch die »Qualitätssucher« zu bedienen. Mithilfe einer Marktforschungsanalyse werden die professionellen Anwender von Würth-Produkten, also die Handwerker, als künftige Zielgruppe identifiziert. Würth entwickelt daraufhin ein innovatives System, um die Schrauben noch besser den Bedürfnissen der Handwerker anzupassen: eine Box, in der Schrauben nach Größe farblich sortiert sind. Diese Box wird geliefert, abgerechnet wird aber nur der individuelle Verbrauch. Würth hat dieses System tatsächlich entwickelt und ist damit außerordentlich erfolgreich.

Anwenden

Wie wir gesehen haben, ist die Kenntnis der eigenen Situation und Position Voraussetzung für ein zielführendes Verhalten.

Anwendung 5.1: Die eigene Situation erkennen

- Zeichnen Sie auf ein Blatt Papier eine Tabelle mit fünf Spalten. Über die erste schreiben Sie »Name«, über die nächsten »selbstlos«, »ambitionslos«, »chancenlos« und »gefährlich«.
- Tragen Sie in die erste Spalte die Namen Ihrer Kollegen ein (egal, wo sie in der Unternehmenshierarchie stehen).
- Gehen Sie danach jeden einzelnen Namen durch und überlegen Sie, welche der Eigenschaften in den Spalten 2 bis 4 auf ihn zutrifft. Dort machen Sie ein Kreuz. Trifft keine der drei Eigenschaften auf Ihren Kollegen zu, dann kreuzen Sie die letzte Spalte an.
- Falls Sie sich unsicher sind, wo Sie Ihr Kreuz machen sollen, können Sie sich mit folgenden Fragen behelfen:

Selbstlos: Würde Ihnen der Kollege in der Kantine der Vortritt lassen, weil Sie es eilig haben?
Ambitionslos: Legt der Kollege Wert darauf, bei Präsentationen vorn zu stehen? Möchte er Unterlagen, die er erstellt, gern mit seinem Namen kennzeichnen? Lauten die Antworten »Ja«, ist der Kollege eher ambitioniert.
Chancenlos: Fehlen dem Kollegen wesentliche Voraussetzungen für eine Beförderung, zum Beispiel Studium, Sprachkenntnisse, Auftreten, Erfahrung?

Jetzt sehen Sie auf einen Blick, welche Kollegen Ihnen beruflich gefährlich werden können. Gegenüber den »gefährlichen«Kollegen sollten Sie sich Ihre Stärken und Schwächen sowie deren spezifische Stärken und Schwächen überlegen, um Ihre Stärken und deren Schwächen in Zukunft zu betonen und dadurch einen Vorsprung zu erlangen (siehe dazu Lektionen 1.2 und 1.3 und Anwendung 1.1 bei Sun-Tsu).

Anwendung 5.2: Markteintritt

1. Analysieren Sie vor einem geplanten Markteintritt, um welche Art von Markt es sich handelt. Entscheidend ist dabei die Frage, nach welchen Kriterien die Kunden ihre Kaufentscheidung treffen: Preis, Qualität, Emotionen.
2. Wenn diese Frage nicht klar zu beantworten ist, gibt es innerhalb des Marktes noch mindestens zwei Kundensegmente, in denen Kundengruppen auftreten, die nach unterschiedlichen Kriterien kaufen. Fokussieren Sie Ihre Marktdefinition dann auf eine dieser Kundengruppen, zum Beispiel: »Lebensmitteleinzelhandel für Familien mit Kindern« (überwiegend preisgetrieben) oder »Lebensmitteleinzelhandel für Gesundheitsbewusste« (überwiegend qualitätsgetrieben). Beachten Sie: Bei Qualitätsmärkten kann es viele weitere Segmente geben, beim Preismarkt nur ein einziges! Falls Sie sichergehen möchten, können Sie diese Frage auch durch eine Kundenumfrage klären, die Sie jedoch an verschiedenen Orten durchführen sollten (also zum Beispiel nicht nur an einer Supermarktkasse), um brauchbare Ergebnisse zu erhalten.
3. Wenn es sich um einen überwiegend preisgetriebenen/rationalen Markt handelt, vergleichen Sie Ihre Kostenstruktur mit denen Ihrer potenziellen Wettbewerber. Falls Sie mit gutem Grund davon ausgehen können, dass Sie dauerhaft günstiger wirtschaften können als Ihre Wettbewerber, können Sie den Markteintritt wagen. Falls Sie dies nicht selbst durchführen können, bitten Sie Ihren Steuerberater oder einen Unternehmensberater.
4. Wenn es sich um einen überwiegend qualitätsgetriebenen/emotionalen Markt handelt, vergleichen Sie Ihr maximales Qualitätsniveau mit dem Ihrer potenziellen Wettbewerber. Prüfen Sie zudem, ob die Qualitätssteigerung durch Ihren Markteintritt einen vermittelbaren Vorteil für den Kunden bringt (Werbung!), ob diese dauerhaft zu erzielen ist und wie schwer sie nachzuahmen ist. Falls Sie auf diese Fragestellungen positive Antworten geben können,

prüfen Sie noch, ob Sie mit Ihren finanziellen Mitteln die Einstiegsphase vorfinanzieren können (Businessplan). Wenn ja, dann können Sie den Markteintritt wagen.

5. Falls Sie diese Analyse nicht mit einer Markteintrittsempfehlung abschließen konnten, überdenken Sie Ihre Marktdefinition. Segmentieren Sie so lange nach Nischenmärkten, bis Sie einen erfolgreichen Markteintritt erwarten können oder – falls sich ein solcher Nischenmarkt nicht findet – bis Sie wissen, dass ein Markteintritt nicht sinnvoll ist und Sie das Vorhaben aufgeben sollten.

Anwendung 5.3: Markt halten und ausbauen

1. Erstellen Sie eine Liste mit allen Wettbewerbern, die Ihnen bekannt sind.
2. Notieren Sie zu jedem Wettbewerber, ob er mächtiger ist als Sie oder nicht. Die Kriterien hierfür sind Umsatz und Wachstum.
3. Notieren Sie außerdem, welcher Wettbewerber sich feindlich verhält (Preiskampf, Abwerben von Kunden).
4. Suchen Sie das Gespräch mit den Wettbewerbern, die weniger oder gleich mächtig sind wie Sie und die nicht feindlich agieren. Bieten Sie eine Interessenkooperation an, zum Beispiel organisiert in einer Lobby oder einem Verband. Zeigen Sie Ihre Offenheit und Ihre Hilfsbereitschaft.
5. Nehmen Sie mit weniger mächtigen, feindlich agierenden Wettbewerbern ebenfalls Kontakt auf und sprechen Sie über die Nachteile dieses Verhaltens für beide Seiten. Falls der Wettbewerber bereit ist, sein Verhalten zu ändern, nehmen Sie ihn in die Lobby beziehungsweise den Verband auf. Andernfalls mobilisieren Sie die Lobby/den Verband gegen den Wettbewerber.
6. Machen Sie gegen mächtigere Wettbewerber mobil.

6 Clausewitz: Vom Kriege

Steckbrief

KURZBESCHREIBUNG: Der preußische und russische Offizier Carl Claußwitz (1827 in den Adelsstand erhoben) ist Autor des wohl bekanntesten Buches zur Kriegstheorie. Sein berühmtestes Zitat ist »Krieg ist eine bloße Fortsetzung der Politik mit anderen Mitteln.« (S. 31) Auf 500 Seiten versucht das posthum herausgegebene Werk, aus Erfahrungsbeispielen eine umfassende militärische Konflikttheorie zu entwickeln. Für eine allgemeine Strategieschule finden sich innovative und moderne Ideen. Wegweisend ist die Erkenntnis, Möglichkeiten als reales Mittel einzusetzen und Motivation als Erfolgsquelle zu verstehen.

ZIELSYSTEM: Oberstes Ziel ist es, den Feind wehrlos zu machen, ohne langfristig Nachteile zu erleiden.

ZAHLEN, DATEN, FAKTEN:
1. 7. 1780: Carl Claußwitz wird als Sohn bürgerlicher Eltern geboren.
1780–1805: Kindheit in Magdeburg, als Zwölfjähriger Eintritt in die preußische Armee.
1806–1807: Clausewitz gerät in französische Kriegsgefangenschaft.
1808–1811: Mitglied des preußischen Generalstabs, 1810 Heirat mit Marie von Brühl.
1812–1813: Freiwilliger Abschied als Major aus preußischen Diensten und Eintritt in die russische Armee.
1814–1831: Rückkehr in preußische Dienste, 1818 Generalmajor und Verwaltungsdirektor der Allgemeinen Kriegsschule Berlin. 1827 in Adelsstand erhoben.
16. 11. 1831: Von Clausewitz stirbt in Breslau an der Cholera.
1832: »Vom Kriege« erscheint aus unvollständigen Aufzeichnungen.

Die drei größten Stärken:

- Clausewitz bewertet eine Möglichkeit so, als sei sie Realität und beachtet tatsächliche Wirkung.
- Erkenntnis, dass es die 100-prozentige Zielerreichung nicht gibt.
- Er erkennt die Bedeutung der Motivation für den Erfolg.

Die drei größten Schwächen:

- Trotz des enormen Umfangs ist das Werk unvollständig geblieben.
- Empfehlungen, die durch die spätere Erfahrung widerlegt wurden.
- Eingeschränkte Anwendbarkeit: Ziele, die die Überzeugung des Gegners voraussetzen, sind nicht erreichbar (Beförderung, Vertragsabschluss etc.).

Schnittstellen mit anderen Schulen und Lehren:

- Ähnlichkeiten mit Machiavelli in Zielsystem, Anwendbarkeit und Weltsicht.
- Ähnliche Erfolgsfaktoren wie bei Senecas Prinzip Wollen – Können – Wagen.

Wissen

Wir schreiben das ausgehende 18. Jahrhundert. In Kunst und Kultur entstehen die großen Werke von Beethoven und Mozart, Goethe und Schiller. Beethoven entgeht der französischen Herrschaft nur durch seine Umsiedlung nach Wien im Jahre 1792, denn Bonn ist zwischen 1794 und 1814 von den Franzosen besetzt. Der Kanal zwischen England und Frankreich wird erstmals im Ballon überquert (1785). Andererseits sind die Gesetze oft noch in mittelalterlichem Zustand. So blüht in Russland der Handel mit Leibeigenen. Und in der Politik und damit letztlich im Leben der Menschen toben zahllose Kriege:

In Amerika ist der Unabhängigkeitskrieg gegen England entfesselt, das Zarentum unter Katharina II. von Russland ist am Höhepunkt seiner Macht und gewinnt den Krieg gegen die Türkei, Frankreich und Spanien versuchen erfolglos die Halbinsel Gibraltar von den Engländern zu erobern. 1789 beginnt die Französische Revolution, und Frankreich erklärt 1792 Österreich den Krieg. Friedrich Wilhelm III., Sohn des legendären Friedrich »dem Großen«, unterstützt Österreich als König von Preußen. Damit gibt es fast kein Land in Europa, das zwischen 1780 und 1800 nicht unmittelbar in Kriege verwickelt ist.

Kein Wunder, dass vor einem solchen Hintergrund alle gesellschaftlichen Aktivitäten militaristisch geprägt waren. Genau dieses Preußen war die Kinderstube des Bürgerlichen Carl Claußwitz (später Clausewitz), der am 1. Juli 1780 in Magdeburg geboren wurde. Schon sehr jung mit der Bedrohung durch Napoleon konfrontiert, trat er – selbst für damalige Zeiten früh – mit zwölf Jahren in die Preußische Armee ein, um Offizier zu werden. Bereits ein Jahr später nahm er am ersten Koalitionskrieg gegen die Franzosen im belagerten Mainz teil.

Die Folgejahre verbrachte Clausewitz in der Garnisonsstadt Neuruppin, wo er sich mit dem Studium kriegswissenschaftlicher Schriften beschäftigte. 1801 folgte die Versetzung an die Allgemeine Kriegsschule nach Berlin. Dort erhielt er Zugang zu zahlreichen philosophischen und kriegstheoretischen Schriften, zum Beispiel Machiavellis »Der Fürst«. Clausewitz war wohl ein aufstrebender, ehrgeiziger, strebsamer Soldat mit ausgeprägtem Sinn für Hierarchien, wie aus folgendem Zitat hervorgeht: »Als ich aber im Jahre 1801 nach Berlin kam und sah, dass geachtete Männer es nicht für gering hielten, mir die Hand zu reichen, da war die Tendenz meines Lebens mit einem Male in Übereinstimmung mit meinem Tun und Hoffen.« (aus einem Brief vom 9. April 1807)

1806 stand das napoleonische Frankreich gegen Preußen im Krieg, an dem auch Clausewitz teilnahm. Nach der Schlacht bei Jena und Auerstedt geriet er für etwas mehr als ein Jahr in französische Kriegsgefangenschaft.

Im Krieg gewann Clausewitz den Eindruck, dass Erfolg sehr stark von der Motivation der Soldaten abhängt: So waren die Franzosen – motiviert durch die Revolution – erfolgreicher als die preußischen Soldaten. Auf dieser Grundlage formulierte er Erfolgsregeln, die die Motivation (»Enthusiasmus«) der Soldaten betreffen.

Nach seiner Freilassung im Jahr 1808 erfolgte die Berufung Clausewitz' in den Generalstab, 1810 heiratete er Marie von Brühl. Bereits damals nannte er sich »von Clausewitz«, obgleich er Bürgerlicher war. Der Namenszusatz wurde ihm erst 1827 für seine militärischen Verdienste verliehen. 1812 trat der Major jedoch zunächst einmal aus der preußischen Armee aus und für zwei Jahre in die russische ein. Vielleicht erhoffte er sich davon eine steilere Militärkarriere, doch das Gegenteil war der Fall: Nach seiner Rückkehr in die preußische Armee sollte sich diese Eskapade als Makel erweisen. Eine Folge war, dass man ihn zwar 1818 als Generalmajor zum Verwaltungsdirektor der Allgemeinen Kriegsschule in Berlin ernannte, ihm jedoch die Lehrberechtigung verweigerte. Clausewitz begann in dieser Zeit, seine Erkenntnisse niederzuschreiben. Doch er starb, bevor er sein Werk vollenden konnte, das seine Witwe 1831 herausgab.

Wenn man »Vom Kriege« liest, drängt sich allerdings der Verdacht auf, dass es nicht die fehlende Zeit war, die Clausewitz an der Vollendung hinderte: 500 Seiten voll epischer Breite, ausschweifender Wiederholungen, blumiger Rechtfertigungen der Unvollständigkeit, Querverweise und eine Unzahl von Sonderfällen verleihen dem Text Längen. Hier ein Beispiel zum Schmunzeln: »So glauben wir, dass die ersten Kapitel der Verteidigung ein hinreichendes Licht auf den Angriff werfen in allen Punkten, welche sie berühren. Aber so wird es nicht durchgehend bei allen Gegenständen sein, das Gedankensystem hat niemals ganz erschöpft werden können, es ist also natürlich, dass da, wo der Gegensatz nicht so unmittelbar an der Wurzel des Begriffs liegt, wie bei den ersten Kapiteln, aus dem, was in der Verteidigung gesagt ist, nicht unmittelbar dasjenige folgt, was vom Angriff gesagt werden kann.« (S. 419)

Hat man sich als Leser an diesen fulminanten Stil gewöhnt, sieht man sich mit einer ganz anderen Erschwernis konfrontiert: Dem Buch fehlt die übergreifende Systematik, die die einzelnen Aussagen verbinden würde. »Von Kriege« ist ein Sammelsurium an Gedanken und Erfahrungen, die durch eine eher vorläufige Struktur zusammengehalten werden. Clausewitz' Vorgehensweise war rein empirisch, also auf Erfahrungsbeispielen aufbauend, und orientierte sich nicht an einem übergeordneten, theoretischen Prinzip. Clausewitz selbst formuliert dies so: »Wir bekennen also, dass wir in diesem Kapitel keine Grundsätze, Regeln oder Methoden anzugeben wissen, weil uns die Geschichte nichts dergleichen darbietet und man dagegen fast in jedem einzelnen Moment auf Eigentümlichkeiten stößt, die sehr häufig ganz unverständlich sind, oft sogar durch Wunderlichkeit überraschen.« (S. 415)

Der erste Entwurf des Textes stellt wohl eine Huldigung an das kriegerische Talent von Napoleon dar, dem Preußen nichts Gleichwertiges entgegenzusetzen hatte, was Clausewitz persönlich enttäuschte. Deshalb bemühte er sich als junger Offizier, Napoleons Erfolgsprinzipien in eine verständliche Lehre zu gießen, die er durch Beispiele aus der Geschichte (teilweise auch aus der Legende) untermauerte.

Als der Stern Napoleons sank, sah sich Clausewitz offenbar veranlasst, viele seiner Ideen zu ergänzen, zu verändern und zu relativieren. Dadurch büßte der Text an Konsistenz ein und es entsteht bisweilen der Eindruck von Flickwerk. Erschwerend kommt hinzu, dass Clausewitz selbst in seinen letzten Lebensjahren scharfe Kritik an »Vom Kriege« übte: »Das Manuskript über die Führung des großen Krieges, welches man nach meinem Tode finden wird, kann, so wie es da ist, nur als eine Sammlung von Werkstücken betrachtet werden, aus denen eine Theorie des großen Krieges aufgebaut werden sollte. Das meiste hat mich noch nicht befriedigt, und das sechste Buch ist als ein bloßer Versuch zu betrachten; ich würde es ganz umgearbeitet und den Ausweg anders gesucht haben. ... Das erste Kapitel des ersten Buches ist das einzige, was ich als vollendet betrachte; es wird wenigstens dem Ganzen den Dienst erweisen, die Richtung anzugeben, die ich überall halten wollte.« (S. 9 f.) Wer also eine große, umfassende Kriegstheorie bei Clausewitz erkennen will, tut dem Werk sicher Unrecht. Schließlich hielt er selbst seine Ausführungen für unvollständig und vorläufig.

Schade ist auch, was Clausewitz alles *nicht* geschrieben hat. In Anlehnung an Machiavelli schimmert auch hier bisweilen das Weltbild seiner Zeit durch. So schreibt seine Frau Marie im Vorwort: »Es versteht sich von selbst, dass ich dabei auch nicht die entfernteste Absicht haben kann, mich als die eigentliche Herausgeberin eines Werkes zu betrachten, das weit über meinem Horizont liegt.« (S. 3) Gut, dass wir diese Sichtweise überwunden haben! Als Managementberater kann ich es nicht oft genug wiederholen: Jede Gesellschaft und jede Strategie ist im Nachteil, deren Zielerreichung nicht durch alle verfügbaren Ressourcen unterstützt wird. Die Unterschätzung und Unterdrückung von Frauen führt zu einer mangelnden Selbstachtung, wie sie im obigen Zitat sichtbar wird, und ist ein erheblicher Verlust an Potenzial. Das haben leider weder Clausewitz noch Machiavelli erkannt – wohl aber Seneca!

Eine weitere, aus heutiger Erfahrung unsinnige Vorstellung ist der »Befehl zur Leichentreue«: »Ein Heer, welches ... auch mitten im Verderben der Niederlage die Kraft zum Gehorsam nicht verliert, ... ein solches Heer ist vom kriegerischen Geiste durchdrungen.« (S. 121) Im Klartext heißt das: Die Soldaten sollen in blindem Gehorsam kämpfen und das selbständige Denken bitte unterlassen. Auch wenn die Niederlage offensichtlich ist, sollen sie sich lieber töten lassen, als nachzudenken und einen Ausweg zu suchen. Auch vor dieser Lektion sei dringend gewarnt: Wer in der Wirtschaft den Realitäten nicht ins Auge sehen kann, verliert schnell jede Handlungsfähigkeit und ruiniert sich und sein Unternehmen.

Ein einfaches Fallbeispiel: In den 1950er Jahren war es üblich, dass Arbeiter und Angestellte zur Arbeit erschienen und (mehr oder weniger blind) die Anweisungen ihrer Chefs ausführten. Die Armeen von Arbeitern bauten so beispielweise Tausende von Autos. Als in den 1980er Jahren die japanischen Autos plötzlich marktbeherrschend wurden, herrschte Ratlosigkeit. Doch der Grund für diesen Aufstieg war einfach: In Japan wurden Prämien für das Mitdenken bezahlt! Schließlich kennt niemand eine Arbeit besser als derjenige, der sie ausführt. Und jeder Arbeiter ist in der Lage, Konzepte zu entwickeln, um Fehler zu vermeiden, schneller zu werden oder den Arbeitsprozess zu optimieren. Eiji Toyoda, Chairman von Toyota Motors aus Japan, bringt es auf den Punkt: »Eine der Eigenschaften der japanischen Arbeiter ist es, dass sie sowohl ihre Hände als auch ihren Kopf zu gebrauchen wissen.« (Kaizen: der Schlüssel zum Erfolg der Japaner im Wettbewerb, S. 38). Es ist Verschwendung, einen ganzen Arbeiter mit Kopf und Händen zu bezahlen und dann nur seine Hände in der Firma einzusetzen.

Um den Wert von Clausewitz' Kernlehre dennoch für uns zu erschließen, werden wir uns auf die klaren, unmissverständlichen Aussagen mit Bezug zur Anwendung konzentrieren. Denn die Bedeutung dieses Textes liegt nicht in der großen Kriegslehre, sondern darin, allgemein gültige Erfolgsfaktoren zu formulieren. So ist der viel zitierte Satz, dass Krieg die bloße Fortsetzung der Politik mit anderen Mitteln sei, mehrfach durch die Geschichte widerlegt worden. In anderen Worten behauptete Clausewitz nämlich, dass jeder Krieg (Gewaltanwendung) ebenso wie die Politik einen Zweck habe (Zielerreichung), dieser Zweck aber anders, nämlich mit Gewalt, erreicht werde als in der gewaltfreien Politik. Dies traf auf mehrere Kriege der Neuzeit aber nur zu Beginn zu; dann traten Umstände ein, die den Zweck in unerreichbare Ferne rücken ließen. Nach Clausewitz' Logik hätten diese Kriege dann aber enden müssen, denn jeder Krieg, der nicht gewonnen werden kann und dessen Zweck demnach nicht erfüllt wird, der aber dennoch weitergeführt wird, widerspricht diesem berühmtesten Satz von Clausewitz.

Übertragen auf unsere Strategielehre sieht dies jedoch etwas anders aus, denn hier können wir tatsächlich von einer umfassend rationalen und zielgerichteten Handlungsweise ausgehen. Daher sind Clausewitz' Ideen heute vielleicht sogar besser auf Strategieprinzipien anwendbar als auf das Kriegsgeschehen.

Verstehen

Das Zielsystem von Clausewitz ist klar und konkret: »Das Ziel ist, den Feind wehrlos zu machen.« (S. 21) Und an einer anderen Stelle: »Das Niederwerfen des Feindes ist das Ziel des Krieges.« (S. 421)

Zum Krieg heißt es: »Der Krieg ist ein Akt der Gewalt, um den Gegner zur Erfüllung unseres Willens zu zwingen.« (S. 18) Allerdings gibt es für unsere Suche nach Erfolgsregeln eine erhebliche Einschränkung: »Gewöhnt man sich nicht, den Krieg und im Kriege den einzelnen Feldzug als eine Kette zu betrachten, die aus lauter Gefechten zusammengesetzt ist, wo eins immer das andere herbeiführt, gibt man sich der Vorstellung hin, dass die Einnahme gewisser geografischer Punkte und die Besitznahme unverteidigter Provinzen an sich etwas sei, so ist man auch nahe daran, es als einen Vorteil zu betrachten, den man nebenbei einstecken könnte, und indem man es so und nicht als ein Glied in der ganzen Reihe der Begebenheiten betrachtet, fragt man sich nicht, ob dieser Besitz nicht später zu größeren Nachteilen führen wird.« (S. 21) Wer sich also ein Ziel setzt, muss auch die langfristigen Folgen beachten.

Lektion 6.1: Zielcheck

Fragen Sie sich bei allen Entscheidungen und Handlungen, ob sie Sie Ihrem Ziel näher bringen. Verfolgen Sie nur Handlungen, die nicht langfristig zu Nachteilen führen.

Allein die Zielformulierung ist interessant: Für Clausewitz gibt es offenbar nur Gegner (Feinde) und Freunde. Und Erstere müssen mit Gewalt »niedergeworfen« oder »wehrlos gemacht« werden. Eine Möglichkeit, zu überzeugen oder überzeugt zu werden, besteht offenbar nicht. Sein Fokus auf den Krieg, der als Mittel nicht kritisch hinterfragt wird, schränkt die Übertragbarkeit seiner Empfehlungen für eine Strategielehre stark ein.

Der Aufbau des Buches sieht folgendermaßen aus:

Abschnitt	**Titel**	**Seiten**
Erster Teil		**176**
Erstes Buch	Über die Natur des Krieges	46
Zweites Buch	Über die Theorie des Krieges	46
Drittes Buch	Von der Strategie überhaupt	39
Viertes Buch	Das Gefecht	45
Zweiter Teil		**223**
Fünftes Buch	Die Streitkräfte	68
Sechstes Buch	Verteidigung	155
Dritter Teil		**98**
Skizzen zum siebten Buch	Der Angriff	40
Achtes Buch	Kriegsplan	58

Abgesehen von den beiden Kapiteln über die operativen Themen »Gefecht« und »Streitkräfte«, die praktische Hilfestellung für konkrete Kampfhandlungen geben, lassen die Überschriften die Elemente der Erfolgslehre bereits erkennen:

- Allgemeine Lektionen in den ersten beiden Büchern.
- Strategie als (operative) Taktik bestimmt das dritte Buch; die Vorbereitung dazu durch einen Kriegsplan wird in Buch 8 dargelegt.
- Angriff und Verteidigung als notwendige Bestandteile der Strategie werden in den Büchern 6 und 7 erläutert.

Genau in dieser Reihenfolge werden wir im Folgenden die Lektionen von Clausewitz betrachten.

Allgemeine Lektionen

Zunächst definiert Clausewitz, was Zielerreichung bedeutet. In dem auf Seite 230 zitierten Text warnt Clausewitz nicht nur vor langfristigen Nachteilen, sondern auch davor, ein Ziel nur als absoluten Endpunkt zu sehen. Wenn man immer auch den Prozess im Auge behält, wird das Ziel gleichzeitig Ausgangspunkt für weiter gehende Ziele sein.

Für Clausewitz ist nicht der Weg das Ziel, sondern für ihn ist das Ziel eine Art Wegstation, von der aus die nächste Wegstation in Angriff genommen wird. Aus dieser Vorstellung spricht viel Lebenserfahrung, denn letztlich lässt sich doch jede unserer Handlungen einem Ziel zuordnen, wenn man es zulässt, dass sich diese Ziele im Lauf der Zeit ändern können.

Lektion 6.2: Der Weg besteht aus einer Kette von Zielen.

- Gewöhnen Sie sich an, bei der Zielentwicklung immer im Prozess zu denken.
- Überlegen Sie sich dazu mindestens immer *zwei* Ziele: erstens das direkt zu erreichende Ziel, und zweitens das Ziel, das Sie *danach* anstreben wollen. Auf diese Weise stellen Sie sicher, dass Sie nie in einer Sackgasse landen und sich ständig weiterentwickeln können.

Clausewitz war Pragmatiker, und deshalb wusste er, dass jeder Besitz auch im Hinblick auf seine Lasten und Nachteile bewertet werden muss. Dies gilt für Landbesitz ebenso wie für Gegenstände.

Die Nachteile des Besitzes werden sehr poetisch im chinesischen Film »Tiger & Drachen« (Regie: Aug Lee, USA/Taiwan 2000) geschildert. Darin sagt der Lehrmeister zu seinem Schüler: »Wenn du die Hand um deinen Besitz schließt, um ihn festzuhalten, dann gehört nur dieser Besitz dir, aber du kannst deine Hand zu nichts anderem mehr gebrauchen. Wenn du aber deine Hand öffnest, gehört dir die ganze Welt.«

Das formulieren wir in der folgenden Lektion so:

Lektion 6.3: Nebenwirkungen der Zielerreichung

- Jedes Ziel hat auch Nebenwirkungen.
- Bedenken Sie bei jedem Ihrer Ziele, welche Folgen seine Erreichung für Sie haben kann: Folgekosten, Zeitaufwand oder Zusatzrisiken.

- Falls Sie mehr Nachteile als Vorteile identifizieren, sollten Sie Ihr Ziel abändern.

Wegweisendes verfasste Clausewitz zur Bedeutung des Zufalls und der Wirkung der Möglichkeiten. Beides hat starke Bezüge zur Chaostheorie, die wir bei Sun-Tsu diskutiert haben. Sun-Tsu ging ja von einer völligen Planbarkeit der Strategie aus, was wir mithilfe der Chaostheorie widerlegen konnten. Clausewitz, der die Chaostheorie ebenso wenig kannte wie Sun-Tsu, vermied diesen Fehler und formulierte eine mit unserem Kenntnisstand sehr gut zu vereinbarende Lektion: »Wir sehen hieraus, wie die objektive Natur des Krieges ihn zu einem Wahrscheinlichkeitskalkül macht; nun bedarf es noch eines einzigen Elementes, um ihn zum Spiel zu machen, und dieses Element entbehrt er gewiss nicht: Es ist der Zufall. Es gibt keine menschliche Tätigkeit, welche mit dem Zufall so beständig und so allgemein in Berührung stünde als der Krieg. Mit dem Zufall aber nimmt das Ungefähr und mit ihm das Glück einen großen Platz in ihm ein.« (S. 29)

Dabei bestimmen nicht nur Zufälle das Geschehen, sondern es kommt noch schlimmer: Auch die Möglichkeiten von Ereignissen nehmen Einfluss! »Durch die bloße Aufstellung von Streitkräften auf einem Punkt wird ein Gefecht daselbst bloß möglich, und nicht immer findet es wirklich statt. Ist nun eine Möglichkeit schon als Realität zu betrachten, als ein wirkliches Ding? Allerdings. Sie wird es durch ihre Folgen, und diese Wirkungen, welche sie auch sein mögen, können niemals fehlen. Mögliche Gefechte sind der Folge wegen als wirkliche zu betrachten.« (S. 117)

Zwar sind Möglichkeiten keine realen Ereignisse, aber es sind Ideen, die einmal zu Ereignissen werden könnten. Clausewitz erkannte, dass solche Möglichkeiten eine enorme Wirkung auf das Geschehen entfalten können, besonders wenn sie nie wirklich stattfinden. Diese Feststellung muss zu einem ganz neuen strategischen Ansatz führen.

Ein Beispiel aus der jüngeren Vergangenheit ist der Kalte Krieg: Hier war die bloße Möglichkeit, dass eine Konfliktpartei die ganze Welt vernichtet, eine ausreichend große Hürde für alle Beteiligten, den bevorstehenden Krieg zu beginnen – sieht man einmal davon ab, dass auch hier der (glückliche) Zufall seine Hände im Spiel hatte, denn ein falscher Alarm hätte wahrscheinlich ausgereicht, um die Lage eskalieren zu lassen.

Die Beachtung von Möglichkeiten in der strategischen Planung wird bisher massiv unterschätzt. Dort, wo die Wirkung von Möglichkeiten beachtet wird, treten teilweise erhebliche Wirkungen ein. In der Politik hat die (glücklicherweise) gelungene atomare Abschreckung, also die Drohung und die Möglichkeit eines sofortigen Gegenschlags im Fall eines Angriffs, zur Vermeidung großflächiger Vernichtungskriege beigetragen. Dies gilt leider nicht für kleinere Kriege zwischen einzelnen Ländern.

Ein anderes, wirtschaftliches Fallbeispiel dafür ist die »Bestpreis-Strategie«. Hier garantiert ein Anbieter, dass er jeden günstigeren Preis eines Wettbewerbers halten wird. Für alle Wettbewerber bedeutet dies die Möglichkeit, dass der Anbieter jederzeit seine Preise senkt, wenn sie selbst dies tun. Damit aber macht Preisunterbietung keinen Sinn mehr, und es wird in der Regel auch nicht mehr dazu kommen. So hatte die Möglichkeit schon reale Wirkungen, ohne selbst eingetreten zu sein – nämlich die Preisstabilisierung im Markt. Daraus können wir sogar eine Lektion ableiten:

Lektion 6.4: Möglichkeiten sind Realitäten und müssen wie solche behandelt werden

Wenn Sie einen gleichwertigen Gegner dazu bringen wollen, sich kooperativ zu verhalten, drohen Sie glaubwürdig mit sofortiger Gegenreaktion für den Fall eines Angriffs. Da Ihre Gegenreaktion die Wirkung der Gegneraktion neutralisieren könnte (Möglichkeit!), wird der Gegner vom Angriff absehen. Dies funktioniert nicht bei sehr unterschiedlichen Kräfteverhältnissen: Wenn Sie zu schwach sind und Ihre Drohung daher nicht neutralisieren kann, wirkt sie nicht.

Strategie und Planung

Bevor wir uns mit dem Thema Planung beschäftigen, ist es sinnvoll, Clausewitz' Definition anzusehen: »Die Strategie ist der Gebrauch des Gefechts zum Zweck des Krieges, … d. h. sie entwirft den Kriegsplan, und an dieses Ziel knüpft sie die Reihe der Handlungen an, welche zu demselben führen sollen.« (S. 113) Und weiter: »Die Strategie bestimmt den Punkt, auf welchem, die Zeit, in welcher, und die Streitkräfte, mit welchen gefochten werden soll; sie hat also durch diese dreifache Bestimmung einen sehr wesentlichen Einfluss auf den Ausgang des Gefechts.« (S. 126)

All dies ist sehr nahe am heutigen Stand der Betriebswirtschaftslehre. Clausewitz sagt, dass eine Strategie aus drei Dimensionen besteht: Sie gibt vor, **wo, wann und womit** das Gefecht beziehungsweise das Ziel erreicht werden soll. Es überrascht jedoch, dass ein wesentlicher Punkt fehlt: nämlich die Art und Weise, also wie dies zu geschehen hat. Vielleicht ist dies auf die Unvollständigkeit des Werkes zurückzuführen, jedenfalls gehört das **Wie** der Zielerreichung unbedingt zur Strategie dazu.

Lektion 6.5: Die vier Dimensionen der Strategie

Die Strategie ist der Plan, der zum Ziel führen soll. Legen Sie fest,
1. wann,
2. wo,
3. womit und
4. wie
Ihr jeweiliges Ziel zu erreichen ist.

Dabei war sich Clausewitz darüber im Klaren, dass eine ständige Beobachtung von Planung und Realisierung, Einhaltung und Abweichung von der Strategie erforderlich ist, um Zufallselemente und unvollständige Information auszugleichen: »Auch in der Strategie wird manche Anordnung erst nach dem Augenschein, nach ungewissen, von einem Tage zum anderen, von einer Stunde zur anderen eingehenden Nachrichten, endlich nach den wirklichen Erfolgen der Gefechte getroffen; es ist also eine wesentliche Bedingung der strategischen Führung, dass nach Maßgabe der Ungewissheit Streitkräfte zur späteren Verwendung zurückgehalten werden.« (S. 141)

Seine Strategie ist es also, dieser Unsicherheit durch ein Sicherheitspolster Rechnung zu tragen, um die Wahrscheinlichkeit der Zielerreichung zu erhöhen.

Lektion 6.6: Reserven bilden

- Um strategisch gut zu planen, hoffen Sie das Beste, aber planen Sie in allen Punkten Reserven ein, um auf das Schlechteste vorbereitet zu sein.
- Bedenken Sie auch, dass Sie nicht alles wissen und unvorgesehene Hürden und Hindernisse auftauchen könnten.
- Diese Lektion gilt für jeden Ressourceneinsatz (Geld, Zeit etc.).

Die Kernerfolgsfaktoren fasst Clausewitz folgendermaßen zusammen: »Diejenigen Dinge nun, welche diesen Erfolg vorzüglich herbeiführen oder erleichtern, also die Hauptprinzipien der strategischen Wirksamkeit, sind folgende:

1. Der Vorteil der Gegend.
2. die Überraschung …,
3. der Anfall von mehreren Seiten …,
4. der Beistand des Kriegstheaters und alles, was dazugehört,
5. der Beistand des Volkes,
6. die Benutzung großer moralischer Kräfte.« (S. 268)

Übertragen auf die wirtschaftliche Fragestellung eines Unternehmens im Markt ließe sich diese Aufstellung wie folgt formulieren:

- Hohe Kernkompetenzen und Marktnähe,
- richtiger Zeitpunkt,

- Kontrolle des Wettbewerbsumfelds,
- ausreichende Finanzmittel,
- gute Marktnachfrage,
- hohe Motivation.

Gehen wir die einzelnen Punkte einmal durch. Der »Vorteil der Gegend« bedeutet, dass eine Strategie erfolgreicher ist, wenn sie in einem Gebiet stattfindet, in dem sich der Handelnde auskennt (im Wirtschaftszusammenhang gesprochen: in dem er seine **Kernkompetenzen** hat). Dabei muss der Handelnde nah am Geschehen sein, um die »Vorteile« auch nutzen zu können. Das heißt, er muss *tatsächlich* teilnehmen (in der Wirtschaft: Marktnähe) und nicht nur theoretisch.

Was die **Marktnähe** anbelangt, ist dieser Hinweis durchaus berechtigt. Denn in den meisten Unternehmen besuchen Vertriebsmitarbeiter die Kunden, während die Strategieentwicklung bei der Unternehmensleitung liegt. Nach Clausewitz ist das aber nicht optimal: »Da sich alle diese Dinge (der Strategie und Planung) meistens nur nach Voraussetzungen erfüllen lassen, die nicht alle zutreffen, eine Menge anderer, mehr ins Einzelne gehende, Bestimmungen sich aber gar nicht vorher geben lassen, folgt von selbst, dass die Strategie mit ins Feld muss, um das Einzelne an Ort und Stelle anzuordnen und für das Ganze die Modifikationen zu treffen, die unaufhörlich erforderlich werden. ... Dass man dies, wenigstens was das Ganze betrifft, nicht immer so angesehen hat, beweist die frühere Gewohnheit, die Strategie im Kabinett zu haben und nicht bei der Armee ...« (S. 111 f.) Übertragen bedeutet dies, dass es besser wäre, wenn auch die Unternehmensleitung mal zum Kunden fahren würde. Denn erst dadurch entstünde die geforderte große Marktnähe, die Grundlage für die realistische, versierte Strategie ist.

Ein Fallbeispiel: In der Aluminiumfirma Alcan gab es einen Vorstandsvorsitzenden, der regelmäßig durch ungewöhnliches Verhalten auffiel. Er hatte nämlich die Gewohnheit, einmal im Monat zwei Tage lang mehrere Großkunden zu besuchen, und zwar ohne dies vorher mit seinen Vertriebsleuten abzusprechen. Schließlich wollte er es gerade vermeiden, dass seine Mitarbeiter die Kunden »präparierten«. Da kam es dann schon einmal vor, dass ein Vertriebsmitarbeiter beim Kunden eintraf und dieser ihm schmunzelnd zu verstehen gab: »Ihr Chef war gestern auch schon da.«

Dieser Vorstandsvorsitzende kannte die Vorgänge im Markt genau, wusste um die Sorgen der Kunden und hatte klare Vorstellungen davon, wie sein Unternehmen besser werden konnte. Ganz nebenbei brachte ihm diese Gewohnheit auch einen deutlichen Vertriebsvorteil: Die Kunden fühlten sich durch die Besuche des obersten Chefs besonders gut betreut.

Lektion 6.7: Regelmäßiger Kundenkontakt

- Halten Sie regelmäßigen Kontakt zu Ihren Kunden, auch wenn Sie Mitarbeiter haben, deren Hauptaufgabe dies ist.
- Auch und gerade die Leitungsebenen müssen regelmäßigen und objektiven Kundenkontakt haben.

Dieser Kundenkontakt vermittelt dem Unternehmen nicht nur ein klares Bild davon, *was* der Kunde wünscht, sondern auch, *wann* er dies wünscht und wann der Gegner dies gerade nicht erwartet **(richtiger Zeitpunkt)**. Manchmal ist deshalb ein untypischer Zeitpunkt genau der richtige, weil man den Gegner überrascht.

Fallbeispiel Imageaktionen: Viele Unternehmen verschicken zu Weihnachten Wunschkarten oder Geschenke. Doch zu dieser Jahreszeit werden die Kunden mit solchen Aktionen geradezu überschwemmt und beachten sie deshalb kaum. Der Gegner macht es außerdem genauso. Schicken Sie stattdessen doch eine Karte und ein Geschenk zum Geburtstag des Kunden. Das ist viel persönlicher, und vermutlich wird Ihr Gegner dies nicht tun (außer er hat auch dieses Buch gelesen ...), und Sie heben sich viel stärker von der Konkurrenz ab. Dasselbe gilt übrigens allgemein für Image- und Werbeaktionen:

Lektion 6.8: Erfolgreichere Image- und Werbeaktionen

Machen Sie lieber (Werbe-)Rummel, wenn Ihre Konkurrenz gerade »schläft«, und nicht, wenn sowieso an jeder Ecke ein Sonderangebot verkündet wird. Die Aufmerksamkeit der Kunden wird dann steigen und Ihre Aktion wird viel mehr Erfolg haben.

Dabei stellt Clausewitz heraus, dass kleine Aktionen weniger vorhersehbar sind als große: »Wohin der Feind seine Kolonnen zur Schlacht führt, kann man nur aus dem Augenschein erkennen; wo er einen Fluss überqueren wird, aus wenigen Anstalten, die sich kurz vorher kundtun; auf welcher Seite er unser Reich anfallen werde, das verkünden gewöhnlich schon alle Zeitungen, ehe noch ein Pistolenschuss fällt. Je größerer Art die Maßnahmen werden, umso weniger kann man damit überraschen.« (S. 141)

Als weiteren Erfolgsfaktor nennt Clausewitz den »Anfall von mehreren Seiten«. Auf unsere Fragestellung übertragbar wird dies, wenn wir das »Gefechtsfeld« als **zu kontrollierendes Wettbewerbsumfeld** verstehen. Zu der Frage, was die Wettbewerbskräfte sind, hat Michael Porter in seinen Standardwerken »Wettbewerbsstrategie« und »Wettbewerbsvorteile« umfassend Stellung genommen. Porter identifiziert und beschreibt fünf für den Markt relevante Wettbewerbskräfte: Lieferanten, Abnehmer, neue Wettbewerber, Ersatzprodukte und bestehende Wettbewerber:

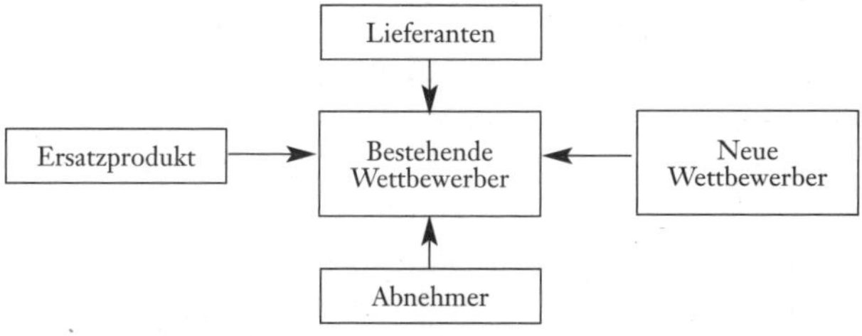

Abb. 12: Die fünf Marktkräfte nach Michael Porter

Der Erfolg im Markt kann Porter zufolge nur von Dauer sein, wenn alle fünf Kräfte kontrolliert werden.

Lektion 6.9: Kontrolle des Wettbewerbsumfelds

1. **Lieferanten:** Beziehen Sie Ihre Ware von mehreren Lieferanten und stellen Sie dadurch sicher, dass jeder Einzelne austauschbar ist und somit unter Druck gesetzt werden kann.
2. **Bestehende Wettbewerber:** Sorgen Sie durch strategisch geschickte Marktpolitik (beispielsweise die Bestpreis-Strategie) dafür, dass die Wettbewerber sich vorhersehbar und friedlich verhalten. Dieser Punkt entfällt, wenn Sie ein Monopolist sind oder durch Übernahme der Wettbewerber zu einem solchen werden können.
3. **Abnehmer:** Achten Sie darauf, dass Ihr Marktangebot nachgefragt ist. Dies zu kontrollieren, ist schwierig. Wenn Ihr Angebot nicht genügend nachgefragt wird, müssen Sie es ändern. Kriterium hierfür sind die Wünsche der Abnehmer.
4. **Ersatzprodukte:** Achten Sie darauf, dass so genannte Substitute, also andere Produkte im Markt mit demselben Nutzen (zum Beispiel: Margarine ersetzt Butter), entweder nicht existieren oder aber teurer sind als Ihr Angebot. Falls bessere oder preiswertere Substitute bestehen, sollten Sie Ihr Angebot ändern und die (besseren) Ersatzprodukte anbieten.
5. **Neue Wettbewerber:** Verhindern Sie durch hohe Markenbekanntheit und/oder strategische Mittel (beispielsweise Bestpreis-Strategie), dass neue Anbieter in den Markt eintreten. Wenn potenzielle Wettbewerber befürchten müssen, dass der Marktpreis bei ihrem Eintritt sinkt und deshalb die Gewinnaussichten schlecht sind, werden sie davon absehen.

Zu den Kernerfolgsfaktoren **Marktnachfrage,** die wir gerade angesprochen haben (Lektion 6.9, Punkt 3), und **ausreichende Finanzmittel** bedarf es keiner weiteren Erläuterung.

Auch Clausewitz stellt dazu nur Folgendes fest: »Mit einem Heer so stark wie möglich ins Feld zu ziehen.« (S. 128) Die einzige Ergänzung könnte sein: Selbst wenn man mit einem Heer »so stark wie möglich« ins Feld zieht, muss diese Stärke noch nicht ausreichend sein für einen Erfolg.

Ein Fallbeispiel ist die Übernahme von Mannesmann durch vodafone, die uns eindringlich vor Augen führte, dass selbst ein großes, starkes Unternehmen (feindlich) übernommen werden kann, wenn der Gegner noch stärker und größer ist. Und obwohl man mit der Verteidigungsposition (wie wir weiter unten noch sehen werden) eigentlich immer im Vorteil ist, war in diesem Fall die Stärke von vodafone hinreichend für den Erfolg.

Lektion 6.10: Ausreichende Mittel

- Prüfen Sie, ob Ihre finanzielle Kraft und Ihre sonstigen Ressourcen (Zeit, Wissen) ausreichen, um die Strategie in die Tat umzusetzen.
- Sollte dies nicht der Fall sein, ermitteln Sie Wege, um an die nötigen Ressourcen zu gelangen. Gibt es solche Wege nicht, sollten Sie Ihre Strategie verändern.

Der letzte Kernerfolgsfaktor, die **Motivation,** ist der wichtigste von allen. Clausewitz hob ihn als Erster in dieser Form hervor, wobei er von Enthusiasmus und Stärke der Willenskraft sprach: »Eben diese Rollen [der kriegerischen Tugend] spielen die natürlichen Eigenschaften eines zum Kriege gerüsteten Volkes: Tapferkeit, Gewandtheit, Abhärtung und Enthusiasmus.« (S. 122) Und: »Wollen wir den Gegner niederwerfen, so müssen wir unsere Anstrengung nach der Widerstandskraft abmessen; diese drückt sich durch ein Produkt aus, dessen Faktoren sich nicht trennen lassen, nämlich: die Größe der vorhandenen Mittel und die Stärke der Willenskraft.« (S. 21)

Hier werden zwei Fragen zur Motivation angesprochen: Erstens, ob die eigene Motivation hoch genug ist, um ein Durchhalten bis zum Erfolg zu gewährleisten, und zweitens, ob die Motivation des Gegners niedrig genug ist, um sie zu überwinden. Beides in Verbindung mit den verfügbaren Mitteln ergibt die Erfolgswahrscheinlichkeit.

Lektion 6.11: Erfolgswahrscheinlichkeit

Berechnen Sie Ihre Erfolgswahrscheinlichkeit:
Erfolgswahrscheinlichkeit = (eigene Mittel × eigene Motivation) – (Mittel des Gegners × Motivation des Gegners)
Siehe dazu die Anwendung 6. 1.

Vergleichbar mit Senecas Ansatz (Wollen – Können – Wagen) fasst Clausewitz diejenigen Faktoren, die für den Erfolg erforderlich sind, in den »moralischen Hauptpotenzen« zusammen: »Die moralischen Hauptpotenzen … sind: die Talente des Feldherrn, kriegerische Tugend des Heeres, Volksgeist desselben.« (S. 119)

Übertragen bedeutet dies:

1. Die Talente des Feldherrn: Der Unternehmensleiter muss die Strategieumsetzung *wagen.*
2. Die kriegerische Tugend des Heeres: Die Mitarbeiter müssen die Strategie umsetzen *können* …
3. Der Volksgeist desselben: … und *wollen.*

Zu Beginn steht die Frage, ob ein Schritt gewagt wird, im Zentrum jeder Strategieumsetzung. Kenntnisse und Motivation der Mitarbeiter lassen sich verbessern, fehlt es jedoch am ersten der drei Erfolgsfaktoren, verlieren die anderen ihre Bedeutung: »Es klingt sonderbar, … dass zu einem wichtigen Entschluss in der Strategie viel mehr Stärke des Willens gehört als in der Taktik. In dieser reißt der Augenblick mit fort, der Handelnde fühlt sich in einem Strudel fortgezogen, gegen den er ohne die verderblichsten Folgen nicht ankämpfen darf, er unterdrückt die aufsteigenden Bedenklichkeiten und wagt sich mutig weiter. In der Strategie, wo alles viel langsamer abläuft, ist den eigenen und fremden Bedenklichkeiten, Einwendungen und Vorstellungen und also auch der unzeitigen Reue viel mehr Raum gegönnt, und da man die Dinge in der Strategie nicht wie in der Taktik wenigstens zur Hälfte mit eigenen leiblichen Augen sieht, sondern alles erraten und vermuten muss, so ist auch die Überzeugung weniger kräftig. Die Folge ist, dass die meisten Generale, wo sie handeln sollten, in falschen Bedenklichkeiten stecken bleiben.« (S. 113)

Fast sollte man meinen, dass Clausewitz der geistige Vater des Spruches »Wir suchen Hoffnungsträger und keine Bedenkenträger« war. Welche Eigenschaften diese Hoffnungsträger haben sollen, zeigt der folgende Text: »Diesen Weg unverrückt zu verfolgen, den Plan durchzuführen, nicht durch tausend Veranlassungen tausendmal davon abgebracht zu werden, das erfordert außer einer großen Stärke des Charakters eine große Klarheit und Sicherheit des Geistes; und von tausend Menschen, die ausgezeichnet sein können, der eine durch Geist, der andere durch Scharfsinn, wieder andere durch Kühnheit oder durch Willensstärke, wird vielleicht nicht einer die Eigenschaften in sich vereinigen, die ihn in der Bahn des Feldherrn über die Linie des Mittelmäßigen erheben.« (S. 113)

Lektion 6.12: Vier Eigenschaften des guten Managers

Ein guter Manager sollte folgende vier Eigenschaften besitzen:
1. Geist: Wissen und Ausbildung,
2. Scharfsinn: analytische Fähigkeiten,
3. Kühnheit: Wagemut und Hoffnungsträger sein,
4. Willensstärke: Motivation und Engagement.

Letztlich kommt es dabei auf die Umsetzungsleistung an und nicht auf die Planung: »Reden ist Silber, Handeln ist Gold!«

Sieht man sich Stellenanzeigen an, so fällt auf, dass die Eigenschaften 1, 2 und 4 meistens genannt werden, während die dritte Eigenschaft selten oder nie erwähnt wird. Offenbar unterschätzen die Personalabteilungen die Bedeutung von Mut zum Risiko. Doch das genau macht den guten Unternehmer aus.

Angriff und Verteidigung

Das mit Abstand umfangreichste Einzelkapitel bei Clausewitz ist dem Thema Verteidigung gewidmet. Für ihn hatte die Verteidigung einen hohen Stellenwert und er sah den Verteidiger in aller Regel auch im Vorteil: »Was ist der Zweck der Verteidigung? Erhalten. Erhalten ist leichter als gewinnen, schon daraus folgt, dass die Verteidigung bei vorausgesetzten gleichen Mitteln leichter sei als der Angriff. … Die verteidigende Form des Kriegführens ist an sich stärker als die angreifende.« (S. 264)

Lektion 6.13: Verteidigen ist stärker als Angreifen

Wer erfolgreich sein will, muss zunächst in der Lage sein, seine aktuelle Position zu halten. Erst dann kann er, aus zusätzlicher Stärke heraus, eine Offensive wagen.

Um erfolgreich zu verteidigen, genügt es, genauso gut zu sein wie der Gegner. Für einen erfolgreichen Angriff muss ich aber besser sein als mein Gegner. Verteidigung ist also einfacher als Angriff! Dies widerspricht Musashis Lektion (2.11), in der er dem Angreifenden die Wahl der Mittel und damit einen Ressourcenvorteil zusprach. Beide Positionen sind begründet, es kommt also auf die Rahmenbedingungen an.

Beispiel: Am 14. Juni 2002 lief Tim Montgomery in Paris die 100 Meter in 9,78 Sekunden. Er war 37 Stundenkilometer schnell und lief damit Weltrekord. Wenn jemand anderer vor dem 14. Juni 2002 diese Zeit gelaufen wäre, wäre er Weltrekordhalter geworden und geblieben, auch nach dem Lauf von Montgomery. Nach diesem Datum muss es jedoch jemand schaffen, die Strecke schneller, nämlich in höchstens 9,77 Sekunden zu laufen, um Weltmeister zu werden. 0,01 Sekunden klingt nach wenig, aber auf einer Strecke von 100 Metern sind dies rund 10 Zentimeter Unterschied!

Nun ist für den Erfolg aber letztlich Ausschlag gebend, wie viel Kraft man tatsächlich einsetzen kann. Clausewitz' Empfehlungen: »Alle Kräfte, welche für einen strategischen Zweck bestimmt und vorhanden sind, sollen gleichzeitig darauf verwendet werden, und diese Verwendung wird umso vollkommener sein, je mehr alles in einen Akt und in einem Moment zusammengedrängt wird.« (S. 140) Weiter heißt es: »Gegen einen matten, von tausend Rücksichten gelähmten, kaum noch vorhandenen Entschluss ist oft der Schein eines Widerstands genug.« (S. 290)

Lektion 6.14: Die »0 Prozent oder 100 Prozent«-Regel

- Wenn Sie eine Entscheidung treffen, dann setzen Sie sie mit 100 Prozent Ihrer Kraft um.
- Wenn Sie eine Entscheidung nicht treffen möchten, dann verschwenden Sie keine weitere Kraft an sie.
- Machen Sie alles nach dem Prinzip: ganz oder gar nicht.

Ein Fallbeispiel dazu: Wie viele Abiturienten wusste auch ich nicht genau, was ich eigentlich werden wollte. Da ich Mathe und Physik als Leistungskurse hatte, ließ ich mich von meinem besten Schulfreund mitreißen und begann das Studium der Bauingenieurlehre. Bereits nach wenigen Monaten fand ich das Studium langweilig. Natürlich ließen mit meinem Interesse auch die Leistungen nach. Statt mich weiter durch das Studium zu quälen und unglücklich als mittelmäßiger Bauingenieur zu enden, entschied ich mich nach dem zweiten Semester zum Wechsel und begann mein BWL-Studium, das ich dann auch mit großer Begeisterung abschloss. Einigen Bauingenieur-Kommilitonen erging es ähnlich, sie wollten jedoch nicht »so schnell aufgeben«. Heute zeigt sich: Besser hätte ich es nicht machen können. Das Jahr meines Bauingenieur-Studiums war nämlich nicht »verloren«, sondern ich hatte es gebraucht, um meine wirklichen Interessen zu erkennen. Nach dieser Erkenntnis schnell zu entscheiden und die Richtung komplett zu ändern war genau richtig.

Der ehemalige Bundeskanzler und rheinische Gründungsvater der Bundesrepublik Deutschland, Konrad Adenauer, reduzierte dieselbe Grundüberzeugung auf den prägnanten Satz »Wat interessiert mich der Schnee von jestern?« Wir würden gut daran tun, Meinungsänderungen und Richtungswechsel nicht als Schwäche zu interpretieren, wenn sie gut begründet und im Sinne der »0 Prozent oder 100 Prozent«-Regel klar entschieden sind. Viel schädlicher für die Zielerreichung sind Wankelmut und »Ja, aber«-Einstellungen.

Lektion 6.15: Erfolg im Angriff

Besteht die Möglichkeit, den Gegner in eine subjektiv dauerhafte, nachteiligere Position zu bringen als diejenige, die mit einer Kapitulation vor dem Angriff verbunden wäre, so wird der Gegner zum Nachgeben gebracht. Damit erzielt der Angreifer den gewünschten Erfolg. Dieser Erfolg muss jedoch dauerhaft durch Zwang aufrechterhalten werden, da sonst mit Widerstand seitens des Gegners zu rechnen ist!

Um einen Angriff erfolgreich zu führen, ist jedoch auch die Methode von Bedeutung. Ziel muss es sein, den Gegner dauerhaft in eine benachteiligte Lage zu versetzen: »Wenn der Gegner unseren Willen erfüllen soll, so müssen wir ihn in eine Lage versetzen, die nachteiliger ist als das Opfer, welches wir von ihm fordern; die Nachteile dieser Lage aber dürfen natürlich, wenigstens dem Anscheine nach, nicht vorübergehend sein, sonst würde der Gegner den besseren Zeitpunkt abwarten und nicht nachgeben.« (S. 21)

Diese Empfehlung sollte meiner Erfahrung nach jedoch nur angewendet werden, wenn alle anderen, konstruktiven Möglichkeiten ausgeschöpft sind. Das Problem ist nämlich, dass sich der Gegner in jedem Fall als Verlierer fühlen und auf Revanche sinnen wird.

Da wir nicht wie im Krieg unseren Gegner töten wollen, ist diese Regel also nur bedingt auf den Wirtschaftskontext übertragbar. Langfristig ist es besser, die umgekehrte Strategie zu verfolgen: dem Gegner durch Erfüllung unseres Willens zu attraktiven Vorteilen verhelfen. Dies führt dann zur klassischen Win-Win-Situation, einem vorteilhaften und nachhaltig stabilen Zustand, bei dem es keine Verlierer gibt.

Anwenden

Die schwierigste Anwendung aus den Empfehlungen in Clausewitz' Strategielehre ist sicher die Ermittlung der Erfolgswahrscheinlichkeit einer Zielsetzung. Daher soll diese nun als letzte Anwendung des Buches praktisch vorgeführt werden. Dabei soll berücksichtigt werden, ob es sich um einen Angriff oder eine Verteidigung handelt. Auch hier ist wieder die Scoring-Methode hilfreich, die wir bereits von Sun-Tsu kennen.

Anwendung 6.1: Berechnung der Erfolgswahrscheinlichkeit von Zielen

- Bitte füllen Sie zur Ermittlung der Werte von A bis F die nachfolgende Tabelle aus.

	Beschreibung	Wert	Kommentar zum Wert
A	Eigene Mittel		(0 = knapp bemessen bis 5 = großzügig bemessen)
B	Eigene Motivation		(0 = niedrig bis 5 = sehr hoch)
C	Sie sind in der besseren Position		(Ja = 2; Nein = 1)
D	Mittel des Gegners		(0 = knapp bemessen bis 5 = großzügig bemessen)
E	Motivation des Gegners		(0 = niedrig bis 5 = sehr hoch)
F	Der Gegner ist in der besseren Position		(Ja = 2; Nein = 1)

Die Werte C und E tragen den Rahmenbedingungen Rechnung.

- Ermitteln Sie nun anhand der folgenden Formel Ihren Erfolgswahrscheinlichkeitswert (EW):

$$\mathbf{EW = A \times B \times C - D \times E \times F}$$

• Werten Sie das Ergebnis aus:
25–50: guter Wert. Die EW-Formel bestätigt Ihre guten Aussichten.
0–25: knapper Wert. Sie sollten versuchen, Ihre Position zu verbessern, indem Sie Ihre Mittel und die eigene Motivation stärken und die des Gegners verschlechtern. Denken Sie auch immer an die Empfehlung von Clausewitz, dass Möglichkeiten als Realitäten zu bewerten sind.
Unter 0: schlechte Position. Falls Sie es können, sollten Sie Ihr Vorhaben verschieben, bis sich wesentliche Verbesserungen in der Situation ergeben haben oder erreichen lassen. Falls Sie das Vorhaben nicht verschieben können (Verteidigung!), versuchen Sie Ihre Position zu verbessern. Zumindest bei der Motivation kann Ihnen das immer auch kurzfristig gelingen. Im ungünstigsten Fall sollten Sie auch eine Kooperation in Erwägung ziehen.
Natürlich gibt diese Auswertung nur eine Tendenz wieder. Keinesfalls können oder sollten Sie allein aus dieser Berechnung allein Ihre Entscheidung ableiten. Unterschätzen Sie bei Ihren Überlegungen vor allem nicht die Motivation Ihres Gegners!

Zusammenfassung: Von allem das Beste

Sie kennen nun die sechs größten Strategielehren aller Zeiten. Sie wissen um ihre Stärken und Schwächen, Sie haben zahlreiche Beispiele kennen gelernt und selbst praktische Anwendungen durchgeführt.

Vielleicht mussten Sie manchmal über die seltsamen Ideen schmunzeln, weil sie aus heutiger Sicht absurd erscheinen und überdies beweisen, dass auch die großen Meister nur mit Wasser gekocht haben. Doch vermutlich sind Sie während der Lektüre auch auf einige wirklich gute und Ihnen bisher unbekannte Empfehlungen gestoßen.

Damit Sie nicht den Überblick verlieren über die vielen Ideen, Empfehlungen, Fallbeispiele und Ansatzpunkte der sechs Schulen, sind die wichtigsten Lektionen nachfolgend in drei STRATEGIE-SPICKZETTELN zusammengefasst. In diesen Spickzetteln finden Sie nicht den Wortlaut aller Lektionen, sondern immer nur Stichworte zu den Kernaussagen. Wenn Sie das Buch aufmerksam gelesen haben, werden Ihnen zu diesen Stichworten die Lektionen wieder einfallen. Natürlich können Sie die betreffenden Lektionen und die näheren Erläuterungen und Fallbeispiele dazu auch noch einmal nachschlagen, denn nach den Stichworten ist jeweils in Klammern die Strategieschule genannt, aus der die betreffende Regel stammt.

Sie können sich die Spickzettel – einen für allgemeine Strategie und zwei für die wichtigsten wirtschaftlichen Anwendungsgebiete – auf eine Seite kopieren und zum Beispiel unter Ihre Schreibtischunterlage legen, wo Sie sie immer griff- und einsatzbereit haben. Mit häufiger Anwendung werden Sie feststellen, dass Sie zunehmend ohne den Spickzettel auskommen und sich an die passenden Lektionen automatisch erinnern, um diese anzuwenden.

Wegen der extrem hohen Verdichtung der Lektionen in den Spickzetteln ist es allerdings wichtig, dass Sie die entsprechenden Strategiekapitel tatsächlich sorgfältig gelesen haben. Die Regeln der Spickzettel sind ohne dieses Hintergrundwissen schwer bis gar nicht verständlich und sind deshalb auch keine Universalrezepte, sondern eine Erinnerungsstütze. Ihre Anwendung ist nicht mit der Kenntnis der Regeln allein möglich, sondern nur mit dem tieferen Verständnis, wie es sich aus den Kapiteln ergibt.

Außerdem sind natürlich in den Spickzetteln nicht alle Lektionen und Empfehlungen der Meister zusammengefasst, sondern nur die wichtigsten, wobei verwandte Lektionen auch verschiedener Meister häufig zu einer einzigen Regel auf dem Spickzettel geworden sind. (In diesen Fällen sind mehrere Meister namentlich in Klammern hinter der jeweiligen Regel vermerkt.)

STRATEGIE-SPICKZETTEL I

38 Grundregeln zur Strategie

1. Strategie ist der Plan, wie man realistisch gesetzte Ziele effizient erreicht.
2. Strategiezyklus: Die Strategie entsteht durch Zielfindung, Informationssammlung und -analyse, Planung und Entscheidung und beginnt dann wieder von neuem.

Die Grundregeln zur Zielfindung sind:

3. Wollen – Können – Wagen (Seneca; Wollen: auch Musashi; Können: auch Hagakure; Clausewitz).
4. Zerlegung ambitionierter Ziele in Unterziele (Zielreihenfolge; Seneca, Hagakure, Clausewitz) und Teilziele (Zielkomponenten; Sun-Tsu, Musashi, Hagakure).
5. Ziele priorisieren (Hagakure).
6. »Haben«- und »Mode«-Ziele nur verfolgen, wenn sie Nutzen stiften (Seneca, Hagakure).
7. Neue Ziele aus der Erreichung/Verfehlung bisheriger Ziele ableiten (Fortschrittskontrolle; Seneca).
8. Zielkonflikte und nachteilige Nebenwirkungen beachten (Clausewitz).
9. Zieldimensionen: Wann? Wo? Womit? Wie? (Clausewitz)

Die Grundregeln zu Informationssammlung und -analyse sind:

10. Selbsterkenntnis/SWOT-Analyse, Geheimhaltung, Spionage, Täuschung (Sun-Tsu).
11. Stärken/Schwächen und SWOT-Analyse des Konkurrenten (Sun-Tsu, Musashi).
12. Kennen und Einschätzen der beteiligten Personen (nicht nur der Gegner) (Sun-Tsu).
13. Objektivierung der Lagebeurteilung: Ziele und Motive des Konkurrenten? (Musashi)
14. Handlungsplan des Konkurrenten durch Provokation erfahren (Musashi).

15. 9S-Matrix (Sun-Tsu).

Die Grundregeln zur Planung sind:

16. Wiederholbare Strategien bevorzugen (Seneca).
17. Zeitaufwand und richtigen Zeitpunkt berücksichtigen (Musashi, Seneca, Clausewitz).
18. Szenariopläne erstellen (Sun-Tsu, Hagakure).
19. Eigene, individuelle Wege suchen durch neun Methoden (Seneca).
20. Angriff ist besser als Verteidigung (Musashi).
21. Ressourcen: Relevanz, Effizienz, Effektivität, Verfügbarkeit (Sun-Tsu, Clausewitz).
22. Ressourcen des Gegners und Ressourcenquellen einschätzen (Sun-Tsu).
23. Nachteilige Nebenwirkungen eines Planes berücksichtigen (Sun-Tsu, Clausewitz).
24. Rat durch externe Helfer/unabhängige Dritte einholen (Sun-Tsu, Hagakure, Machiavelli).
25. Emotionale Planung vermeiden, rational bleiben (Sun-Tsu).
26. Vorteile gegenüber dem Gegner als Grundlage für den Plan nutzen (Musashi).
27. Überraschende, schnelle Lösungen als Plan bevorzugen (Musashi, Clausewitz).
28. Rückzug ist besser als zu unterliegen (Musashi).
29. Risiken bewusst eingehen (Hagakure).
30. Möglichkeiten als Realitäten einbeziehen (Clausewitz).
31. Vier Dimensionen des Planes: Wann? Wo? Wer/womit? Wie? (Clausewitz)
32. Sicherheitspolster einplanen und Wissenslücken berücksichtigen (Clausewitz).
33. Erfolgswahrscheinlichkeit ermitteln (Clausewitz).

Die Grundregeln zur Entscheidung sind:

34. Entscheidungen nur treffen, wenn die Informationen dazu ausreichen (Sun-Tsu).
35. »Hubschrauberperspektive« und Entscheidungen überschlafen (Hagakure, Musashi).

36. Entscheidungen schnell treffen, wenn die Voraussetzungen gegeben sind (Hagakure).
37. Entscheidungen von der Erfolgswahrscheinlichkeit abhängig machen (Clausewitz).
38. Jede Entscheidung kann nur ganz oder gar nicht getroffen werden (Clausewitz).

STRATEGIE-SPICKZETTEL II

25 Grundregeln zu Führung und Karriere

1. Zielvorgaben an Mitarbeiter sollten erfüllbar sein (Sun-Tsu).
2. Führungsstil fallweise der Situation und den Mitarbeitern anpassen (Sun-Tsu, Hagakure).
3. Nicht mehr als zehn Mitarbeiter gleichzeitig führen, darüber hierarchisieren (Sun-Tsu).
4. Führung durch Setzen von Standards (Sun-Tsu).
5. Die Sieben Dimensionen des guten Führungsverhaltens: vertrauensvoll führen, Selbstvertrauen stärken durch sicheres Auftreten, eindeutige Positionen, Toleranz gegenüber kleinen Verstößen, entschiedenes Vorgehen, Vermeidung übergroßer Strenge, keine Angst vor Konfrontationen (Sun-Tsu, Machiavelli).
6. Erfolgsdruck aufbauen (Sun-Tsu).
7. Sechs Führungsprinzipien: Wissen, Ressourcenallokation, Rationalität, Ausbildung, Disziplin, Autorität (Sun-Tsu).
8. Vereinzelte Fehler belohnen (Hagakure).
9. Aufgaben nur anstreben und übernehmen, wenn sie beherrschbar sind (Hagakure).
10. Führung funktioniert von oben nach unten, aber auch von unten nach oben (Hagakure).
11. Multiplikator-Effekt nutzen (Hagakure).
12. Typische Kleidung der Zielgruppe tragen (Hagakure).

13. Kontakt- und Bezugspersonen sorgfältig auswählen (Hagakure).
14. Authentisch sein, nützliche Ecken und Kanten haben, sofern sie nicht der Zielgruppe widersprechen (Hagakure).
15. Ein ungewöhnliches Hobby haben (Hagakure).
16. Gute Arbeit belohnen (Machiavelli).
17. Schlechte Arbeit nicht bestrafen, sondern nötigenfalls Mitarbeiter auswechseln (Machiavelli).
18. Zielvorgaben an die Mitarbeiter höher setzen, als sie tatsächlich sind (Machiavelli).
19. Besser oft in kleinen Schritten befördern als seltener in großen (Machiavelli).
20. Besser unerwartet befördern als vorhersehbar (Machiavelli).
21. Ehrgeizige und/oder ambitionierte Kollegen als Gefahr für die eigene Karriere einstufen (Machiavelli).
22. Gute Mitarbeiter suchen und sie als wichtige Erfolgsquelle verstehen (Machiavelli).
23. Die vier Eigenschaften des guten Managers: Geist, Scharfsinn, Kühnheit, Willensstärke (Clausewitz).
24. Reden ist Silber, Handeln ist Gold (Clausewitz).
25. Für alle Entscheidungen den Strategiezyklus Zielfindung, Informationen sammeln und analysieren, Planen und Entscheiden beachten.

STRATEGIE-SPICKZETTEL III

15 Grundregeln zu Markt, Wettbewerb, Kommunikation

Die Grundregeln für Markt und Wettbewerb:

1. Unternehmensübernahme: kontinuierliche Nachfolge, wenn möglich, diskontinuierliche, wenn nötig (Machiavelli).

2. Kooperation ist besser als Konfrontation (Machiavelli).
3. Markteintritt: Es gibt nur einen Preisführer, es kann aber viele Qualitätsführer geben; Preisstrategie nur bei Kostenführerschaft, Qualitätsstrategie bei Kommunizierbarkeit, Nachhaltigkeit und Unnachahmlichkeit von überlegener Qualität (Machiavelli).
4. Regelmäßiger Kundenkontakt, auch der Unternehmensleitung (Clausewitz).
5. Die sechs Kernerfolgsfaktoren der Wettbewerbsstrategie: hohe Kernkompetenzen und Marktnähe, richtiger Zeitpunkt, Kontrolle des Wettbewerbsumfelds, ausreichende Finanzmittel, gute Marktnachfrage, hohe Motivation (Clausewitz).
6. Kontrolle des Wettbewerbsumfelds: Lieferanten, bestehende Wettbewerber, Abnehmer, Ersatzprodukte, neue Wettbewerber (Clausewitz).

Die Grundregeln für die Kommunikation:

7. Drei Methoden erfolgreicher Kommunikation: Übertreibung, Scheinbegründung und unangreifbare Argumente (Musashi).
8. Glaubwürdigkeit durch Überzeugung (Hagakure).
9. Kommunikationsverhalten: sachlich bleiben, Vertrauliches nicht äußern, gut vorbereiten und sich dazu in die Rolle des Gesprächspartners versetzen, Kritik immer konstruktiv äußern, Schwächen des Gegners nicht ausnutzen (Hagakure).
10. Kleidung dem Anlass und dem Ziel anpassen (Hagakure).
11. Kontakte mit Zielgruppe suchen, Kontakte mit Konfliktquellen meiden (Hagakure).
12. Nicht mehr sagen als nötig (Hagakure).
13. Interessant wirken (Hagakure).
14. Glaubwürdigkeit wahren und unpopuläre Überzeugungen auch gegen die Mode vertreten und nicht dem Opportunismus opfern (Hagakure).
15. Zeitverschwendung durch ziellose oder nutzlose Kommunikation vermeiden (Seneca).

Regeln zu weiteren Themen wie Aktien und Anlagen, Schwächen des Gegners, Wohnungssuche etc. finden Sie im Haupttext.

Wenn Sie sich für bestimmte der genannten Themen besonders interessieren, welche Meister sollten Sie dann schwerpunktmäßig lesen? Diese Frage beantwortet folgende Grafik:

	Sun-Tsu	Musashi	Hagakure	Seneca	Machiavelli	Clausewitz
Grundlehre der						
Zieldefinition	soll	soll	muss	muss	kann	soll
Informationen sammeln	muss	muss	kann	kann	kann	kann
Planen	muss	muss	soll	soll	soll	muss
Entscheiden	soll	soll	muss	muss	soll	muss
Spezialthemen der Strategie						
Führung und Karriere	muss	kann	muss	kann	muss	soll
Markt und Wettbewerb	kann	kann	kann	kann	muss	muss
Kommunikation	kann	soll	muss	soll	kann	kann

Legende:

muss = Wichtigster Autor zum Thema, muss dazu gelesen werden

soll = Wichtiger Autor zum Thema, sollte dazu gelesen werden

kann = Ergänzungsautor, Thema kommt nur am Rande vor

Dieser Überblick zeigt, auf welche Weise sich die sechs Strategieschulen ergänzen. Keine der Lehren kann den umfassenden Überblick bieten, den sie alle gemeinsam ermöglichen. Und mit diesem Überblick haben Sie jetzt das Instrumentarium an der Hand, Ihre geschäftlichen, beruflichen oder privaten Aktivitäten anders und gezielter zu planen als bisher. Sie können das gewonnene Wissen einsetzen, um sich bewusster Ziele zu setzen und Entscheidungen gezielter und systematischer zu treffen. Sie werden Strategiemuster im Verhalten anderer entdecken und hinter die Kulissen blicken können.

Nutzen Sie das Wissen der sechs Meister der Strategie, um sich den entscheidenden Vorteil im Wettbewerb zu sichern, und führen Sie sich selbst zum Erfolg!

Zum Schluss

In diesem Buch finden Sie bereits eine Vielzahl an Praxisbeispielen. Weil es davon nie genug geben kann und weil ich davon überzeugt bin, dass ein gutes Beispiel mehr sagt als tausend Worte, freue ich mich, von Ihren Erfahrungen mit den sechs großen Meistern zu hören. Sehr gern würde ich erfahren, wie es Ihnen mit der Umsetzung der Empfehlungen ergangen ist: Senden Sie mir per E-Mail doch Beispiele und eigene Erfahrungen bei der Anwendung der Lektionen dieses Buches zu.

Gern beantworte ich auch Ihre Fragen zum Thema und nehme Ihre Anregungen entgegen. Schließlich will auch ich aus meinen Fehlern lernen – ganz im Sinne des Hagakure, Lektion 3.2.

Auch wenn Sie an einem Vortrag, einem Strategie-Coaching oder an der Lösung einer spezifischen strategischen Fragestellung interessiert sind, dann können Sie mir jederzeit gern unter

brunken@unavista.de

eine E-Mail schreiben oder die Homepage zum Buch unter

http://www.unavista.de/6meister/

besuchen. Ich freue mich darauf!

Literaturhinweise

Birkenbihl, Vera, Sprachenlernen leichgemacht: München 2003.

Clausewitz, Carl von, Vom Kriege: Berlin 1835.

Fischer, Lorenz/Wiswede, Günter, Grundlagen der Sozialpsychologie: München 1997.

Fromm, Erich, Haben oder Sein. Die seelischen Grundlagen einer neuen Gesellschaft: München 1998.

Goscinni, René/Uderzo, Albert, Asterix und der Kampf der Häuptlinge: Stuttgart 1969.

Kostolany, André, Kostolanys Börsenseminar: Düsseldorf, Wien, New York 1987.

Lay, Rupert, Dialektik für Manager, Methoden des erfolgreichen Angriffs und der Abwehr: München 1974.

Lay, Rupert, Führen durch das Wort. Motivation, Kommunikation, Praktische Führungsdialektik: München 1978.

Machiavelli, Niccolo, Der Fürst: Frankfurt 1990.

Mann, Thomas, Bekenntnisse des Hochstaplers Felix Krull: Frankfurt 1997.

Masaaki Imai, Kaizen: der Schlüssel zum Erfolg der Japaner im Wettbewerb: Berlin/Frankfurt 1993

Meadows, Dennis, Die Grenzen des Wachstums: Stuttgart 1972.

Meadows, Donella/Meadows, Dennis/Randers, Jörgen, Die neuen Grenzen des Wachstums: Stuttgart 1992.

Musashi, Miyamoto (Shinmen Musashi-no-kami Fujiwara no Genshin), Das Buch der fünf Ringe (Gorin-no-sho): Düsseldorf 1983.

Niten-ki, Zwei-Himmel-Chronik (Japanische Chronik aus

dem 17. Jahrhundert mit zahlreichen Berichten über Kämpfe Miyamoto Musashis), Japan um 1650.
Peter, Laurence J./Hull, Raymond, Das Peter-Prinzip: Reinbek bei Hamburg 1972.
Porter, Michael, Wettbewerbsstrategie: Frankfurt/New York 1999.
Porter, Michael, Wettbewerbsvorteile: Frankfurt/New York 2000.
Schönemann, Christiane, »Gewonnen wird im Kopf«: TV Hören und Sehen 07/2002, S. 32.
Schopenhauer, Arthur, Eristische Dialektik oder Die Kunst, Recht zu behalten: Zürich 1983–1990.
Seneca, Apocolocyntosis Divi Claudi: Würzburg 2001.
Seneca, De beneficiis. In: Libri de beneficiis et de clementia: Berlin 1876.
Seneca, De clementia. In: Libri de beneficiis et de clementia: Berlin 1876.
Seneca, De ira: o. O. 1976.
Seneca, Epistulae moralis ad Lucilium: Ditzingen 1977.
Seneca, Quaestiones naturales: Wiesbaden 1996.
Seneca, Vom glückseligen Leben: Stuttgart 1978.
Seneca, Von der Seelenruhe: Frankfurt 2000.
Simon, Hermann, Heimliche Gewinner (Hidden Champions): Frankfurt/New York 1996.
Sun-Tsu, Die Kunst des Krieges: München 2001.
Tsunetomo, Yamamoto, Hagakure: Frankfurt 1999.

Register

Fussnoten

1 (S. 27) Hätten die deutschen Generäle im II. Weltkrieg dies berücksichtigt, wäre viel Leid und Tod vermieden worden.

2 (S. 55) »Ressourcenallokation« ist ein Fachbegriff aus der Betriebswirtschaftslehre und bedeutet, welche Mittel (»Ressourcen«, dies können auch Mitarbeiter sein) an welchen Stellen wie eingesetzt werden.

3 (S. 60) Die Stiftung Warentest macht an solche Kriterien ein Sternchen, falls das Testprodukt dem Muss-Kriterium nicht genügt, und schreibt daran »führt zur Abwertung«.

4 (S. 61) Die Bewertungen im Scoring entsprechen Schulnoten, die nur »ordinalskaliert« sind, wie der Mathematiker sagt. Eigentlich ist es daher mathematisch nicht zulässig, mit diesen Werten Rechenoperationen wie Multiplikation etc. durchzuführen. Dennoch wird dies getan, weil die Ergebnisse helfen, die Summenbedeutung der Einzelbewertungen zu erfassen. Es sollte aber nicht ausschließlich, also mechanistisch, nach den Scoring-Ergebnissen entschieden werden. Vielmehr ist das Scoring-Verfahren eine Entscheidungshilfe, die die Argumente für und gegen eine Entscheidung übersichtlich zusammenfasst.

5 (S. 70) Rhetorik von »Rhetor« (altgriechisch: »Redner«) ist die Lehre von der Redekunst mit dem Ziel, durch Reden zu führen und beim Publikum eine Meinungs- und Gesinnungsänderung zu bewirken.

6 (S. 81) Hier unterscheidet sich Musashi übrigens diametral von Carl Clausewitz, der der Verteidigung den prominentesten Platz der Erfolgslehre einräumt – siehe dazu das entsprechende Kapitel weiter hinten.

7 (S. 97) Pyrrhus-Sieg = Schein-Sieg; bezieht sich auf den antiken König Pyrrhus, der 279 v. Chr. bei Ausculum siegte und danach ausgerufen haben soll: »Noch so ein Sieg, und ich bin verloren!«, weil seine Verluste im Kampf enorm hoch gewesen waren.

8 (S. 104) Orthodox von altgriechisch »geradlinige Lehre«, damit ist eine kompromisslose, »reine« Denkweise gemeint.

9 (S. 144) Ausgesprochen »Schto-iker«, die dazugehörige Lehre heißt Stoizismus. Das Wort stammt vom altgriechischen Wort »stoa« = Säule ab und ist eine Anspielung auf das »sture« Wesen der Stoiker.

10 (S. 146) Advokat = Rechtsgelehrter; Quästor war ein Schatzmeister der öffentlichen Kassen, also eine Art hoher Finanzbeamter; Senator = entspricht etwa heute dem Abgeordneten; Prätor entspricht etwa einem Ministerpräsidenten.

11 (S. 146) Konsul (lateinisch consul), Titel der beiden obersten Beamten der antiken römischen Republik, die von der Volksversammlung auf jeweils ein Jahr gewählt bzw. in der Kaiserzeit von den Kaisern ernannt wurden. Der Überlieferung zufolge wurde das Konsulat um 510 v. Chr. nach der Vertreibung der Könige geschaffen und war seit 300 v. Chr. eine feste Einrichtung. Ein Gesetz regelte das Mindestalter der Konsuln, das 43 Jahre betrug. Die Konsuln riefen Senats- und Volksversammlungen ein, die sie auch leiteten. Zeichen ihrer Würde war eine prächtige purpurumsäumte Toga und ein imposanter Stuhl aus Elfenbein. Sie führten die Verhandlungen über Friedensverträge und Bündnisse, hatten das Oberkommando über das Heer und waren nach ihrer Amtszeit berechtigt, als Prokonsuln eine römische Provinz zu leiten. Im römischen Kalender wurden Jahre nach Konsuln benannt (»im Konsulatsjahr von …«).

12 (S. 160) Berechnung: Die Wahrscheinlichkeit, bei grün anzukommen, liegt bei 50 % mit Wartezeit 0 Sekunden, und 50 % für rot mit Wartezeit 30 Sekunden (weil ich bei rot zwischen 0 Sekunden und 60 Sekunden bis grün warten muss, also Durchschnittswert 30 Sekunden). Und 50 % *

0 Sekunden + 50 % * 30 Sekunden = 0 Sekunden + 15 Sekunden = 15 Sekunden.

13 (S. 162) Diogenes (wörtlich »der Gottgezeugte«) war der legendäre griechische Philosoph, der angeblich in einem Fass gelebt hat. Dies kann so jedoch nicht stimmen, weil Fässer nach unserem Verständnis vermutlich erst von den Kelten erfunden worden sind. Stattdessen handelte es sich wohl um eine große tönerne Weinamphore (»pithos«), die zu Diogenes' Lebenszeit verbreitet und auch groß genug war, um darin zu liegen. Solche Riesenamphoren gibt es noch heute im Mittelmeerraum.

14 (S. 177) Warum überhaupt Limit? Weil Sie damit vermeiden, beim Verkauf ans Ende der Warteschlange der Verkaufsaufträge gesetzt zu werden als Verkäufer, der ja sowieso noch bedient wird. Der Aktienhändler hat ja das Ziel, möglichst viele Aufträge auszuführen, und kombiniert so, dass dieses Ziel möglichst weitgehend erreicht wird. Dabei fallen Sie als »Egal für wie viel«-Verkäufer automatisch zu den Billighubern

Auflösung der Anwendung 1.3 auf S. 66

Der Optimalwert beträgt 1120 Euro und die resultierenden Gesamtausgaben liegen bei 3361 Euro – immerhin über 4000 Euro unter dem bisherigen Optimalwert! Dieser Unterschied kann über Erfolg oder Misserfolg einer Geschäftsidee entscheiden. Wie weit waren Sie mit Ihrer Schätzung vom Optimalwert entfernt?